普通高等院校电子信息与电气工程类专业教材

电子工艺基础与实训

黄 松 胡 薇 殷小贡 编著

华中科技大学出版社

中国·武汉

内 容 简 介

　　本书在介绍电子工艺基本知识的基础上,重点介绍以表面贴装技术(SMT)为代表的现代电子安装工艺技术。全书分 4 篇,包括基础篇、现代工艺篇、设备篇和实训项目篇,对分立器件和表面贴电子元器件、印制电路板的设计与制作、传统焊接技术、回流焊技术、波峰焊技术、电子产品的装配与调试、典型的 SMT 教学实验设备及安全用电常识等,均做了比较全面的介绍。实训项目篇中编写了 6 个切实可行的项目,作为学生实训的基本项目。本书可作为高等学校或高等职业技术院校理工类,特别是信息类专业的电工实训教材,也可作为有关企业职业培训、岗前培训的教材。

图书在版编目(CIP)数据

电子工艺基础与实训/黄松,胡薇,殷小贡编著. —武汉:华中科技大学出版社,2020.1(2022.8 重印)
ISBN 978-7-5680-2864-6

Ⅰ.①电…　Ⅱ.①黄…　②胡…　③殷…　Ⅲ.①电子技术　Ⅳ.①TN

中国版本图书馆 CIP 数据核字(2019)第 299209 号

电子工艺基础与实训

黄　松　胡　薇　殷小贡　编著

Dianzi Gongyi Jichu yu Shixun

策划编辑:谢燕群
责任编辑:朱建丽
封面设计:原色设计
责任校对:张会军
责任监印:徐　露
出版发行:华中科技大学出版社(中国·武汉)　　电话:(027)81321913
　　　　　武汉市东湖新技术开发区华工科技园　　邮编:430223
录　　排:武汉市洪山区佳年华文印部
印　　刷:武汉科源印刷设计有限公司
开　　本:787mm×1092mm　1/16
印　　张:16.25
字　　数:423 千字
版　　次:2022 年 8 月第 1 版第 2 次印刷
定　　价:39.80 元

前　言

随着大规模集成电路的出现,国内外大量的电子产品都已广泛采用表面贴装技术(surface mounted technology,SMT)进行生产,SMT 成为目前电子安装行业中最主流的一种技术和工艺。运用 SMT 可以实现电子产品的高性能、高可靠、高集成、微型化、轻型化等特点。SMT 不仅比传统的手工焊接工艺优越,而且还是衡量电子制造技术先进与否的标志。

出于培养具有创新、实践能力的高素质人才的目的,电子工艺实训课程必须突破传统的实习模式,跟上时代发展的脚步,拉近学校与企业的距离,使学生能够很直观地跟踪学习先进的电子制造技术,在较短的时间内了解 SMT 的生产特点,熟悉 SMT 的基本工作过程,掌握 SMT 的基本操作技能;使学生能够自主研究、设计、独立完成一个产品的制作,全面提高学生的综合素质。

本书在介绍电子工艺基本知识的基础上,重点介绍以表面贴装技术为代表的现代电子安装工艺技术。全书分 4 篇,包括基础篇、现代工艺篇、设备篇和实训项目篇,对分立器件和表面贴装电子元器件、印制电路板的设计与制作、传统焊接技术、回流焊技术、波峰焊技术、电子产品的装配与调试、典型的 SMT 教学实验设备及安全用电常识等,均做了比较全面的介绍。实训项目篇中编写了 6 个切实可行的项目,作为学生实训的基本项目。本书可作为高等学校或高等职业技术院校理工类,特别是信息类专业的电工实训教材,也可作为有关企业职业培训、岗前培训的教材。

本书由黄松、胡薇、殷小贡编著。黄松编写基础篇第 6 章,现代工艺篇,实训项目篇第 12 章和第 13 章;胡薇编写基础篇前 5 章,实训项目篇第 18 章;殷小贡编写实训项目篇第 15 章,并负责全书的修改;蔡苗、陈艳、黎贝贝参与编写设备篇和实训项目篇其余各章。

由于编者水平有限,时间仓促,书中错漏在所难免,恳请使用本书的读者不吝指教。

编著者
2019 年 11 月

目　　录

1　基　础　篇

2　现代工艺篇

3　设　备　篇

4　实训项目篇

基 础 篇

　　本篇介绍电子工艺的基础知识,包括电子元器件及其测量、印制电路板的设计与制作、焊接技术、电子产品的装配与调试、安全用电常识、MATLAB 软件的功能和应用等 6 章,在印制电路板的设计中,重点介绍了 Altium Designer 软件的功能和应用。

　　本篇是全书的基础,也是电子工艺实习的传统内容。

第1章 电子元器件及其测量

电子元器件是一个品种众多、数量庞大的电子基础产品,任何一个电子装置、设备和家用电器产品都是由若干个电子元器件组装而成的。了解、熟悉电子元器件的种类、结构、性能,以及如何正确选用电子元器件,是学习、掌握电子工程知识的基本功之一。

1.1 RLC 元器件

电子产品中电阻器、电容器、电感器、变压器的应用非常广泛,往往能占一个电子产品元器件数的 50% 以上,人们称其为基础元器件。

1.1.1 电阻器

电阻器在电路中主要用来控制电压和电流,即起降压、分压、限流、分流等作用。电阻器的种类很多,随着电子技术的发展,新型电阻器日益增多。

电阻器通常分为固定电阻器和可调电阻器两大类。

1. 固定电阻器的型号命名及各部分符号的含义

根据国家标准的规定,固定电阻器的型号由四个部分组成:

(1)主称,用字母 R、W 表示;

(2)材料,用字母表示;

(3)特征分类,用数字或字母表示;

(4)序号,用数字表示,以区别外形尺寸和性能指标。

对材料和特征相同,仅尺寸、性能指标略有差异,但基本不影响互换的产品,可用同一序号表示;对材料、特征相同,但尺寸、性能指标有明显差异,会影响互换的产品,仍可用同一序号表示,但必须在序号后加一个字母作为区别代号。

固定电阻器型号组成及各部分符号的含义如表 1-1 所示。

2. 固定电阻器的主要参数

固定电阻器的主要参数有标称阻值、允许误差和额定功率等。

1)标称阻值

为了便于工厂批量生产和使用电阻器,国家有关标准规定,按一定的误差范围,用统一规定的阻值(又称电阻、电阻值)对电阻器进行标定,这些阻值称为标称阻值,详见表 1-2。

表 1-1 固定电阻器型号组成及各部分符号的含义

主　称		材　料		特　征　分　类			序　　号
					含义		
符号	含义	符号	含义	符号	电阻器	电位器	
R	电阻器	T	碳膜	1	普通		数字表示
		H	合成碳膜	2	普通		
		S	有机实心	3	超高频		
		N	无机实心	4	高阻		
		J	金属膜	5	高温		
		Y	氧化膜	6		普通	
W	电位器	C	沉积膜	7	精密	普通	
		I	玻璃釉膜	8	高压	精密	
		P	硼碳膜	9	特殊	特种	
		U	硅碳膜	G	高功率	特殊	
		X	线绕	T	可调		

表 1-2 电阻器标称阻值系列

等　级　Ⅰ	等　级　Ⅱ	等　级　Ⅲ
E24	E12	E6
允许误差±5%	允许误差±10%	允许误差±20%
1.0,1.1,1.2,1.3, 1.5,1.6,1.8,2.0,2.2, 2.4,2.7,3.0,3.3,3.6, 3.9,4.3,4.7,5.1,5.6, 6.2,6.8,7.5,8.2,9.1	1.0,1.2,1.5,1.8, 2.2,2.7,3.3,3.9, 4.7,5.6,6.8,8.2,9.1	1.0,1.5,2.2,3.3, 4.7,6.8,8.2

选用电阻器标称阻值应符合表 1-2 中所列数值之一,或表中所列数值再乘以 10^n,其中 n 为正整数,电阻单位为欧姆,用 Ω 表示。

2) 允许误差

在实际生产中,因工艺的影响,加工出来电阻器的电阻值很难做到与标称阻值完全一致,所以每个电阻器的实际电阻值不一定正好等于其标称阻值。为了方便生产管理和使用,允许有一定的偏差,称该偏差为允许误差。允许误差可用下式计算:

$$\Delta = \frac{R_{实} - R_{标}}{R_{标}} \times 100\%$$

式中:$R_{实}$ 为电阻器的实际电阻值;$R_{标}$ 为电阻器的标称阻值;Δ 为电阻器的允许误差。

3) 额定功率

电阻器的额定功率通常是指在正常的气候条件下(在一定的大气压和产品标准所规定的温度下),电阻器长时间连续工作所能承受的最大功率。选择电阻器时,通常选择额定功率大于实际功率 1.5～2 倍的。

电阻器消耗的电功率可以用电阻器上通过的电流和该电阻器上的两端电压来计算,即

$$P = IU = I^2 R = U^2 / R$$

对于同一类电阻器,电阻器的额定功率标称值的大小取决于它的外形尺寸,所以可以根据电阻器的外形尺寸来判断其额定功率的大小。电阻器额定功率标称值通常有 1/8 W、1/4 W、1/2 W、1 W、2 W、3 W、4 W、5 W、10 W 等。表 1-3 列出了一些电阻器的外形尺寸与额定功率之间的关系。

表 1-3　常用电阻器的外形尺寸与额定功率的关系

额定功率/W		1/8	1/4	1/2	1	2
碳膜电阻器 RT	长度/mm	11.0	18.5	28.0	30.5	48.5
	直径/mm	3.9	5.5	5.5	7.2	9.5
金属膜电阻器 RJ	长度/mm	6~7	8.0	10.5	13.0	18.5
	直径/mm	2~2.2	2.6	4.2	6.6	8.6
合成碳电阻器 RH	长度/mm	12.0	15.0	25.0	28.0	46.0
	直径/mm	2.5	4.5	4.5	6.0	8.0

3. 固定电阻器电阻值的表示方法

1) 直标法

直标法是将电阻器的类别、标称阻值、允许偏差及额定功率等主要参数直接标识在电阻器表面上的标识方法,如图 1-1 所示。这种方式常用于体积较大的电阻器。

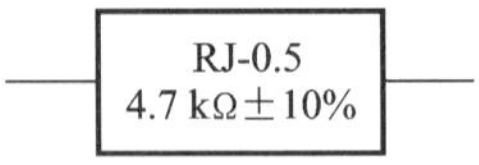

```
RJ-0.5
4.7 kΩ±10%
```

图 1-1　电阻器阻值
的直标法

2) 文字符号法

该方法在单位符号前面标出电阻器电阻值的整数值,后面标出电阻器电阻值的第一位小数值。例如,电阻器上数字符号 5k1 表示电阻值为 5.1 kΩ;1M5 表示电阻值为 1.5 MΩ;5R1 表示电阻值为 5.1 Ω;R33 表示电阻值为 0.33 Ω。

3) 数字表示法

该方法用 3 位数字表示电阻器的电阻值,前 2 位数字表示电阻值的有效数字,第 3 位数字表示有效数字后面零的个数,电阻值单位一律为 Ω。例如,103 表示电阻值为 10 000 Ω,即 10 kΩ;181 表示电阻值为 180 Ω;154 表示电阻值为 150 000 Ω,即 150 kΩ;470 表示电阻值为 47 Ω。

4) 色标法

对于小型电阻器,国际上用的色标法大多数采用四色环或五色环表示电阻值,色环印在电阻器的表面上,表示其电阻值与误差。四色环的标法中,前两环表示电阻值的有效数字,第三环表示有效数字后面零的个数,第四环表示允许误差。若为五色环电阻器,则前三环表示有效数字。

色标法中各种颜色所表示的含义如表 1-4 所示。

例 1-1　四色环电阻器的色环颜色及标称阻值如图 1-2 所示,其电阻值是多少?

答　电阻值 $R=15\times10^3$ Ω$=15\ 000$ Ω$=15$ kΩ。

表 1-4　色标法中各种颜色所表示的含义

颜　　色	有效数字	乘　　数	允许误差/(%)	工作电压/V
棕	1	10^1	±1	—
红	2	10^2	±2	—
橙	3	10^3	—	—4
黄	4	10^4	—	6.3
绿	5	10^5	±0.5	10
蓝	6	10^6	±0.25	16
紫	7	10^7	±0.1	25
灰	8	10^8	—	32
白	9	10^9	—	40
黑	0	10^0	—	50
金	—	10^{-1}	±5	63
银	—	10^{-2}	±10	—
无色	—	—	±20	

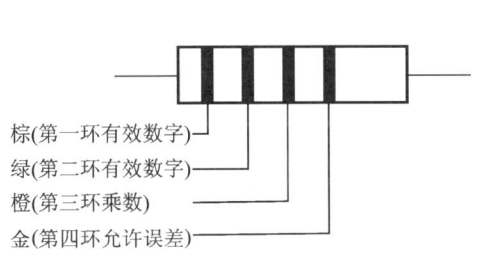

图 1-2　例 1-1 四色环电阻器

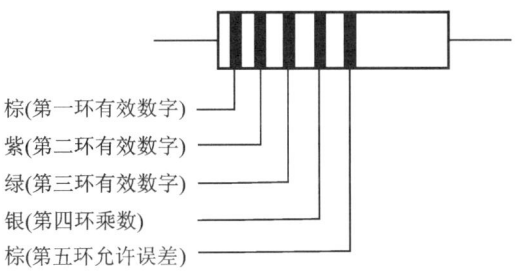

图 1-3　例 1-2 五色环电阻器

例 1-2　五色环电阻器的色环颜色及标称阻值如图 1-3 所示,其电阻值是多少?
答　电阻值 $R=175\times10^{-2}$ Ω$=1.75$ Ω。

4. 固定电阻器的测量与选用

1) 电阻器的测量

(1)用指针式万用表测量时,将万用表的功能选择开关转到电阻挡,先调零。将两根表笔短接,调节"0 Ω"电位器,使表头指针满度,指向"0"位,然后再进行测量。注意在测量中每次变换量程,都必须重新调零后再使用(凡使用电阻挡测量,均先调零)。使用数字式万用表时,要记录表笔短接时的电阻值,再测量,并计算实际的电阻值。

(2)将两表笔(不分正负)分别与电阻器的两端相接即可测出其实际电阻值。为了提高测量精度,应根据被测电阻器标称阻值的大小来选择量程。例如,50 Ω 以下的电阻器使用 R×1 挡;1～500 kΩ 的电阻器使用 R×1 k 挡。根据电阻器的误差等级不同,读数与标称阻值之间分别允许有±5%、±10%、±20%的误差。如不相符,超出误差范围,则说明该电阻器阻值改变了。如果测得的结果为 0,则说明该电阻器已经短路;如果测得的结果为无穷大,则表示该电阻器断路,不能使用了。

在测量电阻器时应注意:

(1)测量电阻器,特别是测量高阻值电阻器,如1~20 MΩ的电阻器时,手不要触及表笔和电阻器的部分,因为人体具有一定电阻值,影响测量结果;

(2)待测的电阻器必须从电路中拆焊下来,至少要焊开一个头再进行测量,以免电路中的其他元器件对测量产生影响,造成测量误差;

(3)色环电阻器的阻值虽然能以色环来确定,但在使用时最好还是先用万用表测量其实际阻值。

2)选用固定电阻器的基本原则

(1)优先选用通用型电阻器。通用型电阻器种类很多,如碳膜电阻器、金属膜电阻器、金属氧化膜电阻器、实心电阻器、线绕电阻器等。这类电阻器的阻值范围宽,精度有±5%、±10%和±20%三级,功率为0.1~10 W。它们品种多、规格全、来源充足、价格便宜,有利于生产和维修。

(2)所用电阻器的额定功率必须大于其实际承受功率的2倍,才能保证电阻器正常工作而不致烧坏。例如,电路中某电阻器实际承受功率为0.5 W,则应选用额定功率为1 W以上的电阻器。

(3)在高增益前置放大电路中,应选用噪声小的电阻器,以减小噪声对有用信号的干扰。例如,可选用金属膜电阻器、金属氧化膜电阻器、碳膜电阻器。实心电阻器噪声较大,一般不宜在前置放大电路中使用。

(4)根据电路对温度稳定性的要求选择电阻器。因为电阻器在电路中的作用不同,所以对它们的温度稳定性的要求也就不同。例如,在退耦电路中的电阻器,即使阻值有所变化,对电路工作影响也不大,因而对电阻器的温度稳定性要求不高;应用在稳压电源中作电压取样的电阻器,其阻值的变化会引起输出电压的变化,因而要求选用温度稳定性较高的电阻器。

(5)根据安装位置选用电阻器。由于制作电阻器的材料和工艺不同,因此相同功率的电阻器,其体积并不相同。例如,相同功率的金属膜电阻器的体积是碳膜电阻器的1/2左右,因此金属膜电阻器适合安装在元器件比较紧凑的电路中;相反,在元器件安装位置比较宽松的场合,选用碳膜电阻器就相对经济些。

5. 电位器

电位器是一种连续可调电阻值的电子元器件,它靠电刷在电阻体上滑动,以获得与电刷位移成一定关系的电阻值。电位器用作分压器时,它是一个四端电子元器件,其电路原理图如图1-4所示。作为变阻器使用时,它是一个二端电子元器件,其电路原理图如图1-5所示。电位器在电路中常用字母"RP"表示。

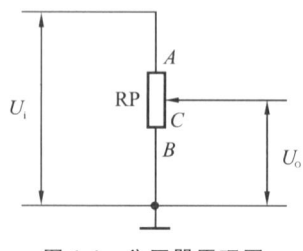

图1-4　分压器原理图

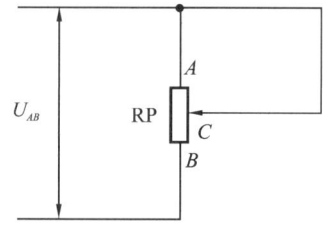

图1-5　变阻器原理图

1）电位器型号的组成及其含义

电位器一般采用直标法，将其型号、类别、标称阻值和允许误差用字母和数字直接标在电位器表面上，如图 1-6 所示。

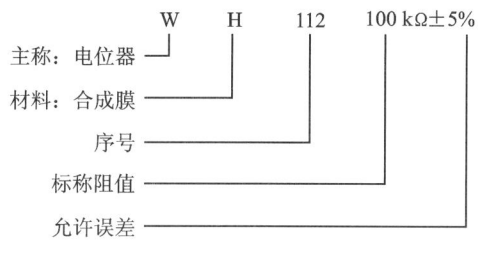

图 1-6 电位器示例

2）电位器的图形符号

电位器的符号如图 1-7 所示，其外形有多种，如图 1-8 所示。

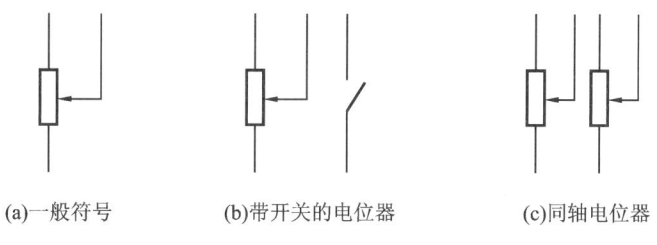

(a)一般符号   (b)带开关的电位器   (c)同轴电位器

图 1-7 电位器的符号图

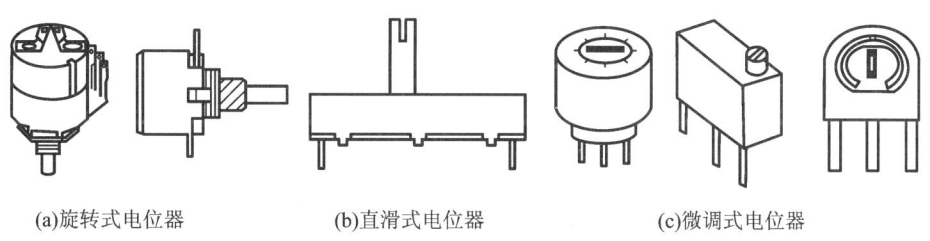

(a)旋转式电位器   (b)直滑式电位器   (c)微调式电位器

图 1-8 电位器的外形

3）电位器的主要参数

电位器的主要参数有标称阻值、额定功率、分辨率、滑动噪声、阻值变化规律、耐磨性、零位电阻值、温度系数等。

（1）标称阻值。电位器上标注的阻值称为标称阻值。电位器标称阻值系列采用 E12 和 E6 系列。非线绕电位器可有 ±20%、±10% 及 ±5% 的允许误差；线绕电位器可有 ±10%、±5%、±2% 及 ±1% 的允许误差。

（2）额定功率。在正常大气压及额定温度下，能保证电位器连续正常工作的允许功率称为额定功率。常用电位器的额定功率有 0.1 W、0.25 W、0.5 W、1 W、1.6 W、2 W、3 W、5 W、10 W、16 W、25 W 等。

（3）分辨率。电位器对输出量可实现的最精细的调节能力称为分辨率。非线绕电位器的分辨率高于线绕电位器的分辨率。

(4)滑动噪声。电位器的电刷在电阻体上转动(或滑动)时,电位器中心与固定端的电压会出现无规则的起伏现象,称为电位器的滑动噪声。滑动噪声是由电阻体的电阻率分布不均匀和电刷转动时接触电阻体的不规则变化等因素引起的。

(5)电位器阻值变化规律。电位器阻值变化规律是指电位器旋转角度(或滑动行程)与阻值之间的关系。其变化规律有对数式(用 D 表示)、直线式(用 X 表示)和指数式(用 Z 表示)等三种。

(6)电位器耐磨性。电位器耐磨性是指电位器旋转或滑动的次数(用周数表示;有止挡的电位器,电刷往返一次为一周;无止挡的电位器,电刷从始端至末端为一周),如 WXD3-13 型多圈线绕电位器耐磨 5 000 周。

(7)零位电阻值。零位电阻值是指电刷处于电阻始端或末端时,电刷与始端或末端之间的电阻值。其数值与电位器的材料、电阻体的阻值、结构等因素有关,零位电阻值一般不会是零,常为几欧姆至十几欧姆。

1.1.2　电容器

电容器的种类很多,结构也有所不同,但电容器的基本结构是一样的。最简单的电容器由中间夹有电介质的两块金属板构成。电容器是一种储能元器件,在电路中主要起耦合、旁路、滤波等作用。

1. 电容器的型号

国标中电容器的型号由四部分组成:
(1)用字母 C 表示电容器;
(2)用字母表示介质材料;
(3)用字母和阿拉伯数字表示结构类型和特征;
(4)用数字表示序号。
电容器型号中符号的含义如表 1-5 所示,其中第三部分中数字的含义如表 1-6 所示。

表 1-5　电容器型号中符号的含义

第 一 部 分	第 二 部 分		第 三 部 分		第 四 部 分
主称	符号	含义	符号	含义	序号
电容器 C	C	高频瓷	G	高功率	数字
	T、S	低频瓷	W	微调	
	I	玻璃釉	T	叠片	
			1		
	O	玻璃膜	2		
	Y	云母	3		
	Z	纸介质	4		
	J	金属化纸介质	5		

续表

第 一 部 分	第 二 部 分		第 三 部 分		第四部分
主称	符号	含义	符号	含义	序号
电容器 C	B(BB、BF)	聚苯乙烯等非极性有机薄膜 （聚丙乙烯、聚四氟乙烯）	6		数字
	L(LS)	聚酯等有极性有机薄膜 （聚碳酸酯）	7		
	Q	漆膜	8		
	H	纸膜复合介质	9		
	D	铝电解电容			
	A	钽电解电容			
	N	铌电解电容			
	G	合金电解电容			
	VX	云母纸			
	E	其他材料电解电容			

表 1-6　电容器型号标注中第三部分数字的含义

类　　别	瓷 片 电 容	云 母 电 容	有 机 电 容	电 解 电 容
1	圆形	非密封	非密封	箔式
2	管形	非密封	非密封	箔式
3	叠片	密封	密封	烧结,非固体
4	独石	密封	密封	烧结,固体
5	穿心		穿心	
6	支柱等			
7				无极性
8	高压	高压	高压	
9			特殊	特殊

2．电容器的主要参数

电容器的主要参数有标称容量、允许误差、额定工作电压、漏电流等。

1）标称容量与允许误差

国家规定的标称容量采用 IEC 标准系列,主要采用 E6、E12 和 E24 系列。E48、E192 系列适用于精密电容器。电容器容量不可能与标称容量完全一致,若两者的偏差在所规定的允许范围内,即称为允许误差。E24 系列固定电容器的标称容量与允许误差如表 1-7 所示。

2）额定工作电压

电容器的额定工作电压是指电容器在规定的温度范围内,连续长时间正常工作时所能承受的最高电压。额定工作电压又称耐压,通常标注在电容器表面上。不同类型的电容器有不同的额定工作电压范围。例如,纸介质和瓷片介质电容器的额定工作电压可从几十伏到几万伏;电解电容器的额定工作电压从几伏到上千伏。国标 GB 2472—1981 规定了固定电容器的额定工作电压系列,如表 1-8 所示。

表 1-7 电容器的标称容量与允许误差

系　　列	允许误差/(%)		电容器标称值系列
E24	等级 Ⅰ	±5	1.0,1.1,1.2,1.3,1.4,1.5,1.6,1.8,2.0,2.2,2.4,2.7, 3.0,3.3,3.6,3.9,4.3,5.1,5.6,6.2,6.8,7.5,8.2,9.1
	等级 Ⅱ	±10	1.0,1.2,1.5,1.8,2.2,2.7,3.3,3.9,4.7,5.6, 6.8,8.2
	等级 Ⅲ	±20	1.0,1.5,2.2,3.3,4.7,6.8

表 1-8　固定电容器的额定工作电压系列

系　　列	1.6	4	63	10	16
额定工作电压值/V	25	32*	40	50*	63
	100	125*	160	250	300*
	400	450*	500	630	1 000
	1 600	2 000	2 500	3 000	4 000

注:带*者仅为电解电容器所用。

3) 漏电流

电容器的介质材料不是绝对绝缘体,它在一定的工作温度及电压条件下,总会有些电流通过,此电流即为漏电流。电解电容器的漏电流较大,其他电容器的漏电流很小。漏电流用字母 I_L 表示,漏电流 I_L 越大,其绝缘电阻越小。漏电流过大会使电容器的性能变坏,引起电路故障,甚至使电容器发热失效或爆炸。表 1-9 所示的为部分电解电容器的允许漏电流值。

表 1-9　部分电解电容器的允许漏电流值

工作电压/V	容量/μF	允许漏电流/μA	相应漏电阻/kΩ
6	200	0~0.4	15~30
6	500	0.4~0.6	10~15
15	100	0.2~0.5	30~75
15	200	0.4~0.5	25~40
25	30	0.2~0.6	40~120
25	50	0.5~0.8	30
12,25	100	0.3~0.8	40~80
50	20	0.2~0.5	100~250
50	30	0.2~0.6	80~250
50	100	0.5~1.0	50~100
150	30	0.5~0.9	170~300
150	50	0.6~0.9	150~250
300	20	0.55~0.9	330~550
300	30	0.7~1.2	250~450
450	10	0.5~0.75	600~900
450	20	0.7~1.2	370~420
450	30	1.0~1.5	300~450

3. 电容器的参数标注方法

电容器的参数标注方法有直标法、文字符号法、数字表示法、色标法。

1）直标法

直标法即在电容器表面直接标出其主要参数的标注方法。标称电容量的单位有微法（μF）和皮法（pF）。

例如，电容器 CB41 250 V 2 000 pF $\pm5\%$，表示 CB41 型精密聚苯乙烯薄膜电容器，工作电压为 250 V，标称容量为 2 000 pF，允许误差为 $\pm5\%$。

2）文字符号法

电容器的文字符号法是将文字和数字符号有规律地组合起来，在电容器表面上标注出主要特性参数的方法。例如，4 p7 表示 4.7 pF；p1 表示 0.1 pF。

3）数字表示法

一般用 3 位数字表示电容器的容量大小，其单位为 pF。前 2 位数表示有效数字，第 3 位数表示乘数，即零的个数，若第 3 位数是 9，则表示 10^{-1}。例如，103 表示 10 000 pF；223 表示 22 000 pF；479 表示 4.7 pF。

4）色标法

色标法是用不同色环按照规定的方法在电容器表面上标注出主要参数的方法。色环从顶端向引线排列，前两环为有效数字，第三环为乘数，第四环表示允许误差，第五环表示额定工作电压。不同颜色所表示的含义如表 1-10 所示。由表 1-10 可知，不同颜色所表示的数字与电阻器的色标法的相同。

表 1-10　色标法各色环表示的含义

颜　色	棕	红	橙	黄	绿	蓝	紫	灰	白	黑	金	银	无色
有效数字	1	2	3	4	5	6	7	8	9	0			
乘数	10^1	10^2	10^3	10^4	10^5	10^6	10^7	10^8	10^9	10^0	10^{-1}	10^{-2}	
允许误差 /（%）	±1				±0.5	±0.25	±0.1		$\pm(20\sim50)$		±5	±10	±20
工作电压/V	—	—	4	6.3	10	16	25	32	40	50	63	—	—

电容器色标常用三环或四环来表示，如图 1-9 所示，也有用五环表示的。

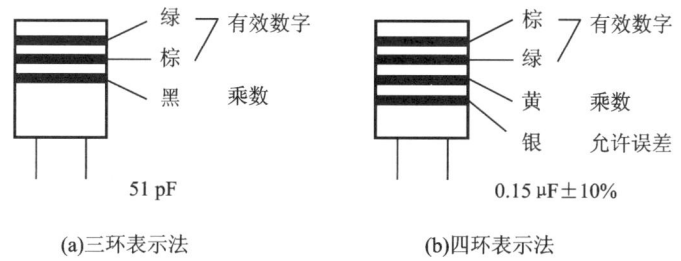

(a)三环表示法　　　　　　(b)四环表示法

图 1-9　电容器色标法

4. 电容器的测量

1) 电解电容器性能的判别

用普通指针式万用表可方便地判别电容器,特别是电解电容器的性能。测量时选用电阻挡,针对不同容量选择合适的量程。根据经验,一般情况下 $1\sim47\ \mu F$ 的电解电容器,可用 $R\times 1\ k$ 挡测量,大于 $47\ \mu F$ 的电解电容器可用 $R\times100$ 或 $R\times10$ 挡测量。

判别时,先将万用表红表笔接电解电容器的负极,黑表笔接电解电容器的正极,如图 1-10(a)所示。在刚接通的瞬间,万用表指针将向右偏转较大幅度(对于同一电阻挡,容量越大,摆幅越大),接着逐渐向左回转,直到停在某一位置,此时的阻值便是电解电容器的正向漏电阻。该值越大,漏电流越小,电解电容器的性能越好。然后将红、黑表笔对调,如图 1-10(b)所示,万用表指针将重复上述摆动现象。但此时所测阻值为电解电容器的反向漏电阻,该值略小于其正向漏电阻,即反向漏电流要比正向漏电流大。

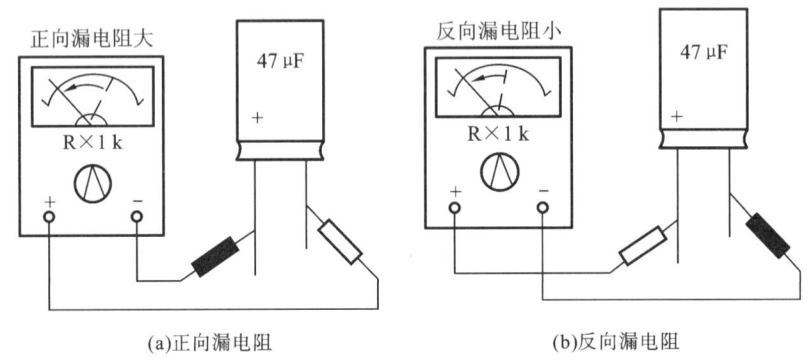

(a)正向漏电阻   (b)反向漏电阻

图 1-10 电解电容器的性能判别

实际使用经验表明,电解电容器的漏电阻一般应为几百千欧,甚至更高;否则,电解电容器将不能正常工作。在测试中,若正、反向均无充电的现象,即万用表指针不动,则说明电解电容器的容量已经很小,甚至丧失功能或内部断路;如果所测阻值很小或为零,则说明电容器的漏电流很大或已击穿损坏,该电容器不能使用。

2) 电解电容器容量的测量

如上述采用指针式万用表给电解电容器进行正、反向充电的方法,根据指针向右摆动幅度的大小,可估测出电解电容器的容量,即指针向右偏转幅度越大,容量越大。

数字式万用表一般都具有电容测量的功能。因此欲测出电容器的具体容量大小,采用数字式万用表比较方便。

1.1.3 电感器与变压器

电感器(电感线圈)和变压器是电磁感应元器件,一般用漆包线、纱包线或镀银铜线等绕制而成,是电子电路中常用的元器件。

1. 电感器

电感器在电路中主要用于谐振、耦合、匹配、滤波等。

1) 电感器型号的组成及其含义

电感器的型号一般由四个部分组成:

(1)主称,用字母 L 表示,ZL 表示阻流圈;

(2)特性,用字母 G 表示,高频线圈;

(3)类型,用字母 X 表示,小型线圈;

(4)区别代号,用数字表示。

例如,LG-1 表示高频固定电感器,LGX 表示小型高频固定电感器。

2) 电感器的主要参数

电感器的主要参数有电感量、允许误差、品质因数、分布电容及额定电流等。

(1)电感量。线圈电感量的大小主要取决于线圈的匝数、绕制方式及磁心材料。电感的单位是 H(亨利),$1\ H = 10^3\ mH = 10^6\ \mu H = 10^9\ nH$。

(2)允许误差。允许误差是指电感器上的标称电感量与实际电感量的允许偏差。

(3)品质因数。品质因数(Q 值)是衡量电感器质量的重要参数,它是指电感器在某一频率的交流电压下工作时,线圈所呈现的感抗与电感器的直流电阻值的比值。Q 值反映电感器损耗的大小,Q 值越高,其损耗越小,效率越高。

(4)分布电容。电感器的线圈匝与匝之间、线圈与磁心之间均存在着分布电容,分布电容的大小直接影响电感器的性能。电感器的分布电容越小,其稳定性能越好。

(5)额定电流。电感器在正常工作时,允许通过的最大电流称为额定电流。若工作电流超过额定电流,则电感器会因发热而改变性能参数,甚至被烧毁。

3) 电感器的色标法

电感器的色标法与电阻器的色标法相同。电感器色环、色点的含义如表1-11所示。

表 1-11　电感器色环、色点的含义

色　环	有效数字	乘　数	误差/(%)	工作电压/V
黑	0	1		
棕	1	10		
红	2	10^2		
橙	3	10^3		
黄	4	10^4		
绿	5			250 或 500
蓝	6			
紫	7			
灰	8	10^{-2}		
白	9	10^{-1}	± 5	
金		10^{-1}	± 10	
银		10^{-2}	± 20	
无色				

4) 色码电感器的测量

由于色码电感器的电感量一般都比较小,所以在一般条件下,比较难以准确地测定其电感量的大小,但可使用万用表的电阻挡测量色码电感器的好坏。

将万用表置于 R×1 挡,红、黑表笔分别接电感器的一引出端,此时指针应向右摆动。根据测出的电阻值大小,可分为下述三种情况进行鉴别。

(1)电感器电阻值为零。这种情况说明电感器内部线圈有短路性故障。注意,测试操作时,一定要先认真将万用表调零,并仔细观察指针向右摆动的位置是否确实到达零位,以免造成误判。当怀疑电感器内部有短路性故障时,最好用 R×1 挡反复多测几次,这样才能作出正确的判断。

(2)电感器的电阻值为一定值(且不为零)。电感器直流电阻值的大小与绕制电感器线圈所用的漆包线直径、绕制圈数有直接关系,漆包线的直径越小,圈数越多,电阻值越大。一般情况下用万用表 R×1 挡测量,只要能测出电阻值为一定值(且不为零),就可认为被测电感器是正常的。

(3)电感器的电阻值为无穷大。这种现象比较容易区分,说明电感器内部的线圈或引脚与线圈接点处发生了断路性故障。

2. 变压器

变压器也是一种电感元器件,它是利用两个电感线圈的互感应现象工作的,在电路中可以起到电压变换和阻抗变换的作用。变压器的种类很多,根据变压器工作频率的不同,可分为低频变压器、中频变压器、高频变压器和脉冲变压器等。

1) 变压器的主要参数

(1)变压器的电压比。变压器的初级电压(或初级线圈的圈数)和次级电压(或次级线圈的圈数)分别用 U_1(或 N_1)和 U_2(或 N_2)表示,其变压比为

$$U_1/U_2 = N_1/N_2 = n$$

这个参数可表明该变压器是升压变压器还是降压变压器。实际应用中,要考虑变压器的损耗,所以,次级线圈的圈数要增加 10% 左右。

(2)变压器额定功率。变压器的额定功率是指在规定的频率和电压下,变压器长期工作而不超过限定温度时的输出功率,用伏安(V·A)、瓦(W)或千瓦(kW)表示。

(3)变压器的效率。变压器的效率是指在额定负载时,变压器输出功率与输入功率的比值。在输入功率一定的情况下,变压器的输出功率越大,其效率越高。一般小型变压器的效率能达到 80% 左右。

(4)电源变压器的空载电流。电源变压器的次级开路时初级仍有一定的电流,这部分电流称为空载电流。空载电流一般不超过额定电流的 10%,空载电流大的变压器损耗大,效率低。

(5)电源变压器的绝缘电阻值。绝缘电阻值是指电源变压器的线圈之间、线圈与铁心之间及引线之间的电阻值。抗电强度是指在规定时间内变压器可承受的电压。不同工作电压、不同使用条件和不同要求的变压器,对绝缘电阻值和抗电强度要求不同。常用的小型电源变压器的绝缘电阻值不小于 500 MΩ,抗电强度大于 2 000 V。

2) 常用变压器简介

(1)小型电源变压器。小型电源变压器用于提升或降低电网的交流电压。各种民用电子产品中使用的变压器均属于降压电源变压器。

根据铁心的不同,电源变压器的铁心可分为 E 形和 C 形两种。E 形铁心是目前使用最多的,E 形铁心电源变压器的外形如图 1-11 所示。E 形铁心电源变压器绕组的初级、次级可共用一个骨架,有较高的窗口占空系数,但是 E 形铁心电源变压器铁心磁路的气隙较大,效率较低。

C 形铁心电源变压器的外形如图 1-12 所示,其铁心是由两块形状相同的 C 形铁心相对组

成,又称 CD 形铁心电源变压器。CD 形铁心电源变压器由于磁通密度较大,具有体积小、重量轻、效率高、装配方便等特点,在电子设备、仪器仪表上用得较多。

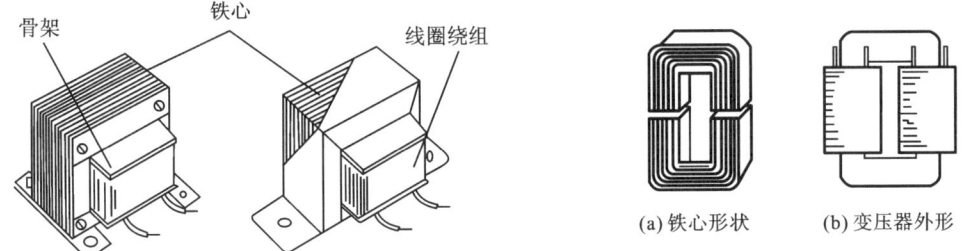

图 1-11　常用 E 形铁心电源变压器的外形　　图 1-12　C 形铁心电源变压器的铁心形状和外形

（2）音频变压器。音频变压器是音频放大电路中所用的各种变压器的统称,在电路中用来传送信号,实现电路之间的阻抗匹配。音频变压器中的输入、输出变压器主要用于半导体收音机的音频放大电路,其图形符号如图 1-13 所示。

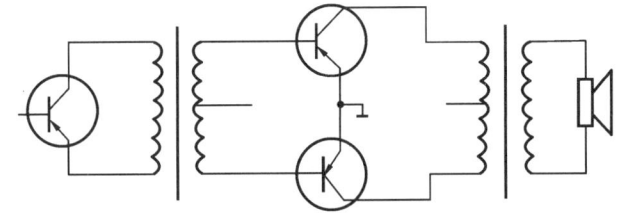

图 1-13　音频放大电路的输入、输出变压器的图形符号

（3）中频变压器。中频变压器在超外差式收音机、电视机及一些测量仪器中都有应用,一般工作在一个固定的频率上,它的好坏与收音机的灵敏度、选择性、音质和电视机接收图像的清晰度都有关系。

半导体收音机中频变压器的结构一般由磁心、线圈、支架、底座、磁帽和屏蔽外壳组成,调节磁心在线圈中的位置可以改变电感量,使电路在特定频率下谐振。部分半导体收音机中频变压器的主要性能及参数如表 1-12 所示。

表 1-12　部分半导体收音机中频变压器的性能及参数

型　号	中　放		谐振电容 /pF	谐振方式	中频频率 /kHz	频率可调 范围/kHz	通频带 /kHz	选择性
	级	色标						
TTF-2-1	1	白	200	单调谐			≥6.5	≥7
TTF-2-2	2	红	200		465±2		≥8	≥5.5
TTF-2-9	3	绿	200		465±2		≥11.5	≥2
TTF-2-7	前	白	300	电容耦合 调谐	465±2 465±2	465±10	≥5.5	
TTF-2-8	后	黄	300		465±2			
BZX 6 1	前	黄	510	电感耦合 双调谐	465±2		≥6	≥15
BZX 6 1	后	绿	510					

3）变压器的测量

（1）外观检查。通过仔细观察变压器的外貌，检查其是否有明显异常现象，如线圈引线是否断裂、脱焊，绝缘材料是否有烧焦痕迹，铁心紧固螺杆是否有松动，硅钢片有无锈蚀，绕组是否有外露等。

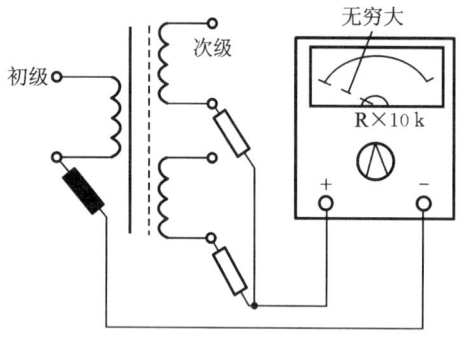

图 1-14　绝缘性能测试

（2）绝缘性能测试。测试方法如图 1-14 所示，图中仅以测量初级绕组与次级绕组间的绝缘电阻值为例。用万用表 R×10 k 挡分别测量铁心与初级绕组，初级绕组与各次级绕组，铁心与各次级绕组，静电屏蔽层与初级、次级绕组及次级各绕组间的电阻值，万用表指针均应指在无穷大位置不动；否则，说明电源变压器的绝缘性能不良。

绝缘性能不良的电源变压器，轻则会影响电路的正常工作，重则将导致电源变压器烧毁或使电路中元器件损坏。通常各绕组（包括静电屏蔽层）间、各绕组与铁心间的绝缘电阻值只要有一处低于 10 MΩ，就说明电源变压器的绝缘性能不良。当测得的绝缘电阻值为几百欧姆到几千欧姆时，往往表明已经出现绕组间短路或铁心与绕组间短路的故障了。这种故障极易造成电源变压器自身或相关电路元器件烧坏。

（3）检测线圈通断。将万用表置于 R×1 挡，分别测量电源变压器的初级、次级各个绕组的电阻值。一般初级绕组电阻值应为几十欧姆至几百欧姆，电源变压器功率越小，其电阻值越大；次级绕组电阻值一般为几欧姆至几十欧姆，电压较高的次级绕组的电阻值较大。测试中，若某个绕组的电阻值为无穷大，则说明此绕组有断路性故障。

（4）初级、次级绕组的判别。电源变压器初级引线和次级引线一般都是分别从两侧引出的，并且初级绕组多标有 220 V 字样，次级绕组则标出额定电压，如 15 V、24 V、35 V 等。可根据这些标记进行识别。但有的电源变压器没有任何标记或者标记符号已经模糊不清，这时需要将初级绕组和次级绕组正确区分开。

通常，电源变压器的初级绕组所用漆包线的线径是比较小的，且匝数较多，而次级绕组所用线径都比较大，且匝数较少。所以，初级绕组的直流电阻值要比次级绕组的直流电阻值大得多。根据这一特点，可用万用表电阻挡测量出各绕组的电阻值，来判别电源变压器的初级绕组、次级绕组。

1.2　半导体分立器件

半导体分立器件包括二极管、三极管及半导体特殊器件，它在电子电路中的应用十分广泛。

1.2.1　半导体分立器件的命名及分类

根据中华人民共和国国家标准 GB/T 249—2017《半导体分立器件型号命名方法》的规定，半导体分立器件命名由 5 个部分组成：

(1)用数字表示电极数;

(2)用字母表示材料和极性;

(3)用字母表示类型;

(4)用数字表示序号;

(5)用字母表示规格。

中国半导体分立器件命名的符号及其含义如表 1-13 所示。

表 1-13　中国半导体分立器件命名的符号及其含义

第 一 部 分		第 二 部 分		第 三 部 分				第四部分	第五部分
用数字表示电极数		用字母表示材料和极性		用字母表示类型				用数字表示序号	用字母表示规格
符号	含义	符号	含义	符号	含义	符号	含义		
2	二极管	A	N 型,锗材料	P	普通管	D	低频大功率		
		B	P 型,锗材料	V	微波管	A	高频大功率		
		C	N 型,硅材料	W	稳压管	T	晶闸管可控整流器		
		D	P 型,硅材料	G	参量管				
3	三极管	A	P 型,锗材料	Z	整流管	Y	体效应器件		
				L	整流管	B	雪崩管		
		B	N 型,锗材料	S	隧道管	J	阶跃恢复管		
				N	阻尼管	CS	场效应管		
		C	P 型,硅材料	U	光电器件	BT	半导体特殊器件		
		D	N 型,硅材料	K	开关管	FH	复合管		
				X	低频小功率管	PIN	PIN 型管		
		E	化合物材料	G	高频小功率管	JG	激光器件		

半导体分立器件的种类很多,按半导体材料可分为硅材料(硅管)和锗材料(锗管);按结构及制作工艺可分为面接触型和点接触型;按封装形式可分为玻璃封装、金属封装、塑料封装、环氧树脂封装等。半导体分立器件通常按用途分类,具体分类如表 1-14 所示。

表 1-14　半导体分立器件的分类

名 称	类 型	类别和结构
半导体二极管	普通二极管	整流二极管、检波二极管、恒流二极管、开关二极管等
	特殊二极管	微波二极管、TVP 管、TD 管、雪崩管、变容二极管等
	敏感二极管	磁敏二极管、光敏二极管、压敏二极管、温敏二极管等
	发光二极管	

名　　称	类　　型		类别和结构
双极型三极管	锗管		高频小功率管(合金型、扩散型)、低频小功率管(合金型、扩散型)
	硅管(大功率管)		低频大功率管、大功率高压管(扩散型、扩散台面型、外延型)、高频大功率管、微波功率管
	硅管(小功率管)		高频小功率管、超高频小功率管、高速开关管、微波低噪声管、低噪声管、超β管; 专用器件:单结三极管、可编程单结三极管
晶闸管	单、双向晶闸管		普通晶闸管、高频(快速)晶闸管
	可关断晶闸管		正、反向阻断管,逆导管等
	特殊晶闸管		
场效应三极管	结型	硅管	N沟道(外延平面型)、P沟道(双扩散型)
		硅管	隐埋栅、V沟道(微波大功率)
		砷化镓	肖特基势垒栅(微波低噪声、微波大功率)
	MOS(硅)	增强型	N沟道、P沟道
		耗尽型	N沟道、P沟道

1.2.2　半导体分立器件的测量

1. 二极管的测量与选用

1) 二极管的选用

(1)用于整流电路的二极管。用于整流电路的二极管,其最重要的参数是最高反向工作电压和最大工作电流。例如,在电压为 50 V 的电路中,使用最高反向工作电压为 30 V 的二极管,或在电流为 500 mA 左右的电路中,使用最大工作电流为 100 mA 的二极管,通电后二极管会立即烧毁。一般根据电路要求,选择最大反向工作电压、电流为工作条件 2 倍以上的二极管才较安全。对于小功率整流二极管,通常宜选用面接触型二极管,如 2CP1~2CP6、2CP10~2CP20、2CP1A~2CP1H 等型号。另外,损坏了一个 PN 结的低频三极管可作为小电流整流二极管来使用。

(2)用于检波电路的二极管。虽然检波和整流的原理基本是一样的,但检波二极管的作用是从被调制波中取出有效信号,它工作在高频状态下。因此,选用时要求其工作频率高、反向电流小,以保证高的检波效率。图 1-15 所示的为调幅(AM)检波电路。其工作过程是:二极管 VD 先对 AM 波整流,再让载波分量对 C_3 充放电,从输出端取出信号。由此可见,检波是对高频波的整流,要求二极管的结电容一定要小,因此要选用点接触型二极管,如 2AP1~ 2AP7、2AP8~2AP10、2AP11~2AP17 等型号。在一般条件下,损坏了一个 PN 结的锗材料高频三极管也可作为检波二极管。能用于高频检波的二极管大多能用于限幅、钳位和调制电路。

2) 二极管的测量

(1)判别二极管的正、负电极。观察二极管外壳上的色点和色环。在点接触型二极管的外壳上,通常标有极性色点(白色或红色),一般标有色点的一端为正极。还有的二极管上标有色环,带色环的一端为负极,如图 1-16 所示。

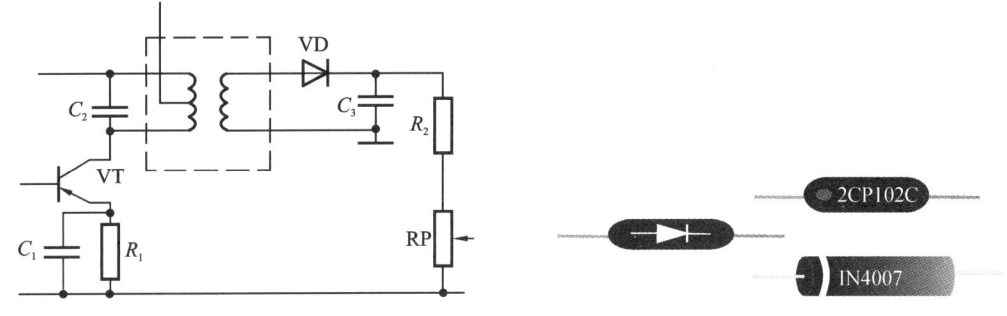

图 1-15　调幅(AM)检波电路　　　　　图 1-16　二极管的正、负电极

(2)鉴别质量好坏。将万用表置于 R×100 或 R×1 k 挡,测量二极管的正、反向电阻值,完好的点接触型锗二极管(如 2AP 型)的正向电阻值在 1 kΩ 左右,反向电阻值在 300 kΩ 以上;面接触型硅二极管(如 2CP 型)的正向电阻值在 5 kΩ 左右,反向电阻值为无穷大。总之,二极管的正向电阻值越小越好,反向电阻值越大越好。若测得的正向电阻值太大或反向电阻值太小,则表明二极管的检波效率和整流效率不高;若测得正向电阻值为无穷大(万用表指针不动),则说明二极管的内部断路;若测得的反向电阻值接近于 0,则说明二极管已经被击穿。内部断路或被击穿的二极管都不能使用。

2. 三极管的测量与选用

1)判别电极

如果不知道中、小功率三极管的型号及其引脚排列,则可按下述方法进行检测判断。

(1)判定基极 B。

用万用表 R×100 或 R×1 k 挡测量三极管三个电极中每两个电极之间的正、反向电阻值。当用第一支表笔接某一电极,而第二支表笔先后接触另外两个电极均测得低电阻值时,第一支表笔所接的那个电极为基极。这时,进一步注意万用表表笔的极性,如果红表笔接的是基极,黑表笔分别接触其他两个电极时测得的电阻值都较小,则可判定被测三极管为 PNP 型;如果黑表笔接的是基极,红表笔分别接触其他两电极时测得的电阻值都较小,则被测三极管为 NPN 型。

(2)判定集电极 C 和发射极 E。

①方法一。以 PNP 型三极管为例,将万用表置于 R×100 或 R×1 k 挡,红表笔接三极管的基极 B,用黑表笔分别接触另外两个引脚,所测得的两个电阻值会是一个大一些,一个小一些。电阻值较小时,黑表笔所接引脚为集电极;电阻值较大时,黑表笔所接引脚为发射极。此法也适用于判别 NPN 型三极管。检测时,只要将黑表笔固定接基极,用红表笔去接触其余两引脚进行测量。电阻值较小时,红表笔所接引脚为集电极;电阻值较大时,红表笔所接引脚为发射极。

②方法二。以 NPN 型三极管为例,测试方法如图 1-17 所示,将万用表置于 R×1 k 挡。先将被测三极管的基极悬空,万用表的红、黑表笔分别任接触其余两引脚,此时指针应指在无穷大位置。然后用手指同时捏住基极与右边的引脚。如果万用表指针向右偏转较明显,则表明右边的引脚为集电极 C,左边的引脚为发射极 E;如果万用表指针基本不摆动,可改用手指

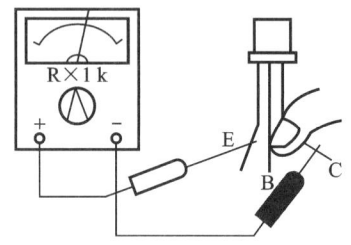

图 1-17　判定集电极 C 和
发射极 E

同时捏住基极与左边的引脚,如果指针向右偏转较明显,则表明左边的引脚为集电极 C,右边的引脚为发射极 E。

如果在以上测量过程中万用表指针均不向右摆动,或摆动的幅度不明显,则说明万用表给被测三极管提供的测试电压极性接反了,应将红、黑表笔对调后按上述步骤重新测试。

判定 PNP 型三极管集电极 C、发射极 E 的方法与 NPN 型三极管的基本相同,但按正常接法,发射极 E 接到黑表笔时,万用表指针的摆幅才很明显。

2)检测放大能力(β)

估测方法:以 NPN 型三极管为例,万用表置于 R×1 k 挡。先将黑表笔接被测三极管的集电极 C,红表笔接发射极 E,然后将电阻器 R(50～100 kΩ)接入 C、B 极之间,此时,表指针应向右偏转,偏转的角度越大,说明被测三极管的放大系数 β 越大。如果接上 R 以后指针向右偏转不大或者停在原位不动,则表明三极管的放大能力很差或者已经损坏。电阻器 R 可以用人体电阻代替,即用手捏住 C、B 两引脚(注意 C、B 间不能短接)。

上述方法简单易行,但只能比较被测三极管 β 的相对大小,而不能测出 β 的具体数值。

数字测量:数字式万用表和部分指针式万用表具有三极管 β 值的测量功能。测量时,将万用表置于相应挡位,把三极管三个电极插入 NPN 型或 PNP 型三极管的三个测试孔,即可显示出该三极管的 β 值。要注意的是,三个电极插入测试孔时一定要对号入座,因为被测三极管的引脚排列和测试孔的排列不一定一致。

1.3　常用集成电路

集成电路(integrated circuit,IC)是 20 世纪 60 年代初期发展起来的一种新型半导体器件。它是采用半导体制造工艺,把具有某种功能的电路所需的半导体二极管、三极管、电阻、电容等器件及其间的连接导线全部集成在一小块硅片上,然后封装在一个管壳内的电子器件。

集成电路具有体积小、重量轻、引出线和焊接点少、可靠性高、处理速度快、寿命长、性能好等优点,同时成本低,便于大规模生产。用集成电路来装配电子设备,其装配密度比用分立器件装配的可提高几十倍至几千倍,设备的稳定性、可靠性也大大提高。它不仅在民用电子设备如电视机、计算机等方面得到广泛的应用,同时在军事领域也应用广泛。

1. 常用集成电路的封装

集成电路的封装按照器件使用时与印制电路板的连接方式,可分为插针式封装和表面贴装式封装。目前表面贴装式封装已占 IC 封装总量的 80% 以上,其封装结构参见 7.3 节,本节主要介绍采用插针式封装结构的最常用的通用集成电路。插针式封装又分双列直插式封装(dual in-line package,DIP)和单列直插式封装(single in-line package,SIP),使用时,需要将其插入具有相应结构的芯片插座上。

1)双列直插式封装

双列直插式封装的电路引脚从封装两侧引出。绝大多数中小规模集成电路均采用这种封装形式,如广为使用的标准逻辑 IC、运算放大器、存储器、Intel 公司早期的 CPU(如 8086、80286),以及广泛使用的 8031 等单片机就采用这种封装形式。封装材料有塑料和陶瓷两种。其两相邻引脚中心之间的距离是 2.54 mm,引脚数为 6 至 64,封装宽度通常有15.24 mm、10.16 mm、7.52 mm等不同规格,根据芯片的规模大小而定。10.16 mm和7.52 mm的宽度规格分别称为 skinny DIP(瘦型 DIP) 和 slim DIP(窄体型 DIP)。但多数情况下并不加区分,只简单地统称为 DIP。双列直插式封装通常用"DIP+引脚数"来命名,图 1-18 所示的为封装外形为 DIP16 的 IC,表示有 16 个引脚的双列直插式封装的芯片。

DIP 是最普遍的封装形式,适合在印制电路板上穿孔焊接,操作方便,但体积较大,封装效率低,占去了很多有效安装面积。

2) 单列直插式封装

单列直插式封装的芯片,其引脚在芯片单侧排列成一条直线,引脚中心间距亦为 2.54 mm,引脚数为 2 至 23,封装的形状各异,当装配到印制电路板基板上时封装呈侧立状。图 1-19所示的为 SIP9 的外形。

图 1-18　DIP16 的外形

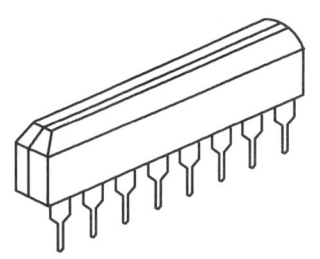

图 1-19　SIP9 的外形

SIP 芯片多数为定制产品,即为实现某种特定功能而专门开发的集成芯片。与在印制电路板上进行系统集成相比,SIP 能最大限度地优化系统性能,避免重复封装,缩短开发周期,降低成本,提高集成度,具有灵活度高、设计周期短、容易进入等特点。

2. 常用集成电路的类型

电子产品中常用的集成电路有数字集成电路、模拟集成电路、集成稳压电路等。

1) 数字集成电路

常用数字集成电路通常有 TTL 和 CMOS 两种类型,使用时其逻辑电平不同。TTL 数字集成电路最常见的是 74 系列芯片,包括74LS××系列、74S××系列、74ALS××系列、74AS××系列和74F××系列等。CMOS 数字集成电路主要有 4000 系列和 4500 系列,如 TC40H××、LR40H××、LS40H××、CC40H××、74HC××系列等。图 1-20 所示的为几种常用数字集成电路引脚图。

2) 模拟集成电路

模拟集成电路也称线性集成电路。集成运算放大器是最常见的模拟集成电路。

集成运算放大器是一种高放大倍数的直流放大器,其理想的开环放大倍数为无穷大。在集成运算放大器的输入与输出之间接入不同的反馈网络及相应外部电路,可完成信号放大、信号运算、信号处理(滤波、调制)及波形的产生和变换等功能。与用分立器件构成的电路相比,它具有稳定性好、电路计算容易、电路结构简单、成本低等优点,被广泛应用。常用集成运算放

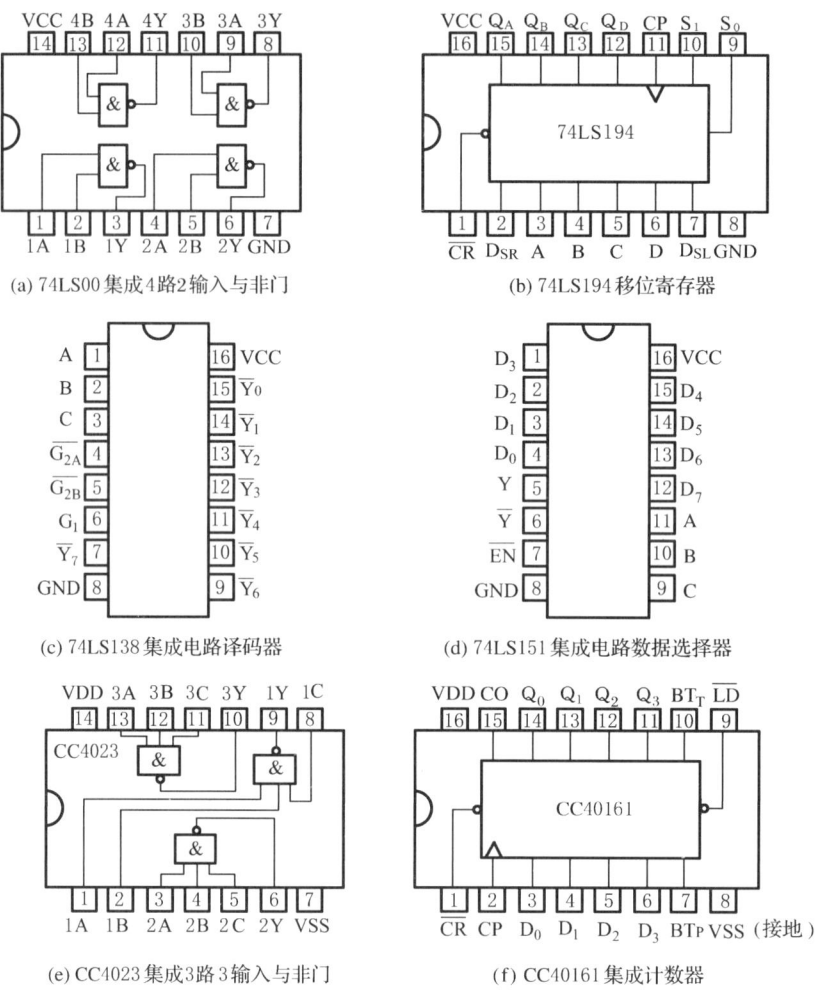

(a) 74LS00集成4路2输入与非门　　　　　(b) 74LS194移位寄存器

(c) 74LS138集成电路译码器　　　　　(d) 74LS151集成电路数据选择器

(e) CC4023集成3路3输入与非门　　　　　(f) CC40161集成计数器

图 1-20　几种数字集成电路引脚图

大器 LM741 和 LM324 的封装引脚图如图 1-21 所示。

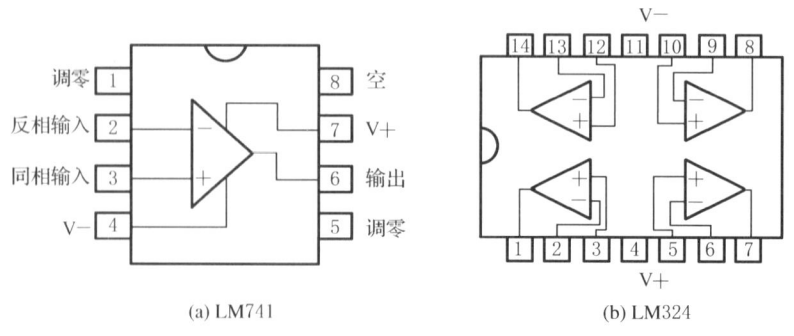

(a) LM741　　　　　　　(b) LM324

图 1-21　集成运算放大器封装引脚图

3）集成稳压电路

集成稳压电路是一种具有稳压功能的电压变换集成电路,具有性能指标高、使用和组装十分方便等特点。目前常用的集成稳压电路为 78××系列(正电压)和 79××系列(负电压),它们的后 2 位数字代表器件的稳压输出值,如 7805(＋5 V)、7809 (＋9 V)、7812(＋12 V)、7815(＋15 V)及 7905(－5 V)、7909(－9 V)、7912 (－12 V)、7915(－15 V)等。可调式稳压电路常用 LM317 等型号。三种形式的集成稳压器外形如图 1-22 所示。

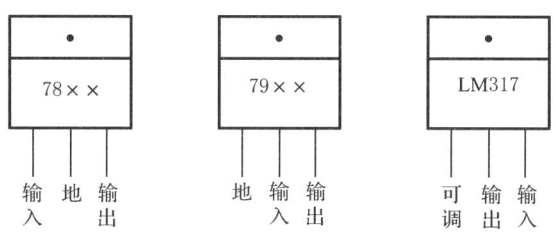

图 1-22　78ＸＸ、79ＸＸ及 LM317 集成稳压器的外形

1.4　常用电气元器件

1. 开关

开关的种类很多,在电子设备中起断开、接通或转换电路的作用,应用十分广泛。

1) 开关的主要参数

开关的主要参数有额定电压、额定电流、接触电阻、绝缘电阻、耐压及工作寿命等。

(1)额定电压,即开关在正常工作情况下可承受的最高电压。

(2)额定电流,即开关在正常工作情况下允许流过触点的最大电流。

(3)接触电阻,即开关在接通以后,两个连接触点之间的接触电阻。该值越小越好。

(4)绝缘电阻,即开关导体之间或开关导体与金属外壳之间不相接触的电阻。该值越大越好,一般在 100 MΩ 以上。

(5)耐压,又称抗电强度,是指开关不相接触的导体之间所能承受的电压。电源开关的抗电强度一般应大于 AC 500 V。

(6)工作寿命,即开关在正常工作条件下使用的次数,通常为 5 000～10 000 次,质量较高的开关次数可达 $5 \times 10^4 \sim 5 \times 10^5$ 次。

2) 常用的机械开关

(1)拨动开关。拨动开关是左右平滑换位,切入式咬合接触,从而控制开关触点的接通或断开的。拨动开关分为单极双位和双极双位两种结构,拨动开关如图 1-23(a)所示。

(2)钮子开关。钮子开关如图 1-23(b)所示,在电子设备中是最常用的一种开关,分为大、中、小和超小型开关等。钮子开关分为单极双位和双极双位结构。

(3)琴键式开关。琴键式开关也称直键式开关,有单键式或多键组合式两种类型。单键式开关有自锁自复位式和无锁式两种结构。自锁自复位式开关按一下即接通并自锁定,再按一下则断开、复位;无锁式开关按动时接通,松手后复位。多键组合式开关分为自锁式、互锁式和无锁式等结构类型。琴键式开关如图 1-23(c)所示。

(4)微动开关。微动开关是一种小型化的开关,其通过小行程、小动作力而使电源接通和断开。微动开关如图 1-23(d)所示。

（5）旋转式波段开关。旋转式波段开关靠旋转开关手柄来控制开关触点的接通与断开，分为大、中、小型三类，有多刀位和多层型。绝缘基体可分为瓷质、胶质等。波段开关的工作电流一般为 0.05～0.3 A，电压为 50～300 V。旋转式波段开关如图 1-23(e)所示。

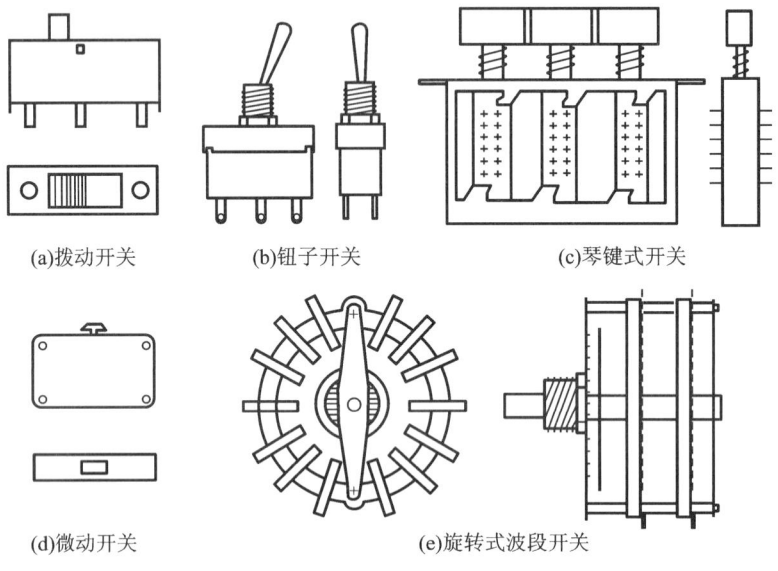

(a)拨动开关　(b)钮子开关　(c)琴键式开关

(d)微动开关　(e)旋转式波段开关

图 1-23　常用机械开关

2. 继电器

继电器是一种电气控制开关器件，是利用低电压、小电流来控制高电压、大电流的自动开关。继电器由铁心、电磁线圈、衔铁、复位弹簧、触点、支座及引脚组成。继电器控制开关是利用电磁感应原理工作的。当继电器线圈两端加上工作电压时，线圈中将有电流通过，电磁效应使线圈铁心被磁化，将衔铁吸住，从而使继电器触点断开或接通。

3. 保险元器件

当电子电路中出现过流故障时，保险元器件将迅速熔断，起到过流保护的作用，以防止因过流而烧坏电路中其他元器件。通常使用保险丝作为保护元器件，常用保险元器件有普通玻璃管熔丝、延迟型玻璃管保险丝、熔断电阻器和温度熔丝等。

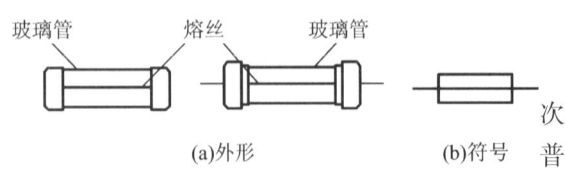

(a)外形　(b)符号

图 1-24　普通玻璃管熔丝的外形和符号

1）普通玻璃管熔丝

普通玻璃管熔丝俗称保险管或保险丝，是一次性的熔断器，熔断后只能更换同规格的保险管。普通玻璃管熔丝的形状多数为直线状，只有彩色电视机显示器中使用的熔丝形状为螺旋状。普通玻璃管熔丝的外形和符号如图 1-24 所示。

2）延迟型玻璃管保险丝

延迟型玻璃管保险丝主要用于开机瞬间电流大的电子仪器(彩色电视机、计算机)中。延迟型玻璃管保险丝的特点是能够在短时间内承受大电流的冲击，而在电流过载超过一定时限后又能可靠地熔断。

3）熔断电阻器

熔断电阻器又称保险电阻。熔断电阻器是一种具有电阻器和熔断器双重作用的特殊元器件,它具有电阻器的功能,电阻值通常较小,大都起限流作用;当电路出现异常电流,并超过其额定值时,它会像保险丝一样熔断,使电路断开。熔断电阻器在电路中用字母 RM 或 R 表示。

4）温度熔丝

温度熔丝是一次性过热保险元器件,广泛应用于各类电源变压器、电风扇、洗衣机、电动机、电炊具等电子产品中。当被保护的电子产品出现故障发热,温升超过容许值时,温度熔丝自动熔断,将电源切断。温度熔丝的外壳上常标称有额定温度、额定电流和额定电压,其外形如图 1-25 所示。

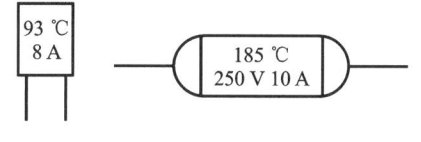

图 1-25　温度熔丝的外形

4. 插头、插座

1）电源插头、插座

电源插头、插座一般都用在电子、电器设备上,插头、插座配套使用,通常将220 V电源接入仪器设备。常用的电源插头、插座有二线或三线等类型。电源插头、插座的外形如图 1-26 所示。

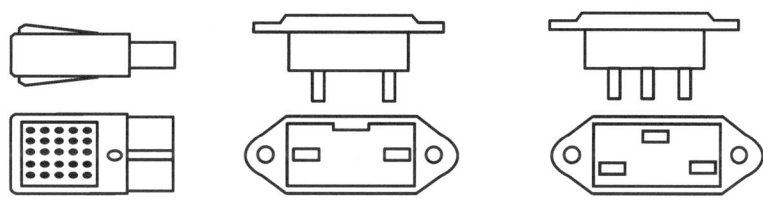

图 1-26　电源插头、插座的外形

2）二芯、三芯小型插头、插座

二芯、三芯小型插头、插座的体积小,适用于低频电路,常用于耳机、话筒及外接直流稳压电源等中,其外形及电路符号如图 1-27 所示。

3）屏蔽插头、插座

屏蔽插头、插座用于各种音响、录放像设备、VCD、彩色电视机及多媒体等设备中。因为大多数音响设备是双声道或多声道输出的,所以屏蔽插头、插座在音响设备中是成双或成套出现的,其在音响设备中的连接示意图如图 1-28 所示。

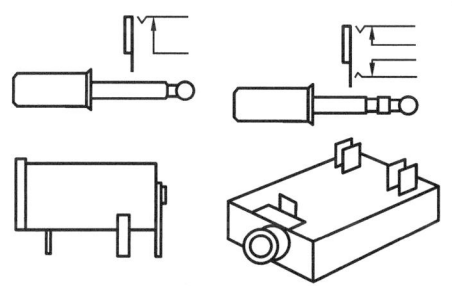

图 1-27　二芯、三芯小型插头、插座的
　　　　　外形及电路符号

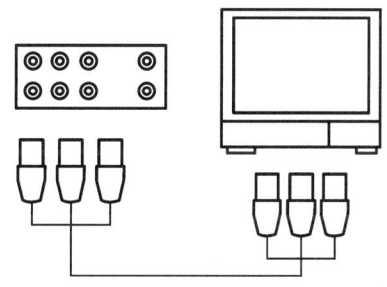

图 1-28　屏蔽插头、插座的
　　　　　连接示意图

1.5　光　电　器　件

1. 光敏电阻器

光敏电阻器是利用半导体光导效应制成的一种特殊电阻元器件。为了便于吸收更多的光能,光敏电阻体通常都制成薄片状。光敏电阻器由玻璃基片、光敏层、电极等部分组成,它的结构、外形和电路符号如图 1-29 所示。

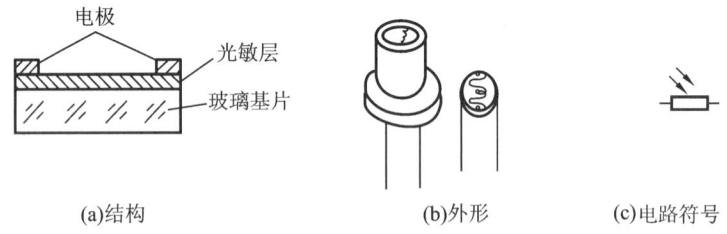

(a)结构　　　　　　　　(b)外形　　　(c)电路符号

图 1-29　光敏电阻器的结构、外形和电路符号

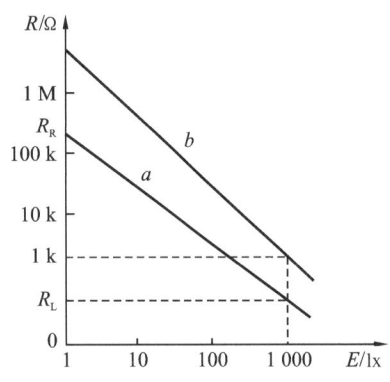

图 1-30　光敏电阻器的光照特性曲线

光敏电阻器的特点是对光线非常敏感。无光线照射时,光敏电阻器呈高阻状态,当有光线照射时,电阻值迅速减小。在图 1-30 所示的特性曲线中,a、b 分别代表两种光敏电阻器的光照特性曲线。它表明了电阻值 R 与照度 E 之间的对应关系。在没有光照,即 $E=0$ 时,光敏电阻器的电阻值称为暗阻,用 R_R 表示,一般产品的暗阻为几百千欧到几十兆欧;在规定照度(例如,$E=1\,000\,\text{lx}$)下,电阻值降至几千欧,甚至几百欧,称为亮阻,用 R_L 表示。显然,暗阻 R_R 越大越好,而亮阻 R_L 越小越好。表 1-15 列出了几种常用可见光光敏电阻器的主要参数,供读者选用时参考。

表 1-15　几种常用可见光光敏电阻器的主要参数

型　　号	额定功率/mW	暗阻/MΩ	亮阻/kΩ	耐压/V	时间常数/ms	环境温度/(℃)	外形尺寸/mm
MG41-21	20	≥0.1	≤1	100	≤20	−40~70	$\phi\,9.2$
227	50	≥100	≤50	80	≤10	−40~60	$\phi\,13$
MG41-47	100	≥50	100	150	≤20	−40~70	$\phi\,9.2$
625A	200	≥100	≤20	100	≤10	−40~60	$\phi\,33$
625B	300	≥10	≤50	200	≤10	−40~60	$\phi\,33$

1) 光敏电阻器的种类和性能特点

根据制作光敏层所用的材料,光敏电阻器可以分为多晶光敏电阻器和单晶光敏电阻器两类。根据光敏电阻器的光谱特性,又可分为紫外光光敏电阻器、可见光光敏电阻器和红外光光敏电阻器等三种。

紫外光光敏电阻器对紫外线十分灵敏,可用于探测紫外线,比较常见的有硫化镉光敏电阻器和硒化镉光敏电阻器;可见光光敏电阻器有硒光敏电阻器、硫化镉光敏电阻器、砷化镓光敏电阻器、硅光敏电阻器、锗光敏电阻器等,可用于各种光电自动控制系统、电子照相机及报警装置;红外光光敏电阻器有硫化铅光敏电阻器、碲化铅光敏电阻器、硒化铅光敏电阻器等,广泛地应用于导弹制导、卫星姿态监测、天文探测、气体分析、非接触测量和无损探伤等领域。

2) 光敏电阻器的检测方法

检测光敏电阻器时,可使用万用表 R×1k 挡,将两表笔分别接光敏电阻器的一个引线,然后按下列方法进行测试。

(1) 检测暗阻。用黑纸将光敏电阻器的透光窗口遮住,此时万用表的指针基本保持不动,电阻值接近无穷大。若电阻值越大,则说明光敏电阻器性能越好;若电阻值很小或接近零,则说明此光敏电阻器已经烧穿损坏,不能继续使用。

(2) 检测亮阻。将光源对准光敏电阻器的透光窗口,此时万用表的指针应有较大幅度的摆动,电阻值明显减小。若电阻值越小,则说明光敏电阻器性能越好;若电阻值很大甚至为无穷大,则说明此光敏电阻器内部开路损坏,不能继续使用。

(3) 检测灵敏性。检测方法如图 1-31 所示,将光敏电阻器的透光窗口对准入射光线,用黑纸片在光敏电阻器的透光窗口上部晃动,使其间断受光,此时万用表指针应随黑纸片的晃动而左右摆动。如果万用表指针始终停在某一位置不随纸片晃动而摆动,则说明此光敏电阻器的光敏材料已经损坏。

2. 单色发光二极管

1) 单色发光二极管的结构及特点

单色发光二极管(LED)是一种电子发光的半导体器件,其图形符号和外形如图 1-32 所示。与普通二极管相似,它也具有单向导电性,将单色发光二极管正向接入电路时才能导通发光,而反向接入电路时则截止不发光。单色发光二极管与普通二极管的根本区别是前者能将电能转换成光能,且其管压降比普通二极管的要大。

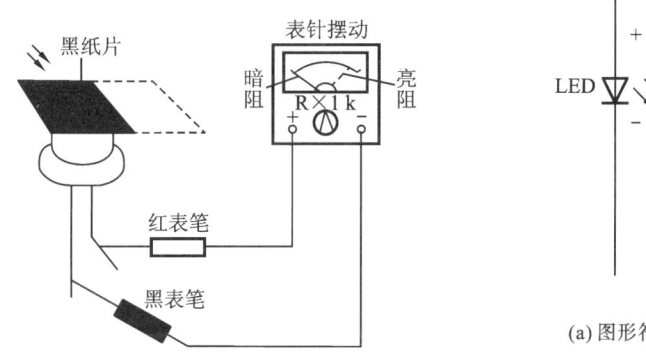

图 1-31　光敏电阻器的灵敏性检测

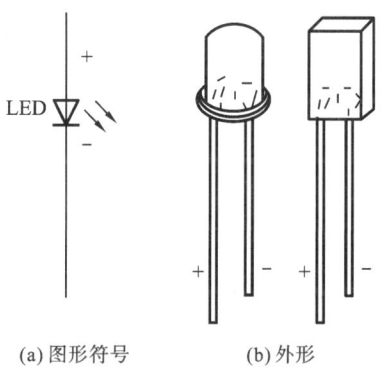

(a) 图形符号　　(b) 外形

图 1-32　发光二极管的图形符号和外形

单色发光二极管所发出的光的颜色与光的波长有直接关系。发光波长是指发光二极管在一定工作条件下发出光的峰值(为发光强度最大的一点)对应的波长,又称峰值波长 λ。而光的波长又取决于制造单色发光二极管所用的半导体材料。例如，用磷化镓材料制造的单色发光二极管，掺锌和氧做成的 PN 结发红光，峰值波长为 700 nm；掺锌和氮做成的 PN 结则发绿光，峰值波长为 565 nm。

单色发光二极管有以下几个显著特点。

(1)能在低电压下工作，适用于低压小型化电路。例如，常用的红色发光二极管的正向工作电压 U_F 的典型值为 2 V；绿色发光二极管的正向工作电压 U_F 的典型值为 2.3 V。

(2)比较小的电流即可得到高亮度，随着电流的增大，亮度趋于增大，且亮度可根据工作电流的大小在较大范围内变化，但光的波长几乎不变。

(3)发光响应速度快，为 $10^{-8} \sim 10^{-7}$ s。

(4)所需的驱动电路简单，用集成电路或三极管均可直接驱动。

(5)体积小、可靠性高、功耗低、耐振动和冲击性能好。

为防止电源电压波动引起过电流而损坏单色发光二极管，使用时，必须在电路中串联保护电阻 R。单色发光二极管的工作电流 I_F 决定它的发光亮度，当 $I_F=1$ mA 时，点亮，随着 I_F 的增加，亮度不断增大；当 $I_F \geqslant 5$ mA 时，亮度不再显著增大。单色发光二极管的极限电流一般为 $20 \sim 30$ mA，超过此值将导致单色发光二极管烧毁，所以，工作电流 I_F 范围应该选为 $5 \sim 20$ mA。为节约电能，选择 $I_F=5$ mA 更经济些。

2)单色发光二极管的检测方法

(1)判别正、负极性。单色发光二极管的管体一般都是用透明塑料制成的，所以可以用眼睛观察来区分它的正、负电极：将单色发光二极管置于较明亮处，从侧面仔细观察两条引线在管体内的形状，较小的一端便是正极，较大的一端则是负极。

也可以用万用表 R×10 k 挡来检测单色发光二极管的极性。具体做法如下：将两表笔分别与单色发光二极管的一个引脚相接，如果万用表指针向右偏转过半，同时单色发光二极管能发出微弱光点，则表明单色发光二极管正向接入，此时黑表笔所接的是正极，而红表笔所接的是负极。接着再将红、黑表笔对调，这时为反向接入，万用表指针应指在无穷大位置不动。如果不管正向接入还是反向接入，万用表指针都偏转某一角度甚至为 0，或者都不偏转，则表明该单色发光二极管已经损坏。

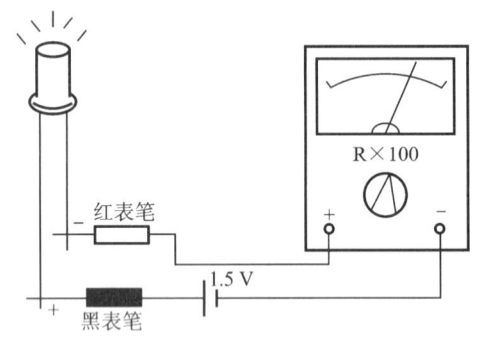

图 1-33　单色发光二极管的性能检测

(2)检测发光性能(兼测电极)。检测电路如图 1-33 所示。在万用表外部附接一节 1.5 V 干电池，将万用表置于 R×10 或 R×100 挡。这种接法相当于给万用表串联了 1.5 V 电压，使检测电压增加至 3 V。检测时，用万用表两表笔轮换接触单色发光二极管的两引脚。若单色发光二极管性能良好，则必定有一次能正常发光，此时，黑表笔所接的为正极，红表笔所接的为负极。若被测单色发光二极管是坏的，则无论怎样交换表笔测量，该单色发光二极管都不会发光。

注意事项：使用此法测试时，也可以不附接干电池，万用表使用 R×1 挡，便可完成正常测试。在附接干电池的情况下，万用表不能使用 R×1 挡，因为 R×1 挡串联 1.5 V 干电池后会使测试电流比较大，容易损坏单色发光二极管。

3. 光敏二极管

1）光敏二极管的性能特点

光敏二极管是一种光电转换的光敏器件，在一定条件下，可以把光能转变成电能。与普通二极管相似，光敏二极管也是具有一个 PN 结的半导体器件，但两者在结构上有着显著不同。普通二极管的 PN 结是被严密封装在管壳内部的，光线的照射对其特性不产生任何影响；光敏二极管的管壳上则开有一个透明的窗口，光线能透过该窗口照射到 PN 结上，以改变其工作状态。

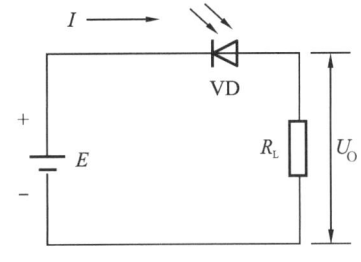

图 1-34　光敏二极管的
典型工作电路

光敏二极管的典型工作电路如图 1-34 所示，工作电压 E 反向加在光敏二极管的两端，在没有光线照射时，光敏二极管 VD 的反向电流 I 极小，所以在负载电阻 R_L 上的电压 $U_O = IR_L$ 也极小；当有光线照射时，光敏二极管 VD 的反向电流明显增大，且随光照强度的变化而变化。与此同时，输出电压 U_O 也增大，并随光照强度的变化而变化。这就是光敏二极管的光电转换特性。

2）光敏二极管的主要参数

光敏二极管有如下几项主要参数。

(1) 最高工作电压 U_{max}。U_{max} 是指在没有光线照射且反向电流不超过规定值（一般为 0.1 μA）的情况下，允许加在光敏二极管上的反向电压，其值范围通常为 10～50 V。

(2) 暗电流 I_D。I_D 是指在光线照射的情况下给光敏二极管加上正常工作电压时的反向漏电流，要求此值越小越好，一般小于 0.5 μA。

(3) 光电流 I_L。I_L 是指在加有正常反向工作电压的情况下，当受到一定光线照射时，光敏二极管中所流过的电流，其值为几十微安。

3）光敏二极管的检测方法

(1) 引脚的识别。光敏二极管中靠近管键或标有色点的一引脚为 P（正极），另一引脚则为 N（负极）。若光敏二极管的正、负极性不清，则可用万用表进行测试判别。

具体方法是：把万用表置于 R×1 k 挡，用黑纸片遮住光敏二极管的透明窗口，将万用表的红、黑表笔分别接触光敏二极管的一个电极，此时若万用表指针向右偏转较大，则说明黑表笔所接的电极为 P，红表笔所接的电极为 N；若测量时万用表指针不动，则说明红表笔所接的电极为 P，黑表笔所接的电极为 N。

(2) 判断好坏。对已知极性的光敏二极管，可采用下述方法鉴别其好坏：用黑纸片将光敏二极管的透明窗口遮住，万用表置于 R×1 k 挡，进行下述测试。

① 测正向电阻值。红表笔接 N，黑表笔接 P，此时电阻值应为 10～20 kΩ。

② 测反向电阻值。黑表笔接 N，红表笔接 P，此时指针不动，电阻值应为无穷大。

在上述测量中，若正、反向电阻值都很小或都很大，则说明光敏二极管已经击穿或内部开路，不能再使用。

③ 光照特性测试。使用万用表的 R×1 k 挡，红表笔接 P，黑表笔接 N。将光敏二极管的透明窗口从暗处转为朝向光源，如自然光、白炽灯或手电筒光线等，这时万用表指针应从无穷大位置向右明显偏转，偏转角度越大，说明光敏二极管的灵敏度越高。若将其对准光源后，万

用表指针无任何摆动,则表明该光敏二极管已经损坏。

4. 红外发光二极管

1)红外发光二极管的性能特点

红外发光二极管是一种能把电能直接转换成红外光能的发光器件,广泛应用于红外线遥控系统的发射电路。因其在电路中的作用是将红外光辐射到空间中去,所以称为红外发光二极管。红外发光二极管是用砷化镓(GaAs)材料制成的,也具有半导体 PN 结。其制造工艺和结构形式有多种,通常使用折射率较大的环氧树脂封装,目的是提高发光效率。

红外发光二极管的峰值波长为 950 nm 左右,其指向特性曲线如图 1-35 所示。它是根据自发辐射机理工作的,其特点是,电流与光输出特性较好,生产和使用都较简便,适合在短距离、小容量和模拟调制系统中使用。

2)红外发光二极管的检测方法

(1)判别正、负电极。如图 1-36 所示,红外发光二极管有两个引脚,通常长引脚为正极,短引脚为负极。因红外发光二极管呈透明状,所以管壳内的电极清晰可见,内部电极较宽、较大的一个为负极,而较窄、较小的一个为正极。全塑封装的 $\phi 3$ 或 $\phi 5$ 型红外发光二极管的侧向呈一小平面,靠近小平面的引脚为负极,另一端引脚则为正极。

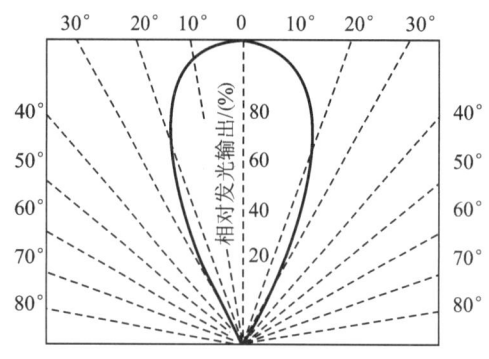

图 1-35 红外发光二极管的指向特性曲线

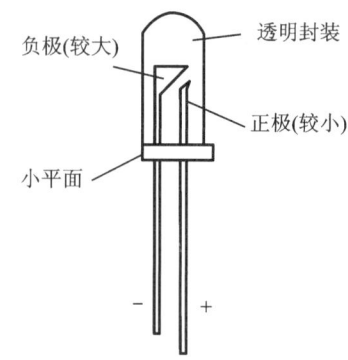

图 1-36 红外发光二极管的外形

若用万用表 R×1 k 挡测量,交换表笔测得电阻值为 15～40 kΩ 时,黑表笔所接引脚为正极,红表笔所接引脚为负极。

(2)检测红外发光二极管的好坏。将万用表置于 R×1 k 挡,测量红外发光二极管的正、反向电阻值。通常,正向电阻值在 30 kΩ 左右,反向电阻值在 500 kΩ 以上的红外发光二极管才可正常使用。要求反向电阻值越大越好,因为反向电阻值越大,漏电流越小,红外发光二极管的质量越佳;否则,若反向电阻值只有几十千欧姆,这样的红外发光二极管是不能使用的。如果正、反向电阻值都是无穷大或都是 0,则说明该红外发光二极管的内部已经断路或已经击穿损坏。

思　考　题

1-1　说明电阻器的种类划分及主要参数的识别。

1-2　用颜色标出以下电阻器的标称阻值和允许误差。

447 Ω±20％,9.1 Ω±5％,1 kΩ±10％,360 Ω±10％,15 Ω±10％,24 Ω±20％

1-3　什么是电感? 什么是变压器? 简述变压器的测量方法。

1-4　简述电容器的参数标注方法。

1-5　有下列型号的电容器,说出它们各自的电容量。

4n1,104J,3p3,470k,R22k

1-6　R、L、C 器件的色标法中所用颜色表示的含义是一样的,说出 $0,1,\cdots,9$ 所对应的颜色。

1-7　说明我国半导体分立器件的命名方法。

1-8　如何判断三极管的引脚和三极管的类型?

1-9　如何估测三极管的放大系数?

1-10　简述发光二极管的测量方法。

1-11　用于整流的二极管和用于检波的二极管有何差别?

第 2 章　印制电路板的设计与制作

印制电路板(printed circuit board,PCB)是电子产品中的重要组件之一,从家用电器、通信电子设备、武器装备到宇宙飞船,任何一台电子设备都离不开印制电路板。各领域电子设备的电子器件相互之间的电气连接,必须使用印制电路板来实现。因此,掌握印制电路板的设计与制作方法是非常必要的。

2.1　印制电路板概述

印制电路板是指在绝缘基板上,有选择地加工安装孔、连接导线和装配电子元器件的焊盘,以实现元器件间的电气连接的组装板。

根据印制电路板的导电板层不同,可将其分为单面板、双面板和多层板三种类型。

单面板是绝缘基板上仅有一面导电图形的印制电路板。单面板采用玻璃纤维和纸等增强材料加工制成,多用于安装分立器件。

双面板绝缘基板的两面都有导电图形,通常选用环氧树脂板或玻璃布板加工而成。双面板多用于安装集成元器件,不同层面的导电图形通过金属化孔工艺连接,适合于设计比较复杂的电路,是制作印制电路板较为理想的选择,也是目前应用最为广泛的印制电路板结构。

多层板是具有三层或三层以上导电图形和绝缘材料层压合而成的印制电路板,其导电形式和双面板的一样,通过金属化孔工艺来实现不同层面电路的互相连接。多层板增设了屏蔽层、接地散热层,使电路的信号失真减小,局部过热现象减轻,提高了电子设备整机工作的可靠性。

印制电路板在设计时应满足一定的设计要求。

1)正确性

正确性是印制电路板设计中最基本、最重要的指标,设计要准确实现电路原理图的连接关系,避免出现短路和断路的问题。

2)可靠性

印制电路板的可靠性直接影响产品的质量。设计者的水平高低、元器件的分布是否合理、导线的规范与否,以及各种干扰源都可能影响印制电路板工作的可靠性。所以,仅仅线路连接正确的印制电路板不一定可靠性好。

3)合理性

从制造、检验、装配、调试到整机装配、调试,直到最后的使用,都要求印制电路板的设计具有合理性。合理性是在不断修改的过程中产生的,它需要设计者具有责任心和严谨的作风。

4）经济性

板子尺寸尽量小,连接用直焊导线,表面涂敷用最便宜的材料,选择价格最低的加工厂等,都可以让印制电路板的造价下降,但是,这些廉价的选择可能会造成工艺性、可靠性变差,使得维修费增加,总体的经济性不合算。因此,经济性是一个不难达到,又不易达到,但又必须达到的目标。

以上四条要求既相互矛盾,又相辅相成。不同用途、不同要求的产品,其侧重点不同。具体产品具体对待,综合考虑以求最佳,是对设计者综合能力的要求。

2.2　印制电路板的设计原则

印制电路板设计的主要内容是把电子元器件在一定的制板面积上合理地布局,设计最合理的电气连接线路,绘制一张不交叉的图样。

印制电路板在设计时,布局尤为重要。如果印制电路板的布局不合理,则可能产生各种干扰。因此,在设计印制电路板时要满足基本的布局要求:保证电路的电气性能;有利于产品的生产、使用和维护;印制导线尽可能短。同时,设计印制电路板的布局应按照信号流的走向进行设计。

2.2.1　元器件的布局规则

1. 元器件的安装方式

元器件在印制电路板上的安装方式有立式安装和卧式安装两种,如图 2-1 所示。立式安装时元器件与印制电路板呈垂直状态,因此要求元器件体积小、重量轻,元器件占用面积小,适合元器件排列密集紧凑的设计;卧式安装时元器件与印制电路板呈平行状态,元器件稳定性强,板面排列整齐,元器件跨距增大,对于印制导线的绘制有很大帮助。应根据实际情况选择合适的安装方式。

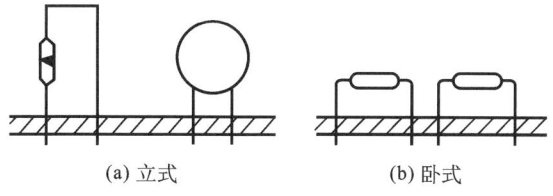

(a) 立式　　　　　(b) 卧式

图 2-1　元器件的安装方式

2. 元器件的排列方式

元器件在印制电路板上的排列与产品种类和性能有关,常用的方式有不规则排列和规则排列两种。

不规则排列又称随机排列。不规则元器件的轴线方向任意,如图 2-2 所示。不规则排列看似杂乱无章,但元器件不受位置与方向的限制,使得印制导线布置时很方便,同时可以缩短元器件布线长度,使板面印制导线减少,对高频电路和低频电路的设计很有好处。

规则排列元器件的轴线方向与板子的四边垂直或平行,如图 2-3 所示。这种方式下元器件排列很规范,板面美观、整齐,安装、调试及维修较为方便,但是由于元器件排列受到方向或位置的限制,因此导线布置要复杂一些,导线数量会相应增加。这种排列常用于板面宽、元器件种类少且数量多的低频电路。

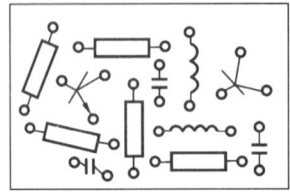

图 2-2　不规则排列

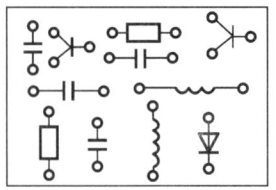

图 2-3　规则排列

3. 元器件的一般布局规则

元器件应当均匀、整齐、紧凑地排列在印制电路板上,尽量减少和缩短各个单元电路之间及每个元器件之间的引线连接。元器件在布局时应遵循以下原则。

(1)在保证电气性能正确的情况下,元器件在印制电路板上应分布均匀、疏密一致。

(2)相邻元器件之间要保持一定的散热距离,以免元器件之间相互干扰。

(3)发热元器件应安放在有利于散热的位置,必要时单独放置或安装散热器,以降低对邻近元器件的影响。热敏感元器件要远离高温区域,或采用热屏蔽结构。

(4)大而重的元器件应尽可能安置在印制电路板靠近固定端的位置,并降低其重心,以提高力学强度和耐振、耐冲击的能力,减少印制电路板的负荷和变形。

(5)布置元器件时不能上下交叉,图 2-4 所示的为不正确的布设方法。

(6)元器件两端焊盘的跨距应稍大于元器件的轴向尺寸,引线不要齐根弯折,应该留出一定的距离,以免损坏元器件引线。图 2-5(a)所示的为正确的引脚弯折方式,图 2-5(b)所示的为错误的引脚弯折方式。

图 2-4　不正确的布设方法

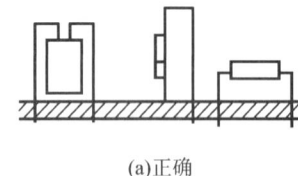
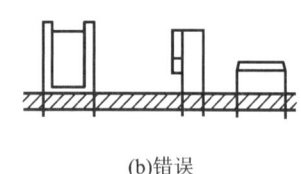

(a)正确　　　　　　　　(b)错误

图 2-5　元器件引脚弯折示意图

(7)元器件的安装高度要尽量低,一般元器件和引线离开板面不要超过 5 mm,过高则在承受振动和冲击时,其稳定性较差。

2.2.2　印制电路板的焊盘及导线设计

1. 焊盘

1)焊盘的形状

焊盘的形状有很多种,应根据不同的设计选用不同形状的焊盘。

　　岛形焊盘如图 2-6 所示,常用于元器件的不规则排列,特别是在元器件采用立式不规则安装时更为常用。电视机、收音机等家用电器产品几乎都采用这种焊盘。

　　方形焊盘如图 2-7 所示,元器件体积大、数量少并且导线简单的印制电路板多采用方形焊盘。在一些手工制作的印制电路板中,也常用这种类型的焊盘。

　　圆形焊盘如图 2-8 所示,焊盘与引线孔为一个同心圆,焊盘的外径一般为引线孔径的 2～3 倍,多在元器件规则排列中使用,双面板也多采用这种类型的焊盘。

　　椭圆焊盘如图 2-9 所示,这种焊盘有足够的面积增强抗剥能力,利于中间走线,常用于双列直插式元器件或插座类元器件。

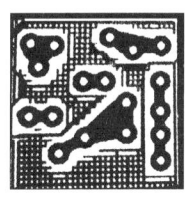 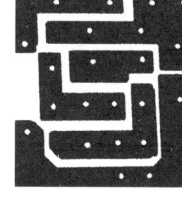 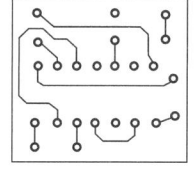 

图 2-6　岛形焊盘　　图 2-7　方形焊盘　　图 2-8　圆形焊盘　　图 2-9　椭圆焊盘

2) 引线孔

　　引线孔具有电气连接和机械固定的双重作用,孔太小不利于安装,同时焊锡也不能润湿金属孔;孔太大又容易形成气孔等焊接缺陷。由于引线孔是钻在焊盘中心的,因此孔径应该比所焊接的元器件引脚直径大 0.2～0.4 mm。

3) 焊盘外径

　　在选择焊盘时应考虑焊盘的抗剥能力。单面板焊盘外径应大于引线孔1.5 mm,即焊盘外径为 D,引线孔为 d,则一般焊盘外径 $D \geqslant (d+1.5)$(单位:mm)。

　　对于双面板而言,其焊盘外径 $D \geqslant (d+1.0)$(单位:mm),同时,参考表 2-1 所示数据进行选择。

表 2-1　引线孔与焊盘外径对照表

引线孔径/mm	0.5	0.6	0.8	1.0	1.2	1.6	2.0
最小焊盘直径/mm	1.5	1.6	2	2.5	3.0	3.5	4.0

2. 导线

1) 导线的宽度

　　印制导线的宽度是由该导线的工作电流决定的,表 2-2 所示的为印制导线宽度与最大工作电流的关系。从表 2-2 可以看出,导线宽度不同,允许通过的电流也不同,因此不同的电流要选择不同的导线宽度。一般的经验是:电源线和地线在板面允许的条件下尽量宽一些,一般要大于 1 mm;对于长度超过 100 mm 的导线,即使工作电流不大,也应适当加宽导线宽度以减少导线压降对电路的影响;一般在信号获取和处理电路中,可以不考虑导线宽度;一般安装密度不大的印制电路板,印制导线宽度以不小于 0.5 mm 为宜,对于手工制作的印制电路板,应不小于 0.8 mm。

表 2-2　导线宽度与最大工作电流的关系

导线宽度/mm	1	1.5	2	2.5	3	3.5	4
导线面积/mm²	0.05	0.075	0.1	0.125	0.15	0.175	0.2
导线电流/A	1	1.5	2	2.5	3	3.5	4

2）导线间距

导线的最小间距主要是由最恶劣情况下导线之间的绝缘电阻和击穿电压决定的。一般导线间距都等于导线宽度，但不小于 1 mm。导线间距越小，分布电容就越大，电路稳定性就越差。印制电路板基板的种类、制造质量及表面涂敷都会影响导电体间安全工作电压。表 2-3 所示的为安全工作电压、击穿电压和导线间距之间的关系。

表 2-3　安全工作电压、击穿电压和导线间距之间的关系

导线间距/mm	0.5	1.0	1.5	2.0	3.0
工作电压/V	100	200	300	500	700
击穿电压/V	1 000	1 500	1 800	2 100	2 400

3）导线走向

印制电路板的布线是根据原理图的设计要求来进行的，导线的走向要在设计过程中考虑。常见导线的走向如图 2-10 所示。

在设计导线的过程中，要注意：导线以短为佳；走线平滑自然，最好是圆弧，避免急拐弯和尖角，拐角不得小于 45°，因为内角太小在制板时难以腐蚀，而且过尖的外角铜箔处容易剥离或翘起；当导线通过两个焊盘或两条导线中间时，要保持安全距离。

4）导线布局的一般原则

（1）电源线和地线走线最长，在设计时要先考虑。一般将公共地线布置在印制电路板的最边缘，便于印制电路板在机架上的固定和连接。导线和印制电路板的边缘要有一定的距离，一般不小于板厚。

（2）按照信号流向进行布线，同时要确保走线简捷。

（3）单面印制电路板的有些导线有时要绕着走或平行走，这样导线就会比较长，不仅使得引线电感增大，而且导线之间、电路之间的寄生耦合也增加了。若有个别导线不能绕着走或平行走，则可以利用跨接线来避免导线交叉，其跨接线的绘制方法如图 2-11 所示。

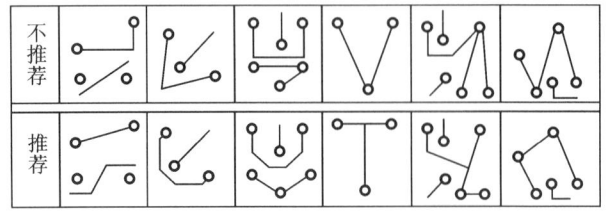

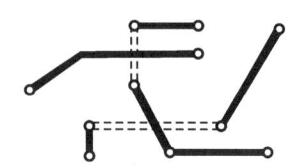

图 2-10　导线的走向　　　　　　　图 2-11　跨接线的绘制方法

2.2.3　印制电路板的抗干扰设计

电子设备工作时，常会受到各种因素的干扰。电子设备的小型化使得干扰源与敏感单元

靠得很近,干扰传播路径缩短,干扰机会增大。

1. 电磁干扰及抑制

电磁干扰是指在电子设备或系统工作过程中出现的一些与有用信号无关的,并且对电子设备或系统性能或信号传输有害的电气变化现象。电磁干扰主要是由三个因素,即电磁干扰源、干扰传播途径、敏感设备构成的。干扰传播途径包括辐射耦合、干扰耦合和传导耦合三种。电磁干扰三个因素如图 2-12 所示。

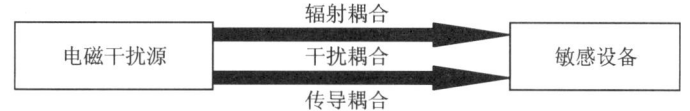

图 2-12　电磁干扰三个因素

电磁干扰根据干扰的耦合模式划分为静电干扰、磁场耦合干扰、漏电耦合干扰、共阻抗干扰、电磁辐射干扰等。为了避免电磁干扰,使电子产品能够正常、可靠地工作,并达到预期的功能,电子设备必须具有较高的抗干扰能力。常用的抑制电磁干扰的方法有以下几种。

1) 避免印制导线之间的寄生耦合

两条相距很近的近似平行导线,它们之间的分布参数可以等效为相互耦合的电感和电容,如图 2-13 所示,当信号从一条线中通过时,另一条线内也会产生感应信号。感应信号的大小与原始信号的频率及功率有关,感应信号便是分布参数产生的干扰源。

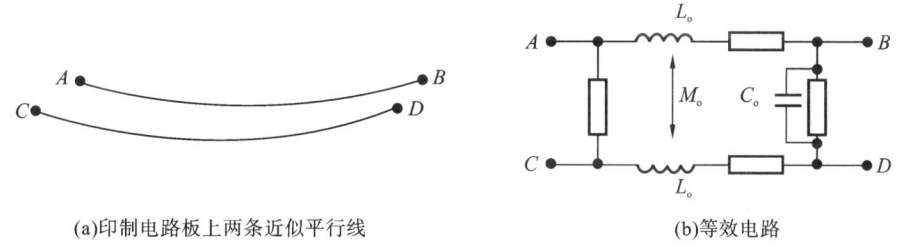

(a)印制电路板上两条近似平行线　　　　(b)等效电路

图 2-13　平行线效应

为了抑制这种干扰,制板前要分析原理图,区别强弱信号线,使弱信号线尽量短,同时避免与其他信号线平行靠近;布线越短越好,同时按照信号流向布线,避免迂回穿插,要远离干扰源,尽量远离电源线、高电平导线;不同回路的信号线要尽量避免相互平行布设,双面板两面的印制导线走向要尽量互相垂直,尽量避免平行布设。这些措施有利于减少分布参数造成的干扰。

2) 减小磁性元器件对印制导线的干扰

扬声器、电磁铁、永磁式仪表等产生的恒定磁场和高频变压器、继电器等产生的交变磁场,对周围的印制导线均会产生干扰。注意分析磁性元器件的磁场方向,减少印制导线对磁力线的切割,这样做可以排除这类干扰。

3) 导线屏蔽

高频导线的屏蔽,通常是在其外表面套上一层金属丝的编织网。中心导线称为芯线,套在外表面的金属网称为屏蔽层,芯线与屏蔽层之间衬有绝缘材料,屏蔽层外面还有一层绝缘套管,用于保护屏蔽线。

2. 地线干扰及抑制

为了构成电信号的通路,防止设备外壳带电而造成人身危害,一般电子设备的外壳、插件、插箱、底板等都与地相连。连接地的导线称为地线,地线设置不合理,各电路之间就会造成地线干扰,其干扰分为两种,即地阻抗干扰和地环路干扰。因此在印制电路板的设计过程中,地线的设计十分重要。基本的接地方法如下。

1) 一点接地

一点接地是将电子设备中各个单元的信号地线接到一个点上,这是消除地线干扰的基本原则。串联式一点接地因各个单元共用一条地线,故容易引起共地阻抗干扰。图 2-14 所示的为并联式一点接地方式,将每个单元电路的单独地线连接到同一个接地点上,在低频时可以有效地避免各个单元之间的共阻抗耦合和低频接地环路的干扰。在实际设计印制电路板时,应将这些接地元器件尽可能地就近接到公共地线的一段或一个区域内,也可以接到一个分支地线上。

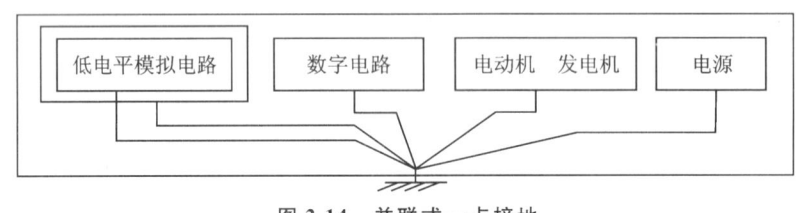

图 2-14　并联式一点接地

2) 多点接地

多点接地是指设备或系统中设计多个接地平面,是使接地引线的长度最短的接地方式。其优点是,电路构成比一点接地的简单,这使接地线上出现高频驻波现象的可能性显著减少。

3) 大面积接地

在高频电路中将所有能用面积均布设为地线,可以有效地减小地线中的感抗,从而削弱在地线上产生的高频信号。这种布线方式中,元器件一般都采用不规则排列,并按照信号流向依次布设,以求最短的传输线和最大面积接地,同时,大面积接地还可以对电场干扰起到屏蔽的作用。

2.2.4　印制电路板的散热设计

电子设备在工作时,输入功率只有一部分作为有用功输出,还有很多电能将转化成热能,使得电子设备的元器件温度升高。但是元器件允许的工作温度都是有限的,如果实际温度超过了元器件的允许温度,则元器件的性能就会出现问题,甚至烧毁。因此,在设计印制电路板时,应该考虑发热元器件、怕热元器件及热敏元器件的分布和布线方式。印制电路板散热设计的基本原则是:有利于散热、远离热源。

(1) 尽量不要把几个发热元器件放在一起。装在印制电路板上的发热元器件应该布置在通风较好的位置,以便有利于元器件通过机壳上的通风孔散热,同时还要考虑使用散热器或小风扇进行散热处理。

(2) 怕热元器件及热敏元器件应该尽量远离热源或设备上部。电路长期工作引起温度升高,会影响这些元器件的工作状态和性能。

(3) 发热元器件不宜贴着印制电路板安装,应该留有一定的散热空间,避免印制电路板受热过度而损坏。

2.3　Altium Designer 软件的功能和应用

电子设计自动化(electronic design automatic,EDA)是在电子线路计算机辅助设计(computer aided design,CAD)技术基础上发展起来的计算机设计软件系统。EDA 技术是现代电子工程领域的一门新技术,也是现代电子工业中不可缺少的一项技术,它提供了基于计算机和信息技术的电路系统设计方法。通过 EDA 技术,电子线路的设计人员能在计算机上完成电路的功能设计、逻辑分析、性能分析、时序测试,以及印制电路板的自动设计。

Altium Designer 是原 Protel 软件开发商 Altium 公司推出的一体化的电子产品开发系统,主要运行在 Windows 操作系统。这套软件通过把原理图设计、电路仿真、PCB 绘制编辑、拓扑逻辑自动布线、信号完整性分析和设计输出等技术进行完美融合,为设计者提供了全新的设计解决方案,使设计者可以轻松进行设计,熟练使用这一软件使电路设计的质量和效率大大提高。

2.3.1　Altium Designer 的组成

Altium Designer 除了全面继承包括 Protel 99SE、Protel DXP 在内的先前一系列版本的功能和优点以外,还在原有基础上进行了许多改进和增加了很多高端功能。该平台拓宽了板级设计的传统界面,全面集成了 FPGA 设计功能和 SOPC 设计实现功能,从而允许工程设计人员能将系统设计中的 FPGA 与 PCB 设计及嵌入式设计集成在一起。由于 Altium Designer 在继承先前 Protel 软件功能的基础上,综合了 FGPA 设计和嵌入式系统软件设计功能,Altium Designer 对计算机的系统需求比先前的版本要高一些。

Altium Designer 软件所强调的"一体化"设计理念包含了以下设计思想:软件和硬件的协同设计、硬件设计"软件化"、电子设计可重用等。这些设计思想是未来电子设计的潮流。

Altium Designer 集成设计的平台功能如下。

1. 原理图设计系统

原理图设计系统主要用于对电路原理图进行编辑和设计,其中包括设计电路原理图的原理图编辑器,用于修改、生成元器件的元器件库编辑器及各种电路原理图报表生成器。

该设计系统支持层次化设计,用户利用 Schematic 模板可以轻松、高效地设计原理图,尤其是对于复杂的设计,可以将整个电路按照其特性及复杂程度划分成多个适当的子电路(块),块间相互的连接关系可以使用项目的方式进行,用户只需设计好单张原理图就可以了,从原理图生成块或者从块生成原理图都很方便。

此外,Altium Designer 自带了丰富的元器件库,对于元器件库中没有的元器件,用户还可以利用元器件库编辑器自行设计。

2. 印制电路板设计系统

印制电路板设计系统主要是用于对电路板进行编辑和设计,其中包括设计电路板的 PCB 编辑器,用于修改、生成元器件封装的元器件封装编辑器,印制板组件管理器,以及产生印制电路板的各种报表及输出 PCB。

该系统具有超强的自动布局、布线功能,可以实现 PCB 的最优化设计,此外,支持 NC Drill 和 Pick-Place 等文件,并且支持 Windows 平台上的所有输出外设,可以输出高分辨率的光绘文件(Gerber 文件,真正的电路板就是根据此文件而制作生成的),并且可以对其进行显示、编辑等操作。

3. 电路仿真系统

Altium Designer 提供强大的模拟电路、模拟行为、数字电路及数/模混合信号电路功能,这是该软件集成开发环境的一大特色。只需在仿真用的元器件库中放置所需的元器件,连接好原理图,加上激励源,然后单击仿真按钮即可自动执行仿真操作。

电路仿真功能是保证设计电路正确性的前提条件,在 Altium Designer 中绘制的仿真电路可以直接转换成原理图设计,这样,一方面提高了电路的设计效率,另一方面也从源头上保证了初始电路设计的正确性。

4. FGPA 设计和嵌入式系统软件设计系统

该设计系统说明 Altium Designer 具有集成 FPGA 的代码设计及嵌入式开发工具的功能,不论是 FPGA 的 HDL 代码设计,还是完成单片机软件开发的设计,Altium Designer 所集成的开发环境都游刃有余,其真正具有一体化的开发能力。

2.3.2 工程文件的创建

由于选择安装的是 Altium Designer 17.1.5 版本(以下简称 AD17),安装软件后,会在 Windows 的桌面上建立自己的快捷启动图标,双击其图标或者执行开始/程序/Altium Designer 命令即可启动 AD17 软件。启动后,AD17 的初始界面如图 2-15 所示。

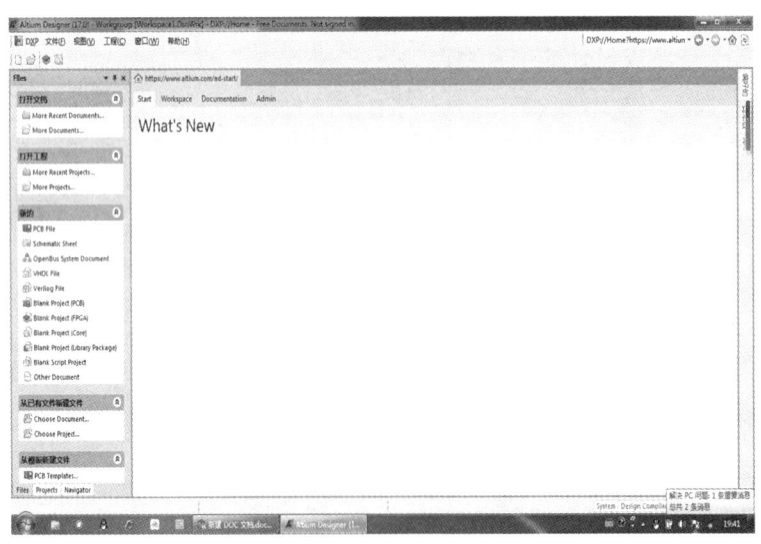

图 2-15 AD17 的初始界面

选择当前菜单中的 File/New/Project,建立一个新的工程文件夹。新建工程文件夹对话框如图 2-16 所示。其中,在"Project Types"(工程类型)列表中,选择"PCB Project"选项。在
"Project Templates"(工程模板)列表中,选择"〈Default〉"选项。在"Name"(名字)的文本框
中,输入设计的工程名称。选中"Create Project Folder"的复选框,这样可以为该工程单独创
建一个文件夹,该目录的名称就是该工程的名称。单击"Browse Location"按钮,为该工程指
定所要保存的文件夹路径。所有内容设置完毕后点击"OK"按钮。

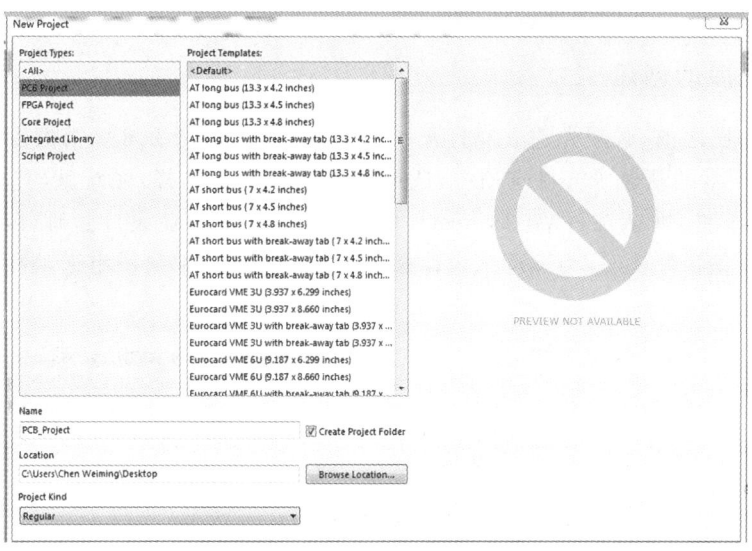

图 2-16　"New Project"对话框

接下来就是在工程文件夹中添加各种子文件,其主要步骤如下。

(1) 在"Projects"标题下面的工程管理窗口中找到"PCB_Project.PrjPcb",如图 2-17 所示。

(2) 用鼠标右键单击"PCB_Project.PrjPcb",出现浮动菜单,在浮动菜单中,选择"给工程
添加新的"选项后会出现各种子文件选项,如图 2-18 所示。可根据需要进行添加"Schematic"、
"PCB"、"Schematic Library"、"PCB Library"等选项,以进行文件创建和编辑。

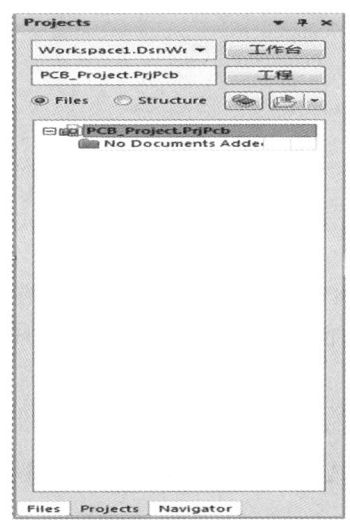

图 2-17　工程管理窗口

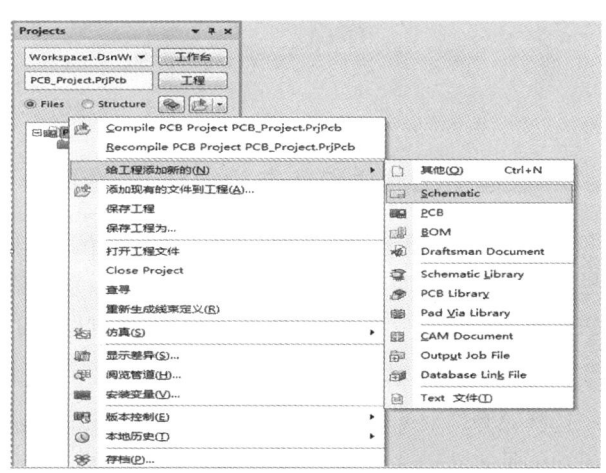

图 2-18　新建子文件

2.3.3 电路原理图设计

电路原理图(SCH)设计是整个电路设计的基础,它决定了后续工作的进展。通常电路原理图设计包括电路图图纸大小设置、在图纸上放置器件、布局和布线、电路调整及存盘、打印等过程。

1. 原理图库的创建

在建立原理图之前,必须先建立或打开一个设计。方法参考 2.3.2 节的内容。

在图 2-19 所示的新建子文件选项中,选择"Schematic"。这样,系统就建立了一个新的原理图(. SchDoc)文件,默认文件名为 Sheet1. SchDoc,用户可以在设计管理器中更改文件名。系统进入原理图编辑环境时,与原理图设计相关的工具菜单全部显示出来,继而可以开始原理图的绘制工作了。

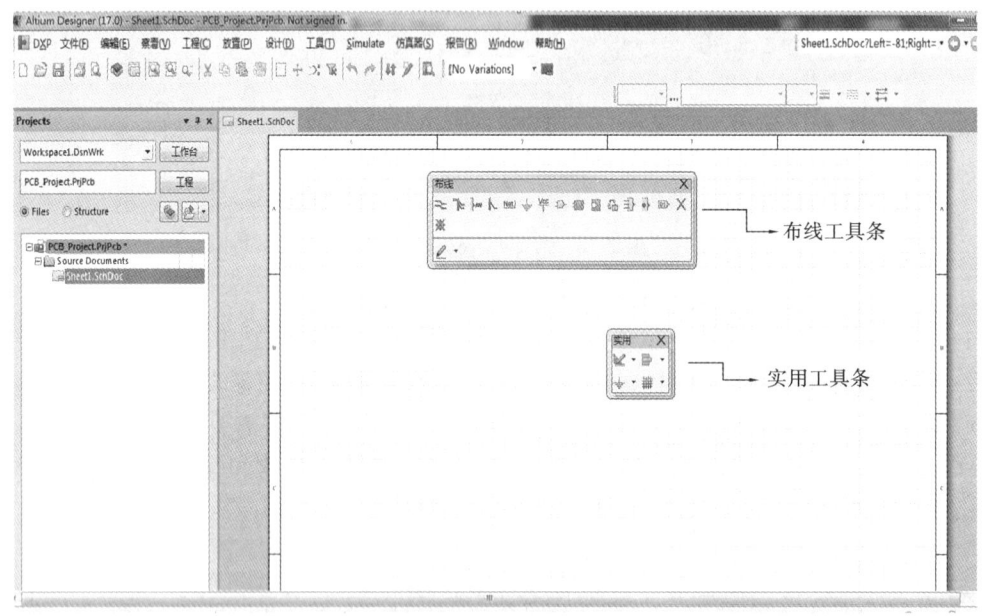

图 2-19 原理图编辑界面

2. 原理图工具栏和状态栏按钮、命令的介绍

AD17 的原理图环境下有许多工具栏,每个工具栏上的按钮都有提示功能,当光标落在工具栏的可用按钮上时,显示提示信息,用于提示该按钮的主要功能。用户可以通过单击工具栏上的按钮来执行命令,以加快操作速度,方便电路图的绘制。

1) 原理图标准主工具栏

选择菜单 View/Toolbars/Schematic Standard,可以打开或关闭主工具栏。主工具栏的按钮功能见表 2-4。

2) 布线工具栏

原理图布线工具栏的功能按钮对应 Place 菜单下的相应命令,主要是用来绘制具有电气意义的图形。

表 2-4　主工具栏按钮功能表

按　　钮	功　　能	快　捷　键
	打开任何文件	Ctrl＋N
	打开任何已存在的文档	Ctrl＋O
	保存活动的文档	Ctrl＋S
	打印任何文档	Ctrl＋P
	打印预览活动的文档	F＋V
	打开元器件视图页面	V＋V
	打开工作空间控制面板	Ctrl＋～
	将所有对象调整到当前文档窗口内	V＋D
	通过选择矩形的对角顶点,显示文档的一个矩形区域(实质为局部放大)	V＋A
	将所选择的对象调整到当前文档窗口内	V＋E
	剪切所选对象	Ctrl＋X
	复制所选对象	Ctrl＋C
	粘贴之前复制所选的对象	Ctrl＋V
	将所选择的对象粘贴多次	Ctrl＋R
	在区域内选择对象	E＋S＋I
	移动所选对象	E＋M＋S
	取消文档内所有选择对象	E＋E＋A
	清除当前的过滤器	Shift＋C
	取消前面所做的操作	Ctrl＋Z
	恢复前面所做的操作	Ctrl＋Y
	对层次模块进行向上/向下操作,用于展开或关闭层次模块	T＋H
	用十字探针打开文档	T＋C
	浏览元器件库	D＋B

选择菜单 View/Toolbars/Wiring,可以打开或关闭原理图布线工具栏。原理图布线工具栏的按钮功能见表 2-5。

表 2-5　原理图布线工具栏按钮功能表

按　钮	功　能	快　捷　键
	绘制连接线	P＋W
	绘制总线	P＋B
	绘制信号线束	P＋H＋H
	绘制总线入口	P＋U
Net	设置网络标号	P＋N
	放置 GND 地端口	P＋O
Vcc	放置 VCC 电源端口	P＋O
	放置电子元器件	P＋P
	放置原理图符号	P＋S
	放置原理图入口	P＋A
	放置页面元器件符号	P＋I
	放置线束连接器	P＋H＋C
	放置线束入口	P＋H＋E
D1	放置端口	P＋R
X	放置 NO Specific NO DRC	P＋V＋N
※	放置 NO DRC Targeting Specific Error	P＋V＋E

3）实用工具栏

选择菜单 View/Toolbars/Utilities,可以打开或关闭原理图实用工具栏。原理图实用工具栏中分别有与电源有关的按钮(见图 2-20)、与画图工具有关的按钮(见图 2-21)、与对齐操作有关的按钮(见图 2-22)、与栅格操作有关的按钮(见图 2-23)。各个按钮的功能说明如表 2-6 至表 2-9 所示。

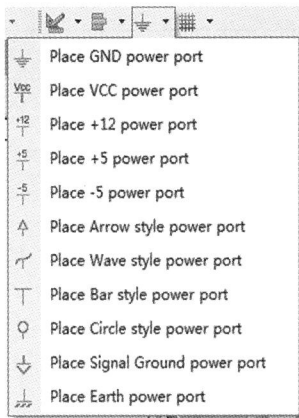

图 2-20 与电源有关的按钮

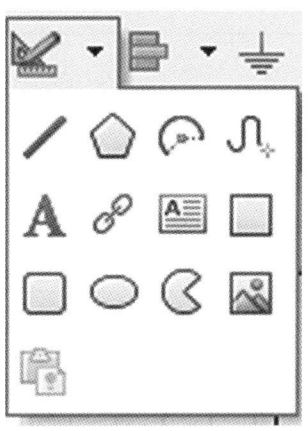

图 2-21 与画图工具有关的按钮

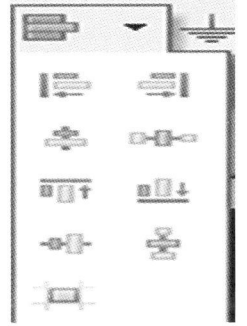

图 2-22 与对齐操作有关的按钮

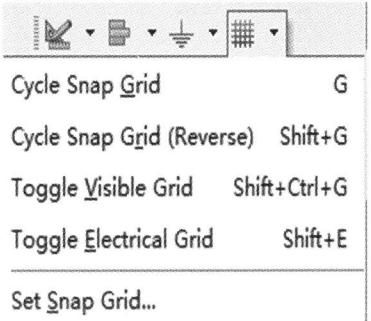

图 2-23 与栅格操作有关的按钮

表 2-6 与电源相关的按钮功能表

按　　钮	功　　能
⏚	放置 GND 地端口
Vcc	放置 VCC 电源端口
+12	放置＋12 V 电源端口
+5	放置＋5 V 电源端口
-5	放置－5 V 电源端口
⚐	放置箭头类型的电源端口
⌐	放置波浪形的电源端口
⊤	放置条形的电源端口
⚲	放置圆形的电源端口

续表

按　　钮	功　　能
↓	放置信号地端口
⏚	放置大地端口

表 2-7　与画图工具相关的按钮功能表

按　　钮	功　　能
／	放置直线
⬠	放置地总线端口
⌒	放置椭圆圆弧
∿	放置贝塞尔曲线
A	放置文本字符串
⌗	放置超级链接
▤	放置文本帧
□	放置矩形框
▢	放置圆角矩形框
○	放置椭圆
◖	放置饼状图
▨	放置图像

表 2-8　与对齐操作相关的按钮功能表

按　　钮	功　　能
▐	对选中的多个对象进行左对齐操作
▌	对选中的多个对象进行右对齐操作
⊹	对选中的多个对象进行中心水平对齐操作
⊶	对选中的至少 3 个对象在水平方向上进行等间隔对齐操作
▅	对选中的多个对象进行向上对齐操作

按　　钮	功　　能
🔟	对选中的多个对象进行向下对齐操作
✛	对选中的多个对象进行对中心垂直对齐操作
🔱	对选中的至少 3 个对象在垂直方向上进行等间隔对齐操作
🔲	将选择的对象对齐到附近的栅格

表 2-9　与栅格相关的按钮功能表

按　　钮	功　　能
Cycle Snap Grid （循环捕获栅格）	从多个可选择的捕获栅格尺寸设置中选择其中的一个尺寸(从小到大选择)
Cycle Snap Grid(Reverse) （循环捕获栅格，反向）	从多个可选择的捕获栅格尺寸设置中选择其中的一个尺寸(从大到小选择)
Toggle Visible Grid （切换可见栅格）	打开/关闭可见栅格
Toggle Electrical Grid （切换电气栅格）	打开/关闭显示电气栅格
Set Snap Grid （设置捕获栅格）	设置捕获栅格的尺寸

3. 简单原理图设计步骤

(1) 建立新工程文件夹，并在新建的工程文件夹中创建新原理图文件。

(2) 设置文档参数。

进入原理图编辑环境中，在原理图正式绘制电路之前，需要为该文档参数设置正确的选项，包括图纸的尺寸、捕获和可见栅格等。

选择菜单 Design/Document Options，系统将会弹出 Document Options 对话框，选择 Sheet Options 选项，进行图纸大小、方向等参数的设置，如图 2-24 所示。

Standard Style 为标准图纸。Protel 99SE 提供了多种广泛使用的公制和英制图纸尺寸以供选择，用户可以在 Standard styles 的下拉列表中进行选取。

如果用户需要，也可以勾选 Use Custom style，在 Custom Style 各栏中输入所需的参数，并自定义图纸的尺寸，单位为 mil(1 mil＝0.0254 mm)。

Orientation 下拉列表框用来设置图纸放置的方向，Landscape 为水平放置，Portrait 为垂直放置。

Title Block 用于设置是否显示标题栏和选择标题栏的模式。Standard 为标准模式(IEEE 电气和电子工程师协会标准)，ANSI 为美国国家标准协会模式。

Border Color 用于设置图纸边框颜色；Sheet Color 用于设置图纸颜色。

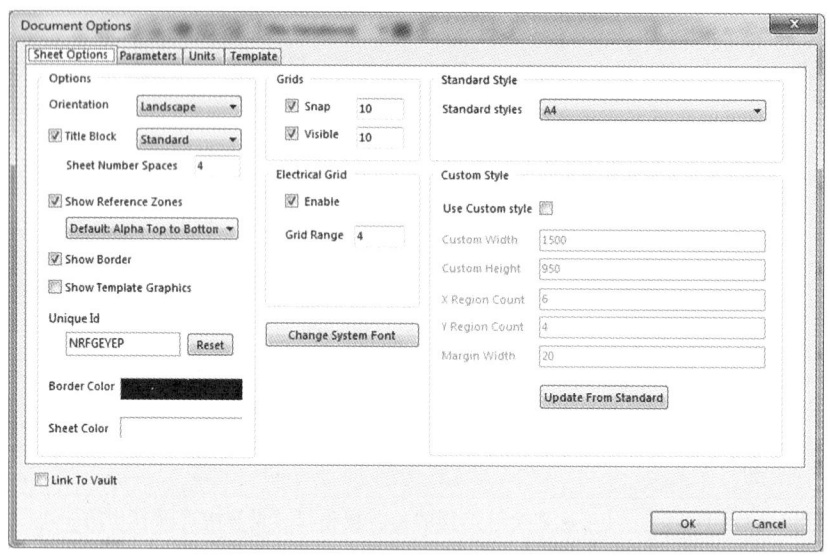

图 2-24 "Document Options"对话框

Grids 区域用于设置图纸栅格尺寸。Snap 为捕获栅格，Visible 为可见栅格，勾选时才有效。

Electrical Grid 用于电气栅格的设定。选中此项，则在画导线时，系统会以 Grid 中设置的值为半径，以光标所在位置为中心，向四周搜索电气节点，并将光标自动移到该节点上。

（3）装载所需的元器件库。

在放置元器件之前，必须先将该元器件所在的元器件库载入原理图编辑环境中。Altium Designer 提供了两种访问元器件的方法，通过 Library 面板，访问本地元器件库，并装载；通过 Vault 面板，访问数据保险库文件。

AD17 主界面右下方有一行菜单，用鼠标左键单击"System"，出现浮动菜单。在浮动菜单中，选择"Libraries"，可以访问本地库，如图 2-25 所示。当选择"Libraries"时，出现了"Libraries"对话框（见图 2-26），并在其中选择"Libraries"选项卡，然后单击"Add Library"和"Remove"两个按钮，此时，会出现库文件对话框，如图 2-27 所示，在此，可以实现对元器件库的添加/移除操作。

AD17 提供了大量的元器件库供用户选择使用，因此设计人员要对所需的元器件有一定的了解，不要盲目打开所有的元器件库。如果一次载入的元器件库太多，则会占用太多的系统资源，可能使计算机无法运行。一般只载入必须且常用的元器件库，而其他的元器件库等需要时再载入。

（4）放置元器件。

装入所需的元器件库后，在图 2-26 所示的对话框中选取元器件，选择"Place 2N3904"，将光标移动到编辑区后，单击鼠标即可放置一个元器件，并可以连续放置。

（5）编辑元器件。

从元器件库中调用的元器件都是没有属性定义的，因此必须逐个设置元器件的标号、封装、参数等属性。

当元器件处于浮动状态时，按下 Tab 键会出现元器件属性对话框。在元器件属性对话框中，图2-28所示的"Attributes"选项卡用于确定元器件的电气属性，主要内容如下。

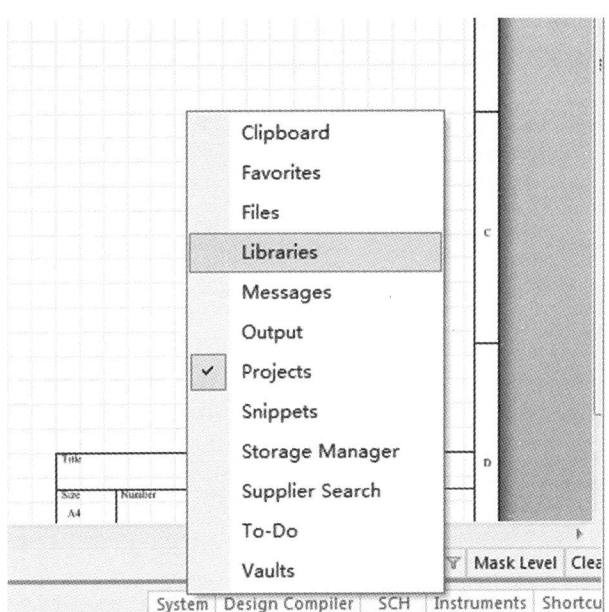

图 2-25　访问元器件的入口　　　　　　　　　图 2-26　"Libraries"对话框

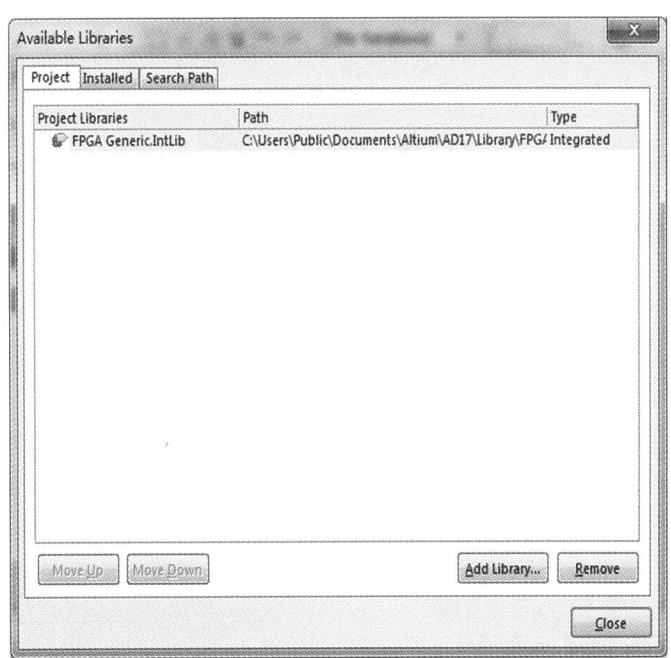

图 2-27　库文件对话框

Designator：指定元器件的标号。

Comment：具体的元器件型号。

Description：元器件在元器件库中的特征，该项不会在图纸上显示出来。

Unique Id：设置元器件的唯一 ID。

Type：设置元器件类型。

Design Item ID：与 Comment 内容相同。

Loction X,Y：元器件的横向、纵向坐标位置。

Orientation：设置元器件旋转角度，有 0°、90°、180°、360°可选择。

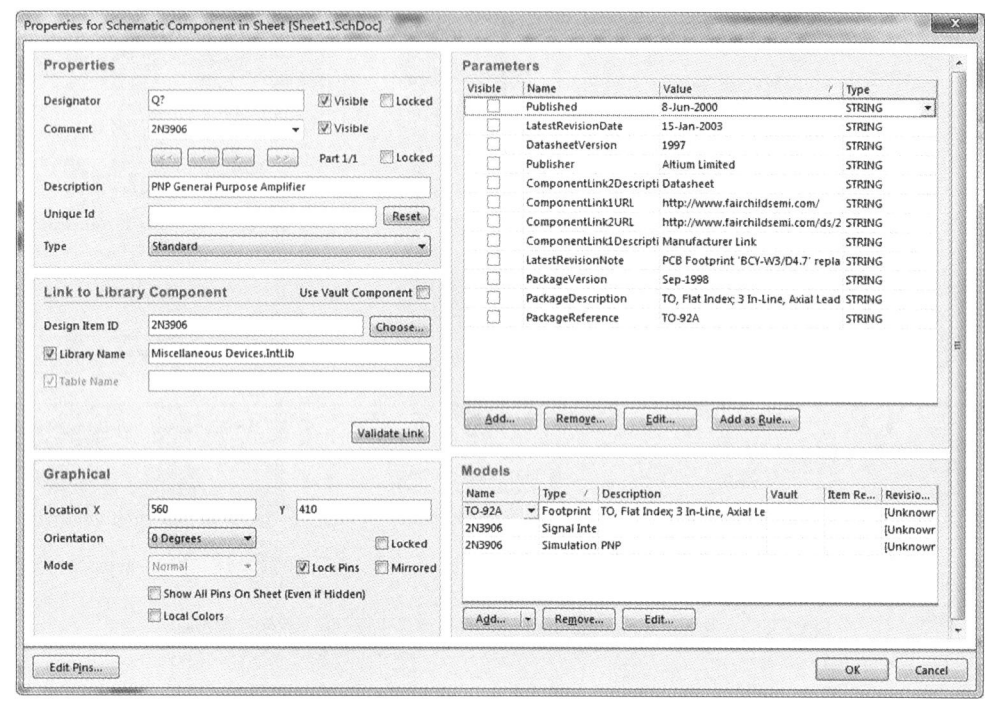

图 2-28 "Attributes"选项卡

元器件的位置、角度变换也可以通过键盘实现。用鼠标左键选中要旋转的元器件不放，每按一次空格键，元器件逆时针旋转 90°；按 X 键，元器件左右翻转；按 Y 键，元器件上下翻转。

（6）线路连接。

AD17 中，电子线路的连接有两种方式，即直接用导线连接和利用网络标号连接。对于简单的电路，通常使用导线就可以完成所有连接，而复杂的电路，基本采用网络标号的连接方式。

执行 Place（放置）/Wire（连线）命令，光标变为"十"字形，进入连线状态。当光标靠近元器件引脚时，会自动出现连接点（大黑点），点击鼠标开始连线。移动鼠标到另一位置，当再次出现连接的节点时，单击左键完成一段连线，如图 2-29 所示。在连线的过程中，需要转折的地方按鼠标左键，按鼠标右键则退出当前的连线操作。

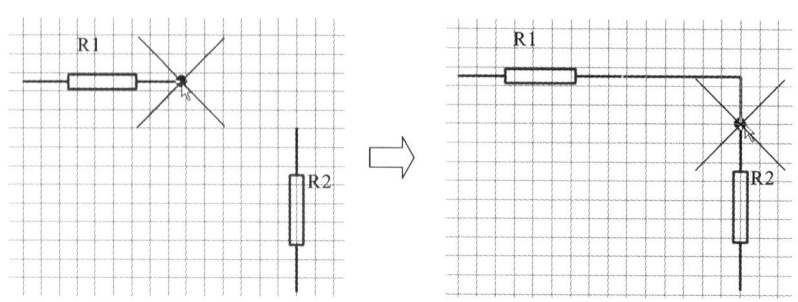

图 2-29 连线示意图

在线路的绘制过程中，要注意连接线的连接关系，有连接关系的必须打上节点。
AD17 中支持自动放置节点，在没有放置节点的地方，可以执行 Place/Juction 命令以进行放置。

在连线过程中有如下一些技巧，用于帮助读者提高连线的效率。

① 按鼠标左键或按 Enter 键，将连续定位到光标所在的位置。

② 按 Backspace 键，删除最后一个定位点。

③ 按空格键，可以切换连线拐角的方向。

④ 同时按下 Shift 键和空格键，可周期性地改变连线拐角的模式。可用的模式包括 90°、45°、任意角度和自动连线（在两个节点之间放置一个直角线段）。

⑤ 按鼠标右键或者按 Esc 键，退出布线模式。

⑥ 按住鼠标左键，并移动鼠标，可以移动一个已经布局的元器件。

⑦ 选中一段连线，然后按住 Ctrl 键，并且同时按住鼠标左键，可以单独移动该线段。

⑧ 当一个连线跨越一个元器件的连接点，或者终止于另一个连线时，AD17 将自动创建一个节点。

⑨ 穿越引脚端点的连线将连接该引脚，即使将节点删除。在连线时，要检查连线的过程。

网络标号除了用于给网络命名外，网络标号也用于为同一张图纸内两个独立的节点创建连接关系。也就是说，即使两个独立的节点之间没有连线，但只要具有相同的网络标号，它们之间实际上就产生了连接关系。在 AD17 主界面工具栏中，单击 Net 按钮，并将其放置在相应的连线处。在放置的过程中，按 Tab 键可以修改网络标号的名称。

（7）配置和编译工程。

表面上看原理图的绘制过程比较简单，但实际并不简单，因为它包含了大量的电气连通性信息。在把原理图转换成 PCB 图之前，还需要做一些额外的工作，包括配置工程选项，以及检查设计错误。

① 配置工程选项。

有两种方式打开配置工程选项设置对话框（"Options for PCB Project PCB_Project. PrjPcb"），如图 2-30 所示，我们可以选择其中一种方式打开该对话框，一种是在 AD17 主菜单中，选择 Project/Project Options，另一种是在工程管理对话框中，选中当前的工程名称，单击鼠标右键，出现浮动菜单，在浮动菜单内，选择 Project Options。

在"Options for PCB Project PCB_Project. PrjPcb"对话框的"Error Reporing"选项卡中，用于设置大范围的绘图和元器件配置检查。如图 2-31 所示，选择"Report Mode"下拉列表的设置，会给出一个冲突的"危急"级别。如果想要改变"危急"级别的设置，则单击当前的"危急"级别图标，出现下拉框选项，在下拉框选项中，提供了"No Report"、"Warning"、"Error"和"Fatal Error"选项。

② 编译工程。

进行配置设置后，就可以对原理图进行编译了，这为设计产生一个内部连通性映射，以及所有元器件和网络的细节。当对工程编译时，将使用大量的设计和电气规则，以验证设计的正确性。在主菜单下选择 Project/Compoile PCB Project，对于检测到的任何冲突，都会将其显示在 Message 面板内。在解决了所有的错误后，通过产生的一系列工程变化命令，被编译过的原理图设计将转换成目标 PCB 文档。

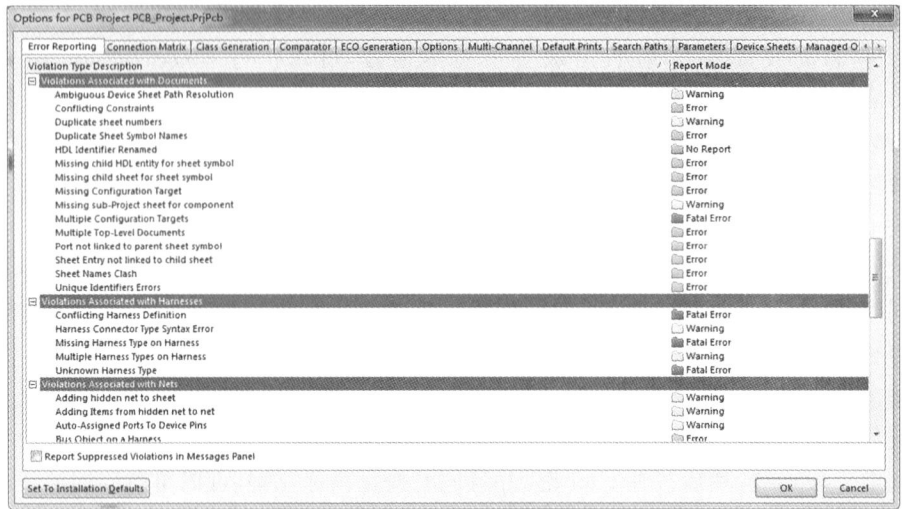

图 2-30　工程选项设置对话框

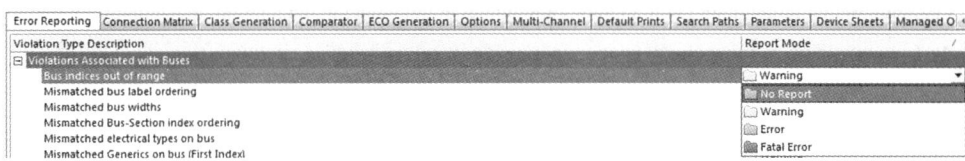

图 2-31　更改"危急"级别的方法

2.4　用 AD17 设计印制电路板

2.4.1　印制板的基本组件

1. 板层

印制板的板层(layer)分为敷铜层和非敷铜层,一般在敷铜层上放置焊盘、印制导线等以完成电气连接;在非敷铜层上放置元器件以描述字符或注释字符等。敷铜层一般包括顶层(元器件面)、底层(焊接面)、中间层、电源层、地线层等;非敷铜层包括印记层(丝印层)、禁止布线层等。平时所说的几层板是指敷铜层的层面数。

印制板在设计时常用的工作层有以下几种。

Top Layer:顶层,习惯上称为元器件层。设计单面板时,元器件层是不能布线的。在双面板中元器件层可以布线。

Bottom Layer:底层,又称焊接层。在单面板中焊接层是唯一可以布线的工作层。

Mid Layer:中间层。

Internal Planes:内部电源/接地层。

Mechanical layers:机械层。共有 16 个机械层,一般用于设置电路板的物理尺寸、装配说明及其他机械信息。

Keep-Out Layer：禁止布线层，用于设置有效放置元器件和导线的区域。

Silkscreen layers：丝印层，用于放置元器件外形、标号和注释等信息，包括顶层丝印层（top overlay）和底层丝印层（bottom overlay）。

Multi-Layer：穿透层，用于放置所有穿透式焊盘和过孔。

Drill Guide：主要用于选择绘制钻孔导引层。

Drill Drawing：主要用于选择绘制钻孔冲压层。

AD17 提供的助焊膜（solder mask）和阻焊膜（paste mask）有：Top Solder 为设置顶层助焊膜，Bottom Solder 为设置底层助焊膜，Top Paste 为设置顶层阻焊膜、Bottom Paste 为设置底层阻焊膜。

为了便于设计、修改与生产，在利用 AD17 进行电路设计时，板层都是单独出现的，每层的颜色都不一样。

为了方便板层的切换，PCB 编辑器工作区的下方有一个板层栏，如图 2-32 所示，当需要用到某一板层时，只需单击标签即可切换到相应的板层。

图 2-32　PCB 编辑器的工作层选择标签

2. 焊盘

印制电路板和元器件之间的联系就是焊盘（pad）。在设计焊盘时，要考虑该元器件的形状、大小、受热情况等因素，选择合适的焊盘。AD17 提供了一系列不同尺寸和形状的焊盘，如圆形、方形、八角形等，但有时这些类型的焊盘还是不能够满足要求，这就需要设计者自己编辑焊盘。例如，对发热且受力较大、电流较大的焊盘，可将焊盘设计成“泪滴状”。

3. 元器件封装

元器件封装是指元器件实际焊接到印制板上时所指示的外观和焊点位置。元器件封装只是一个空间概念，它的主要参数是形状和尺寸，因此不同的元器件可以使用同种元器件封装，同种元器件也可以有不同的封装形式。根据焊盘形式不同，元器件封装可以分为插针式元器件封装（THT）和表面贴装式元器件封装（SMT）。

4. 铜膜线

铜膜线（interactive route）即导线，是印制电路板最重要的组成部分，在印制电路板设计中具有电气连接意义。一般在不同的层面，铜膜线的走向不同。例如，顶层走水平线，底层走垂直线，两层间印制导线的连接由过孔（via）实现。

5. 过孔

过孔又称金属化孔，用于连接各层需要连通的导线。

过孔的类型分为从顶层穿到底层的穿透式（through）、从顶层贯穿到内层的半隐藏式（blind）和内层之间的隐藏式（buried）。

6. 安全间距

安全间距(clearance)是印制导线与印制导线(track to track)、印制导线与焊盘(track to pad)、焊盘与焊盘(pad to pad)、焊盘与过孔(pad to via)之间的最小间距。

2.4.2　AD17 设计 PCB 的编辑器

1. 启动 PCB 编辑器

启动印制电路板编辑器的过程与原理图的类似,具体过程如下。

进入 AD17 系统后,执行 File/New/PCB 命令以建立新 PCB 文档。或者在工程管理对话框中,用鼠标右键单击 PCB_Project.PrjPcb,从弹出的快捷菜单中选择 Add New to Project/PCB 命令,实现在 PCB 工程中添加一个 PCB 设计文档。如图 2-33 所示,这样就可以进行图形的设计与绘制。

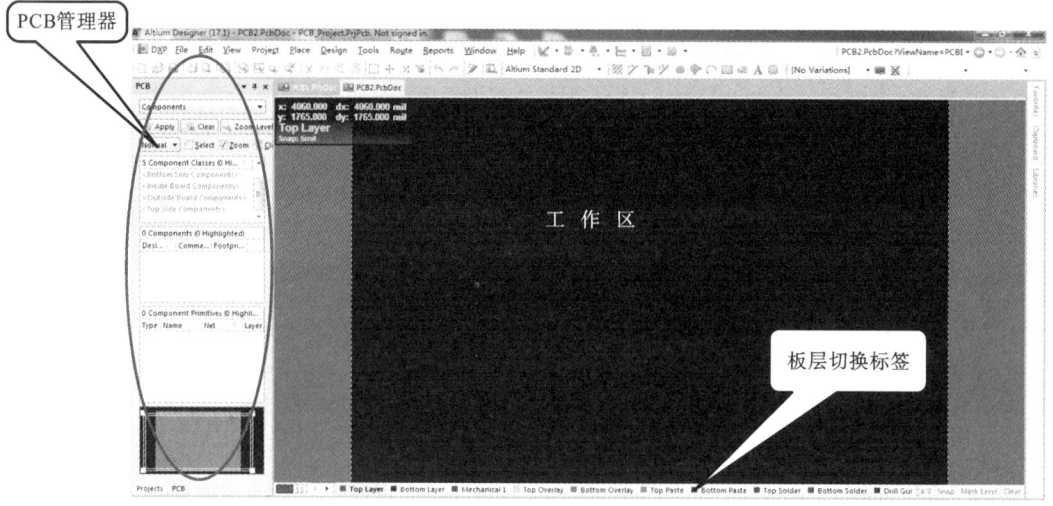

图 2-33　PCB 编辑器界面

2. PCB 工具栏、状态栏的打开和关闭

1) 工具栏的切换

菜单 View/Toolbars 的下一级命令包括 PCB Standard(主工具栏)、Wiring(连线工具栏)、Alignment Tools(对齐工具栏)和 Find Selection(查找被选择工具栏)等。选择相应的菜单即可打开/关闭各个工具栏。

打开后的各工具栏如图 2-34 所示。

2) 状态栏的切换

PCB 编辑器的状态栏在编辑窗口的最下方,显示的是绘图时光标所在的坐标位置,如图 2-35 所示。选择 View/Status Bar 可以打开或关闭状态栏。

(a) 主工具栏

(b) 连线工具栏　　　　(c) 对齐工具栏　　　　(d) 查找被选择工具栏

图 2-34　PCB 编辑器各工具栏

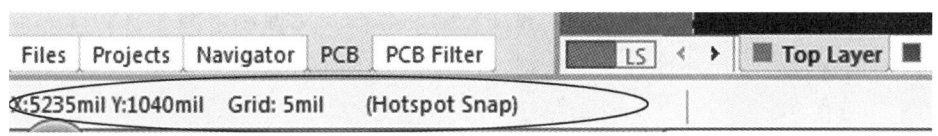

图 2-35　状态栏

2.4.3　AD17 设计 PCB 的属性设置

在把设计从原理图导入到 PCB 编辑器之前,需要修改空 PCB 的属性,如表 2-10 所示。

表 2-10　修改空 PCB 的属性

任　　务	过　　程
设置原点	PCB 编辑器有两个原点,一个是绝对原点,位于工作区的左下角;另一个是用户定义的相对原点,用于确定当前工作区的位置,显示在状态栏中的坐标是以这个原点为基准的。一个设置相对原点的通用方法是将相对原点设置为板形状的左下角。在 AD17 主界面下,选择 Edit/Origin/Set,以设置相对原点,选择 Reset 用于将其复位到绝对原点
从英制改到公制	当前工作区的 X/Y 位置和栅格显示在状态栏中,同时也显示在软件下方。对于该设计而言,使用公制。按 Q 键,就可以在公制和英制之间进行切换;或者在 AD17 主界面,执行 View/Toggle Units 命令,可以在公制和英制单位之间进行切换
选择合适的捕获栅格	在 PCB 编辑器左下角显示的捕获栅格为 0.127 mm,这等效于英制单位的 10 mil 捕获栅格。在任何时候,用户可以用鼠标右键单击黑色的 PCB 编辑区域,从弹出的快捷菜单中选择 Snap Grid 下一级子菜单,即可以选择一个合适的公制/英制的捕获栅格尺寸。此外,也可以同时按"Ctrl+Shift+G"组合键,打开"Snap Grid"对话框,输入指定的栅格尺寸值。按 G 键,可以显示捕获栅格子菜单,按"Ctrl+G"组合键,可以打开"Cartesian Grid editor"对话框

续表

任　　务	过　　程
重新定义板的形状为所要求的尺寸	板子的形状由黑色区域显示。对于一个新的板子,默认的尺寸为 6 mil×4 mil,在该设计中将板子的尺寸设置为 30 mm×30 mm
配置设计中使用的叠层	除了铜皮层或设计者可以布线的电气层外,也提供了通用的机械层和特殊功能的层,如元器件覆盖(丝印)层、阻焊层和助焊层等。任何时候,按下"Ctrl+Page Down"组合键,可以看到整个板子

2.4.4　设计 PCB 具体步骤

设计 PCB 的具体步骤如下。

(1) 新建一个 PCB 元器件封装库文件,在选择 File/New/Library/PCB Library 后,进入 PCB Library 的编辑环境中,如图 2-36 所示。接下来在 PCB Library 编辑管理器 Component 空白处单击鼠标右键,将出现 PCB Component Wizard 对话框,单击"Next"按钮后,如图 2-37 所示,根据对话框提示进行不同类型的元器件封装的绘制。当遇到形状非常特殊的元器件封装,还可以根据实际外形尺寸进行手工绘制,可利用 PCB Library 编辑环境中的绘图工具进行绘制,如图 2-38 所示。

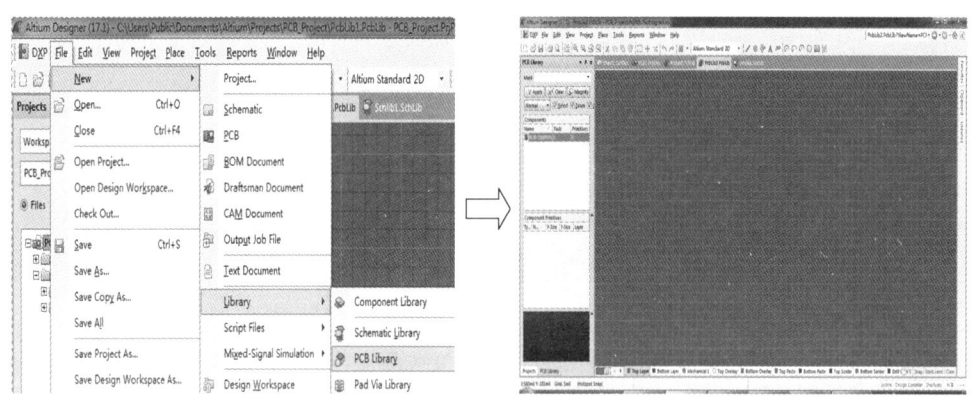

图 2-36　PCB Library 的编辑环境

(2) 建立 PCB 文件,打开 PCB 编辑器。

(3) 设置 PCB 编辑环境,包括栅格设置、单位制选择、板层设置、状态栏的打开/关闭等。

(4) 将设计从原理图导入 PCB 编辑器。

设计直接在原理图编辑器和 PCB 编辑器之间传送,其间并没有创建中间网络表,通过下面其中一种方法,将设计从原理图导入 PCB 编辑器中。

① 打开原理图,在原理图编辑器主界面执行 Design/Update PCB Document PCB1. PcbDoc 命令。

② 打开 PCB 图,在 PCB 编辑器主界面执行 Design/Import Changes from PCB1. PrjPcb 命令。

在运行以上的命令后,对设计进行编译,并弹出"Engineering Change Order"(ECO)对话框,如图 2-39 所示。在该对话框中,列出了该设计使用的所有元器件,以及用于每个元器件的

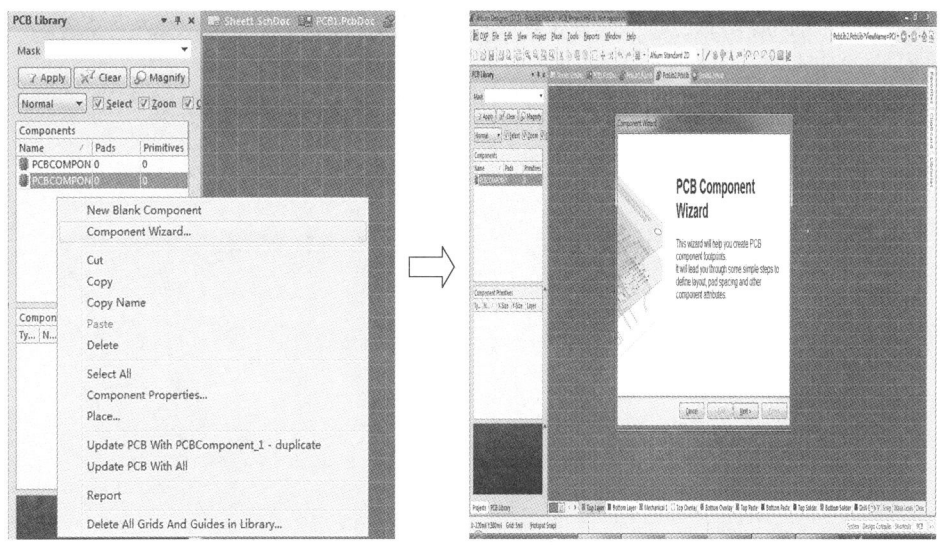

图 2-37　出现 PCB Component Wizard 对话框

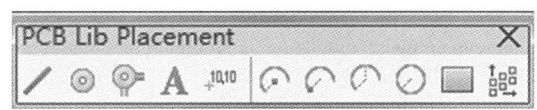

图 2-38　PCB Library 绘图工具栏

引脚封装。当执行 ECO 时，AD17 尝试在当前可用的库中定位每个引脚封装，并且将它们放置到 PCB 工作区中。如果没有找到可用的引脚封装，则会发生错误。

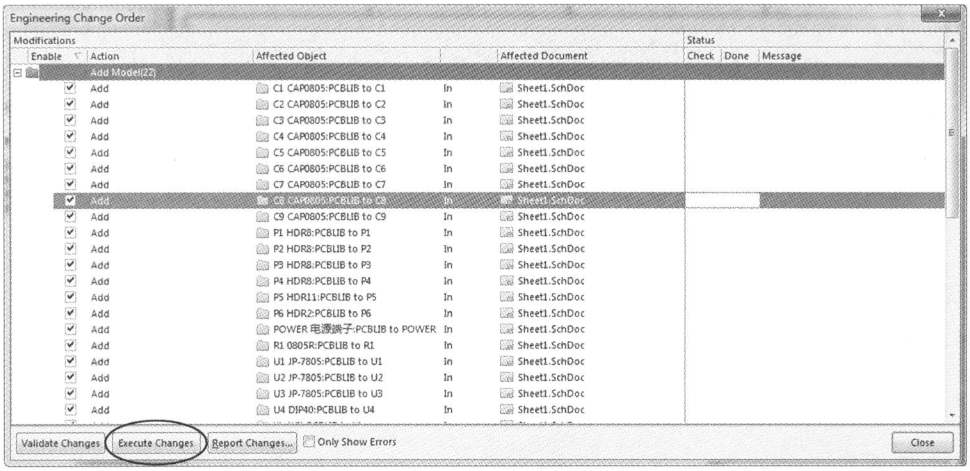

图 2-39　"Engineering Change Order"对话框 1

执行 ECO 时，单击"Execute Changes"按钮（执行更改），执行更新，软件将自动打开向导新建的 PCB 文件，将各封装元器件和网络连接载入 PCB 文件中。操作过程中，将在"Status"栏中的"Done"执行列中显示各操作是否已经正确执行，如图 2-40 所示。

完成后单击"Close"按钮以关闭对话框。如图 2-41 所示，可以看到 PCB 编辑器中已经载入了各个封装元器件及它们之间的网络连接。

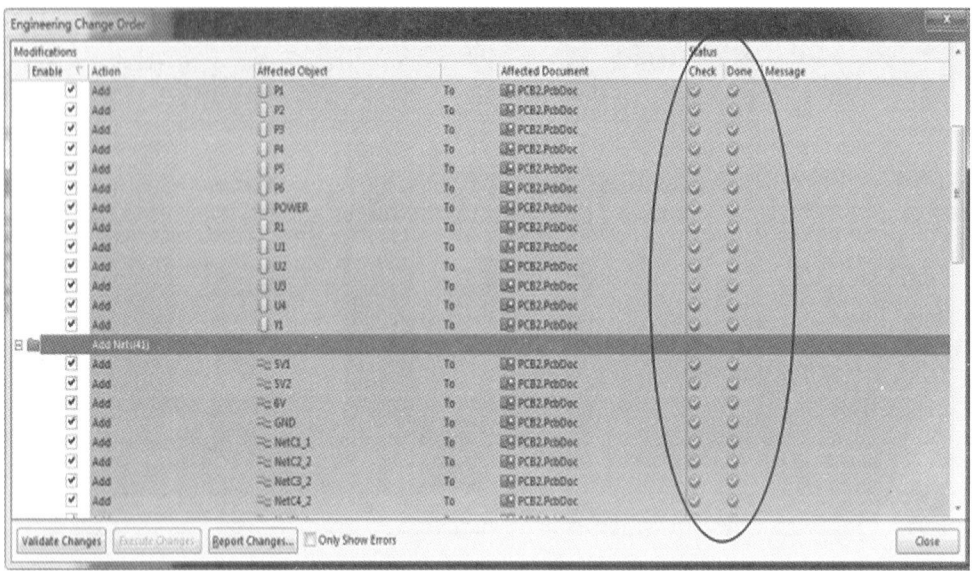

图 2-40 选择"Engineering Change Order"对话框 2

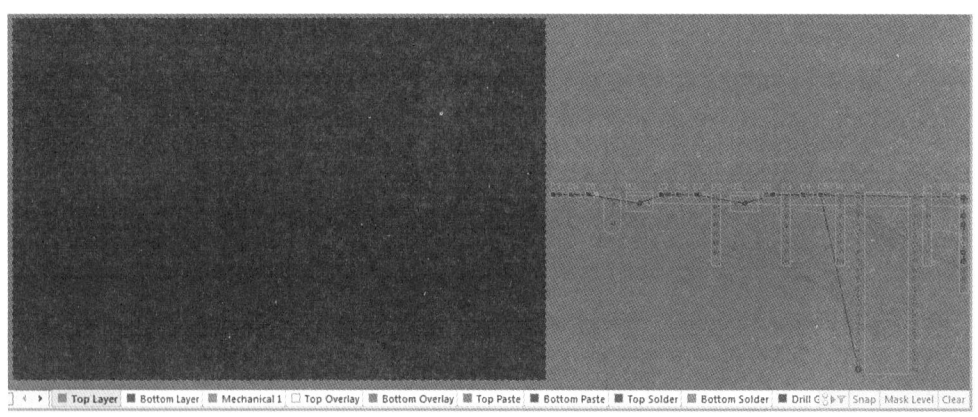

图 2-41 装入电路板的 PCB 封装元器件

（5）定义板的形状和尺寸。

规划印制电路板，一般是指确定印制板的电气轮廓，也就是确定在电路板上布线和放置元器件的范围。禁止布线层，或者就是用于定义电路板电气轮廓的特殊层面，一般的把电气轮廓的大小定义为电路板物理轮廓的大小。

电气边界定义的一般步骤如下。

① 在鼠标单击 PCB 编辑器工作区下方的标签 Keep-Out Layer，将当前工作层设置为 Keep-Out Layer，如图 2-42 所示。

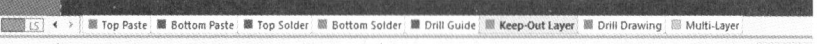

图 2-42 当前工作层设置为 Keep-Out Layer

② 选择 Place/Keepout/Track，光标变成"十"字形，将光标移动到适当的位置，按回车键或者单击鼠标左键，即可定下一条边界线的起点。此时，按"Tab"键，在出现的"Line

Constraints"属性对话框中可以设置所绘边框线的线宽。然后,拖动鼠标,将光标移动到下一个合适的位置,单击左键,即可确定第一条边界线的终点。

③ 这时,鼠标仍然处于放置 Track 的状态,按照同样的方法绘制其他三条边界线。这样绘制出一个闭合区域。

④ 一个闭合区域绘制完成后,选择 Edit/Origin/Set 以设置一个顶点为原点,可以根据坐标信息以设置闭合区域的各条边界线的长度。

⑤ 在菜单 Edit/Select/All on Layer 中,自动选中绘制的闭合区域。

⑥ 选择 Design/Board Shape/Define from Selected Objects,出现"Confirm"对话框,单击"Yes"按钮,这样就确定了板的形状。

定义板的形状和尺寸如图 2-43 所示。

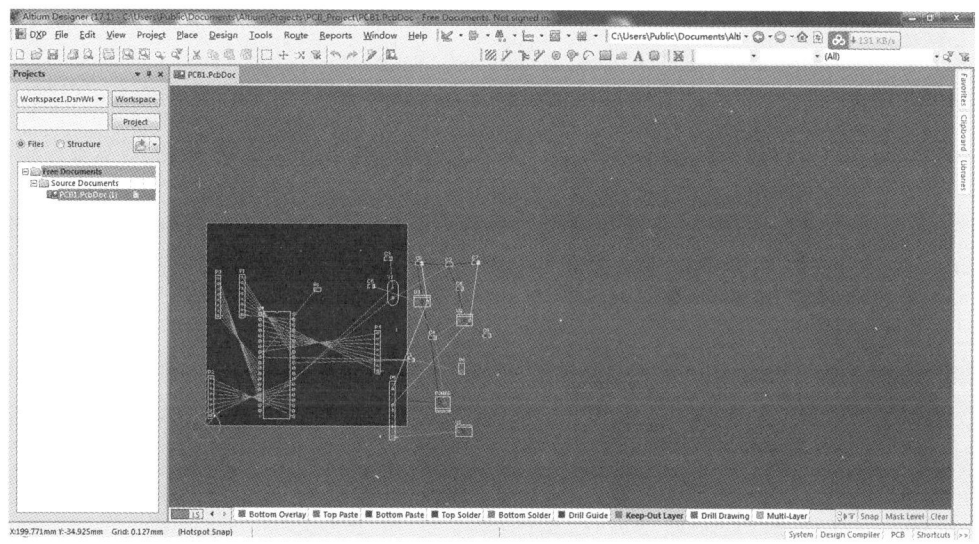

图 2-43　定义板的形状和尺寸

(6) 布局元器件封装。

选中元器件后,按住鼠标并拖曳鼠标,就可以进行元器件的移动。在移动的过程中,按空格键,可以旋转元器件的方向。当释放鼠标左键时,元器件就放置在该位置。同时还要遵守以下 PCB 布局原则。

① 根据设计要求,先确定主芯片的位置。

② 根据电源接口规范,确定电源管理模块的位置。电源模块周围元器件的布局,要满足电源模块厂商给出的相关电源模块的设计规范。

③ 布局其他元器件时,要考虑布线的方便性。

④ 去耦合电容的布局,要充分满足信号完整性的设计要求。

⑤ 在允许空间范围内,两个用于传输高速信号的元器件要尽可能地靠近。

⑥ 在元器件布局时,要充分利用 PCB 的顶层和底层,合理布局,同时要兼顾信号完整性的要求。

在布局的过程中,经常还会涉及下面的一些操作,归纳如下。

① 对齐操作:按鼠标左键+Shift 键,选中所需对齐的 PCB 元器件对象,单击鼠标右键,出现浮动菜单。根据设计需要,选择 Align 下的子菜单,子菜单中提供了十几个对齐操作命令,

设计者可根据要求选择对齐操作。

② 指定位置操作：选中所需指定位置的 PCB 绘图对象，双击所选中的 PCB 元器件对象，打开绘图对象属性对话框。在该对话框中，输入"X"和"Y"的值。这样就可以为指定绘图对象精确指定位置。

③ 显示/隐藏飞线：在 PCB 编辑器中按"N"键，出现浮动菜单。在浮动菜单中，选择"Show Connections"（显示所有连线）或者"Hide Connections"（隐藏所有连线），然后再选择"All"选项即可显示全部连线或者隐藏全部连线。

④ 修改元器件标识符（designator）字体：可以逐个修改，选中要修改的标识符，双击打开标识符对话框，按前面方法修改标识符的字体，以及标识符的大小属性等。还可以进行批量修改，通过 Shift 键和鼠标左键，选中所有需要修改字体的标识符，然后双击打开"PCB Inspector"对话框，在该对话框中首先将"Text Kind"设置为"TrueType Font"，然后在"TrueType Font Name"右侧的下拉框中选择需要的字体。

在 PCB 设计中，有 90% 的工作量是元器件布局，只要 10% 的工作量的布线，当然布线时也可能还会调整元器件的布局。

（7）PCB 元器件布线。

在绘制印制导线之前，要对交互布线进行参数设置，在"Preferences"对话框的"PCB Edit-Interactive Routing"选项卡中配置交互布线选项。可以使用下面任何一种方法打开交互布线工具。

① 在 PCB 编辑器主界面的工具栏中找到并单击 图标。

② 在 PCB 编辑器主界面选择 Route/Interactive Routing。

③ 先按"U"键，弹出快捷菜单，然后再按"T"键。

④ 先按"P"键，弹出快捷菜单，然后再按"T"键。

在执行以上这些导线绘制命令后，绘图区域出现"十"字形光标。当光标与焊盘对准时，会出现一个空心八边形，此时按回车键或者单击鼠标左键，即可定下一条导线的起点。拖曳鼠标，将光标移动到下一个合适的位置，单击左键，即可绘制一段印制导线，如图 2-44 所示。

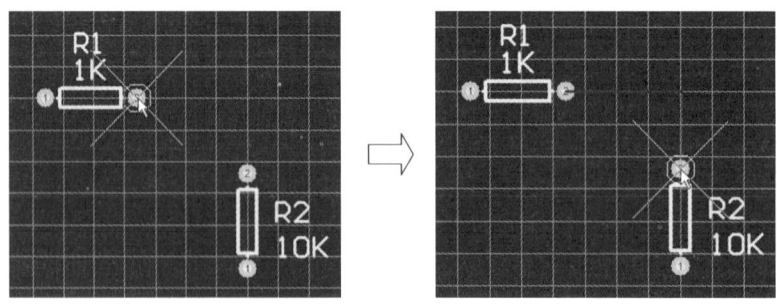

图 2-44　绘制导线

在导线绘制过程中，按 Shift＋空格键能够循环改变走线状态，如图 2-45 所示。

图 2-45　由 Shift＋空格键产生的几种走线模式

在连线到达目标焊盘后,单击鼠标右键或者按 Esc 按键,可以释放/终止连线的过程,此时保持交互布线模式,准备单击下一条连线。表 2-11 列出了布线常用的功能按键。

表 2-11　布线常用的功能按键

按　　键	行　　为
～或 Shift＋F1	交互布线快捷键菜单,通过正确的快捷键或从菜单中选择,可以修改大部分的设置
＊或 Ctrl＋Shift＋鼠标滚动	切换到下一个可用的信号层。根据"Routing Via Style"设计规则,自动添加一个孔
Shift＋R	切换三种布线模式(忽略、避开或推挤其他信号线)
Shift＋S	打开/关闭单层模式
Shift＋空格	在不同的布线拐角模式之间进行切换,拐角模式包括 45°、45°带有圆弧、90°、90°带有圆弧。在"Preference"对话框的"Interactive Routing"中提供选项,将其限制为 45°和 90°
Ctrl＋单击鼠标左键	自动完成当前所选网络的连线。如果出现不可解决的障碍冲突,则该自动连线行为将出现失败
Ctrl	暂时停止热点捕获,或者按"Shift＋E"组合键,在三种可用的模式之间切换
End	重新绘制屏幕
PageUp/PageDown	放大/缩小
Backspace	删除最后一个提交的电气连线线段
单击鼠标右键或 Esc 键	终止当前的连线操作,仍然保持交互布线模式

布线过程中会遇到 PCB 上已经放置了其他布线对象的情况。通过恰当设置,方便 AD17 处理潜在的布线冲突。下面介绍设置处理交互布线冲突的步骤。

① 在主菜单选择 Tools/Preferences。

② 弹出"Preferences"对话框,在左侧窗口中找到并展开"PCB Editor"。在展开项中找到"Interactive Routing",如图 2-46 所示。在右侧的"Routing Conflict Resolution"(布线冲突解决)标题栏下,给出的可供选择的选项有 Ignore Obstacles(忽略障碍)、Push Obstacles(推障碍)、Walkaround Obstacles(围着障碍)、Stop At First Obstacle(在第一个障碍停下来)、Hug And Push Obstacles(环抱和推障碍)等。

按"Shift＋R"组合键可以不停地切换不同的冲突处理模式。

(8) 自动布线。

首先选择 Auto Route/Setup 以打开策略编辑器(见图 2-47),进行创建布线策略,然后再选择 Auto Route/All 以启动自动布线器,弹出"Situs Routing Strategies"对话框,单击"Route All"按钮,以启动自动布线过程,完成自动布线(见图 2-48)。

虽然自动布线成功率很高,但还是会有些令人不满意的地方,需要通过手工布线来调整。

(9) PCB 的后续处理。

PCB 设计布线完成之后,可以通过选择 Tools/Design Rule Check(DRC)对其进行设计规则检查,以便发现错误,并对其进行修改。对于检查无误的 PCB 则可以保存或输出。

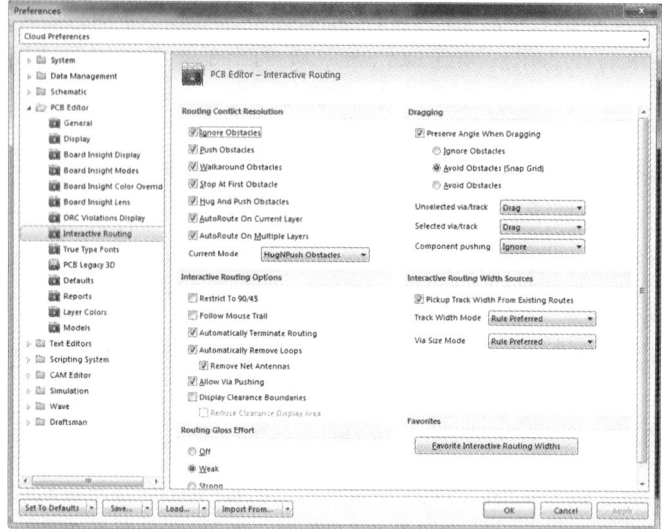

图 2-46　布线冲突处理选项

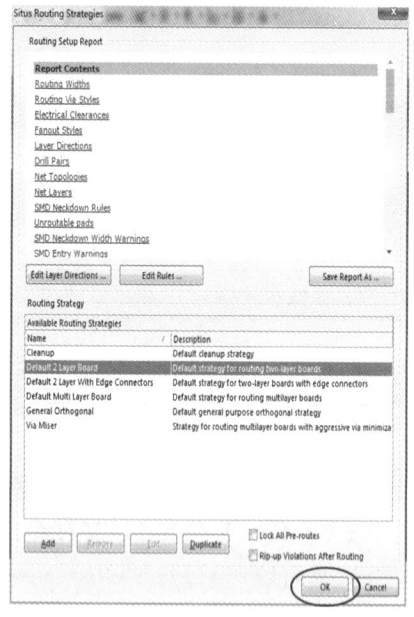

图 2-47　位置布线策略编辑器

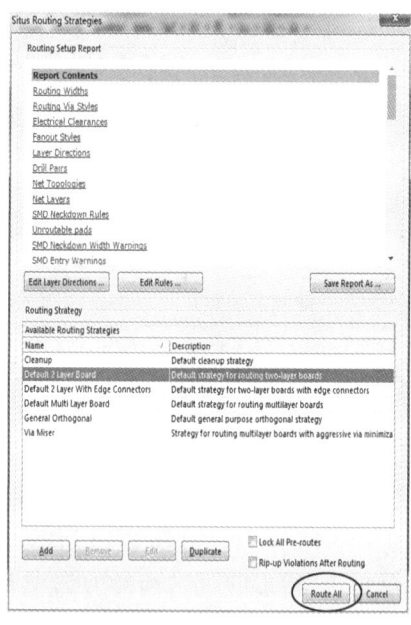

图 2-48　自动布线器设置对话框

2.5　实例操作——声光控节能开关

前面的章节对 AD17 中软件的使用功能进行了简单介绍,下面将以声光控节能开关的电路图为例,详细讲述设计其印制板图的具体操作步骤。

2.5.1　原理图的绘制

先将声光控(以下为对声光控节能开关的简称)的原理图元器件库用 AD17 绘制出来。

新建 SCH Library 文件,在此编辑环境中选择 Tools/New Compoment,依次建立新的元器件库,库内包含 9 个声光控所需元器件,单击画图工具条中的 █ 图标或者选择主菜单中的 Place,进行元器件轮廓外形和引脚的绘制,如图 2-49 所示。

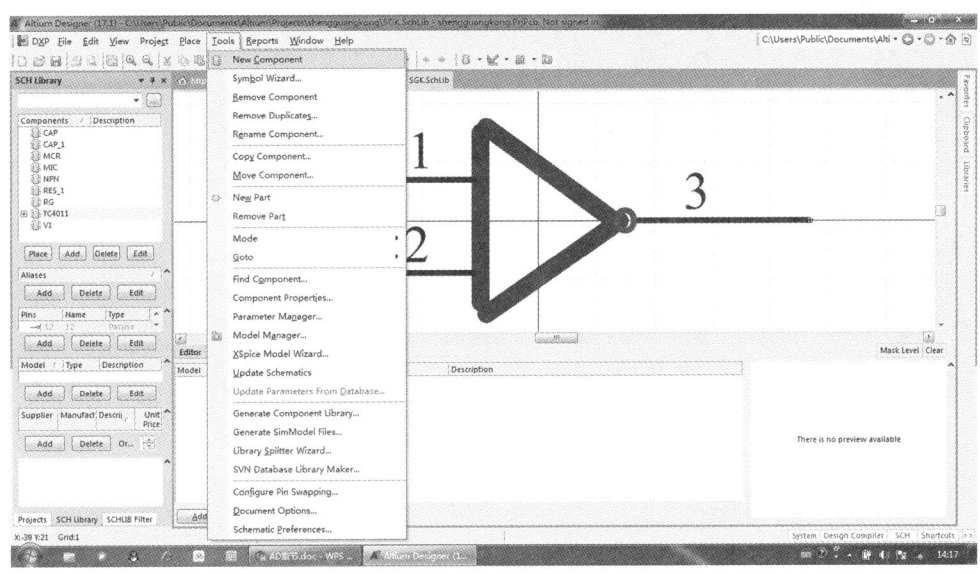

图 2-49　原理图元器件库管理器

接着,新建". SchDoc"文件。再将元器件放置到原理图文件编辑环境中进行连线,如图 2-50所示。原理图绘制完成后,进行编译检查(有没有连接错误)。编译命令执行后,出现 "Message"对话框,在此对话框中会出现各种错误或警告提醒,一定要将错误全部修改完成后,再保存文件并对其进行编译,直到全部问题得到解决。没有问题的"Message"对话框如图 2-51 所示。

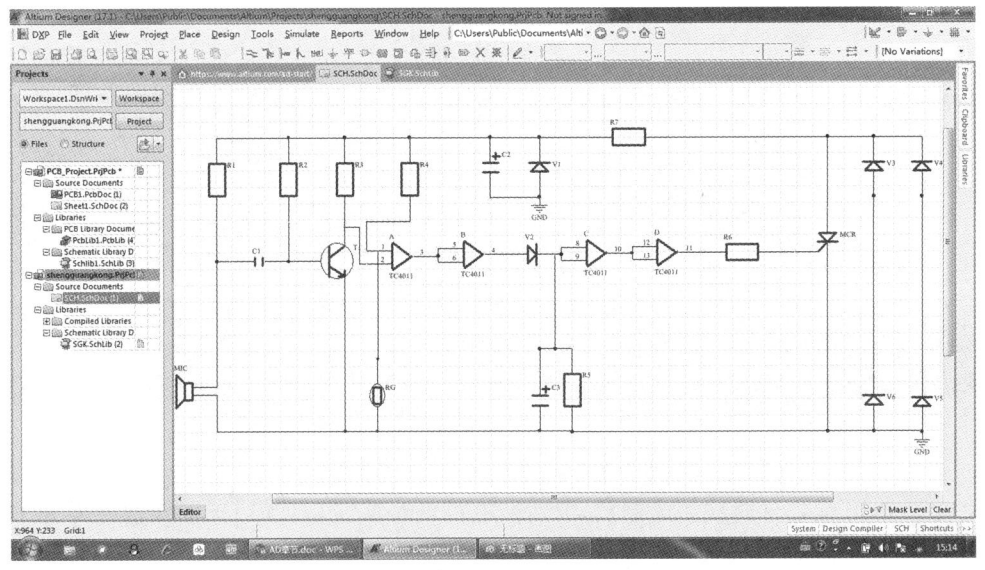

图 2-50　原理图编辑器

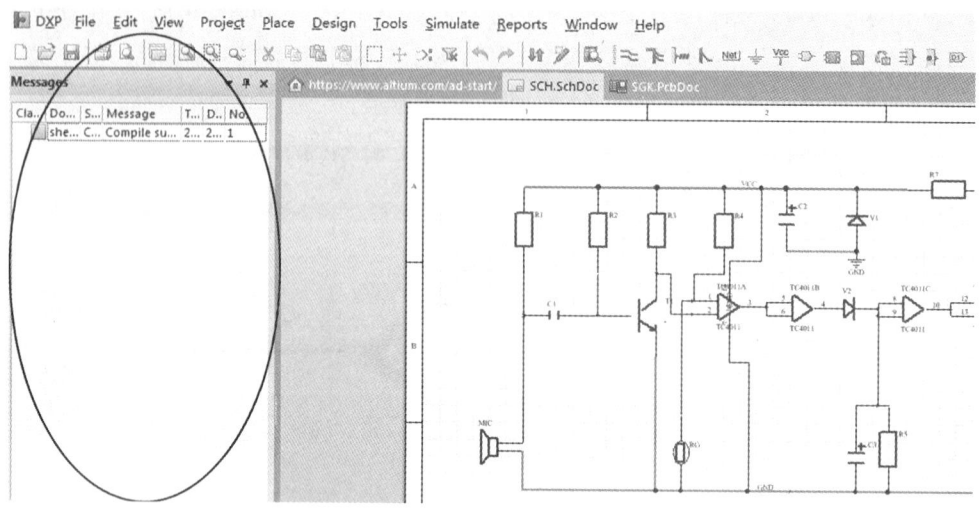

图 2-51 编译后的 Message 对话框

2.5.2 PCB 的绘制

原理图完成后,就开始绘制 PCB 元器件封装库。还是要先建立封装库编辑文件 PCB Library,利用绘图向导 PCB Component Wizard 和画图工具栏进行各种封装的绘制,如图2-52 所示,建立了多个元器件封装图形,这些封装尺寸都是经过实物测量后,与标准图形相符的 1:1 图形绘制,PCB 元器件封装管理器如图 2-52 所示。

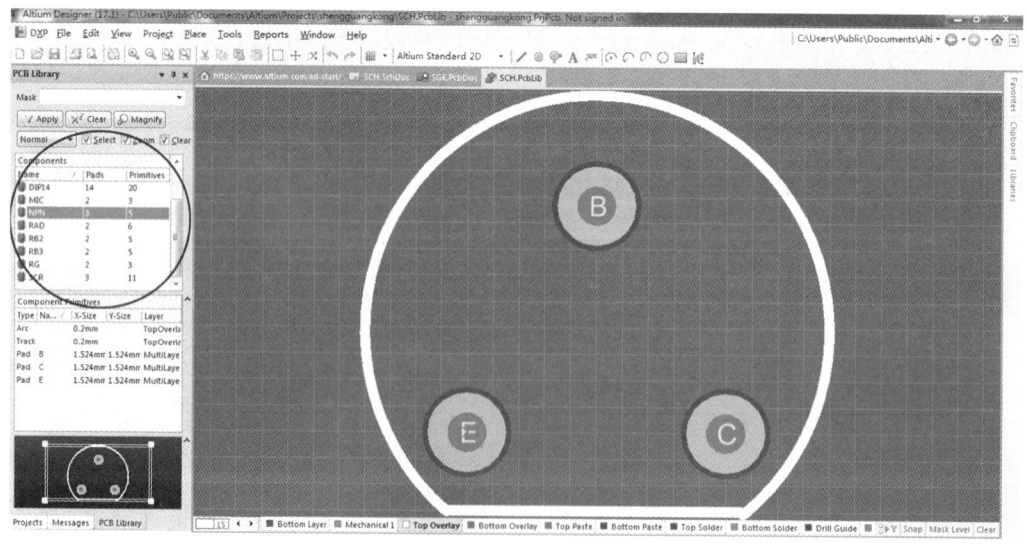

图 2-52 PCB 元器件封装管理器

完成了 PCB 元器件封装的绘制后,要对所有的两种库元器件(原理图元器件库和 PCB 元器件封装库)的属性进行修改,在原理图元器件库属性中主要修改 Designator 和 Comment, PCB 封装库属性中只修改 Design Item ID,同时还要在原理图编辑环境下,选择 Tools/ Footprint Manager(见图 2-53),弹出"Footprint Manager"对话框(见图 2-54),单击"Add"按钮,将元器件封装库和原理图库的元器件进行依次添加,其目的是保证所有元器件名称的一致性和对应性。

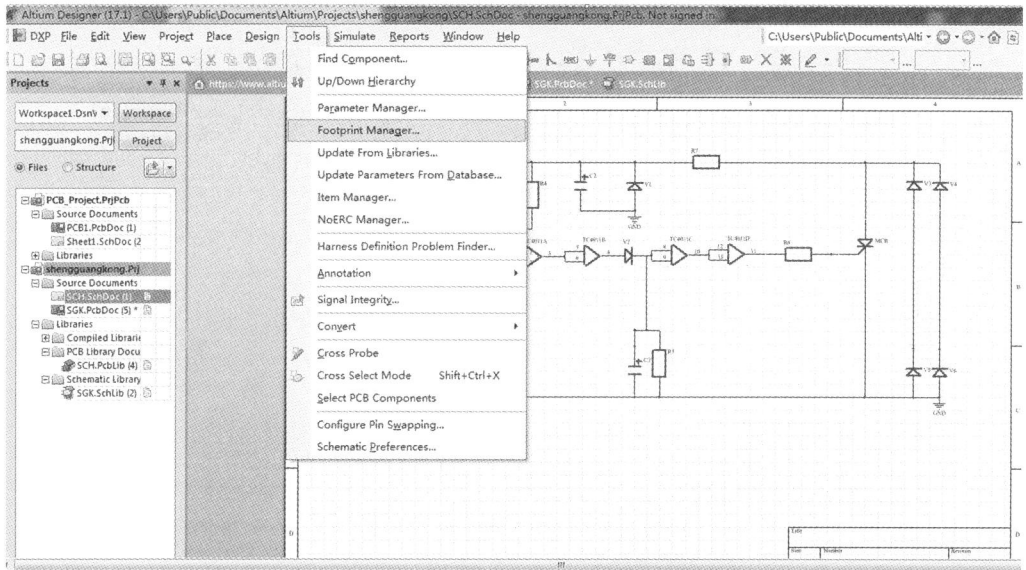

图 2-53 选择 Footprint Manager

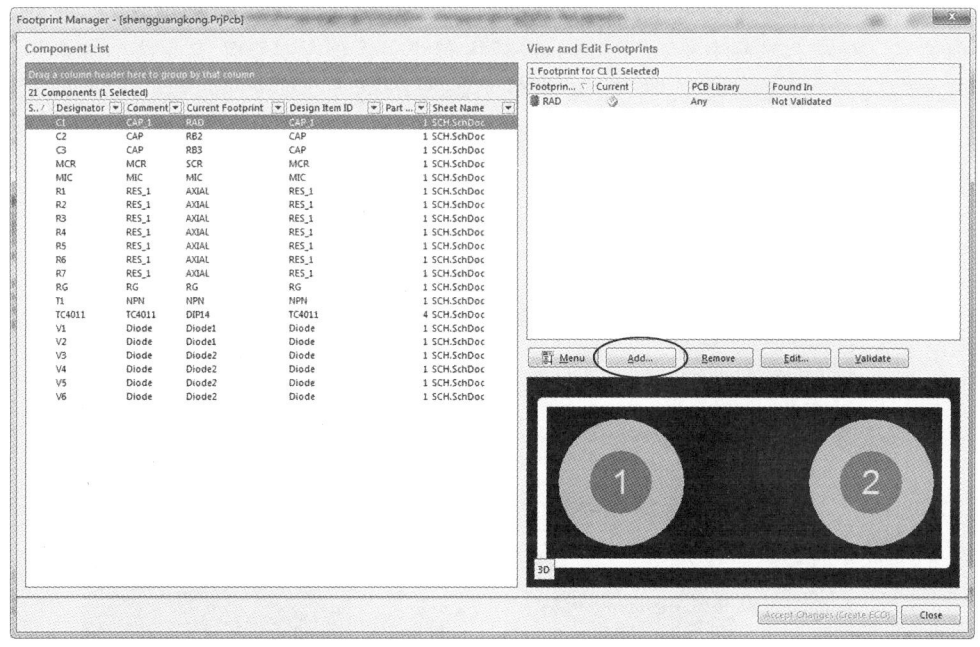

图 2-54 "Footprint Manager"对话框

接着,将设计从原理图导入 PCB 编辑器,对设计进行编译,并弹出"Engineering Change Order"对话框,有时需要执行两次 ECO,才能将完整的原理图导入 PCB 编辑器,如图 2-55 所示,在这里可以不用选择 Add Rooms 选项,关于对 Room 的操作,可以将元器件、元器件类或者封装分配一个房间,当移动房间时,房间内的实体也会随之移动,这样比较方便 PCB 布局,如果元器件比较多可以使用,其中最有用的功能是如果电路中有多个相同部分设计,这样相同部分在层次原理图中只需一个文件,而在 PCB 中只需对其中一个 Room 进行布线,完成复制 Room 格式就可以直接完成其他相同的部分,如果不需要,在导入 PCB 时把添加 Room 的几个选项的勾选项去掉就可以了。

图 2-55 "Engineering Change Order"对话框 2

完成 ECO 后,所有的元器件封装将自动被导入 PCB 编辑环境,在 PCB 编辑环境下,对整个板子的边框和机械定位孔进行绘制,将边框板层选择 Mechanical 1(机械层)中进行边框绘制,之前的 AD 版本会选择 Keep-Out Layer(禁止布线层),但是 AD17.1.5 这个版本不能选择 Keep-Out Layer 板层来绘制边框,按照板子实际大小尺寸进行绘制边框后,选择 Design\ Board Shape\Define from selected objects(见图 2-56),最终使得边框大小正好是 PCB 编辑环境的大小,如图 2-57 所示。

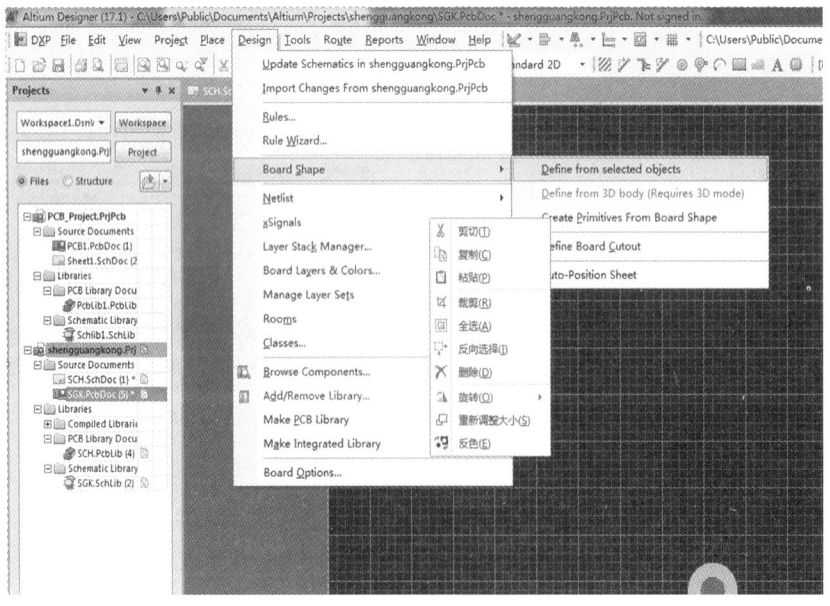

图 2-56 边框外形的定义

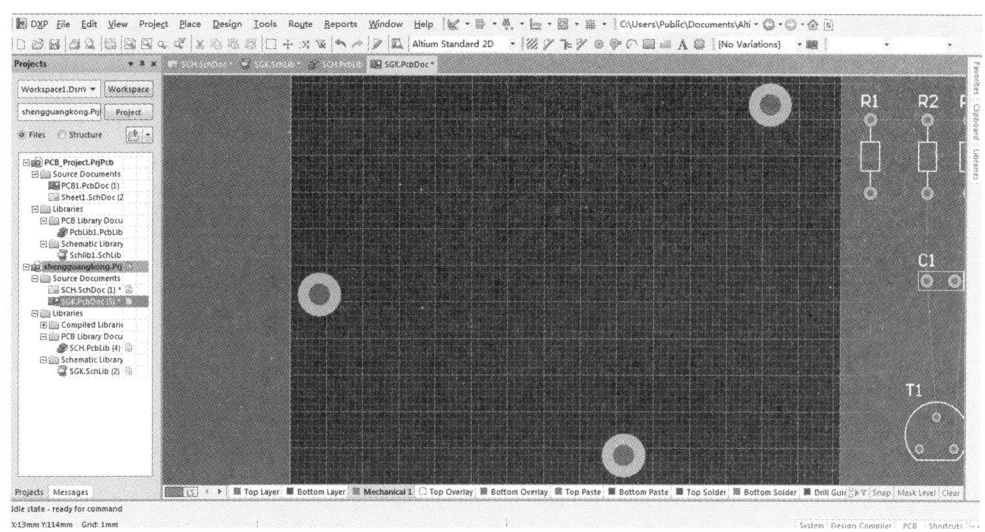

图 2-57　边框和机械孔的绘制

　　板子的边框和机械孔完成后,要将位于板面右侧的所有的元器件逐步用鼠标拖曳到边框以内,进行元器件的布局(见图 2-58),PCB 元器件布局的原则在前面的 2.4.4 节里面已经进行了详细介绍,这里不再赘述。

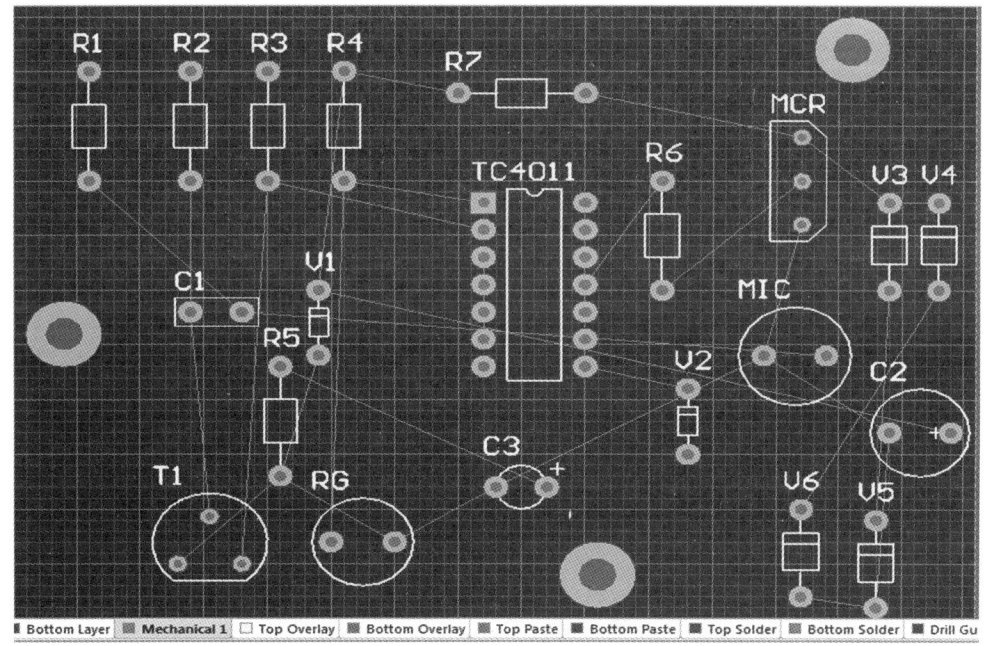

图 2-58　PCB 元器件布局

　　由于列举的声光控实例的布线设置比较简单,只有板层和线宽的要求,其他设置都是默认值,在实际的设计过程中要根据当前的设计要求灵活修改布线中的各种设置,最后选择 Auto Route/All,以启动自动布线器,完成所有元器件的布线,如图 2-59 至图 2-62 所示。自动布线完成后,其中仍然需要手动修改不完美的地方。

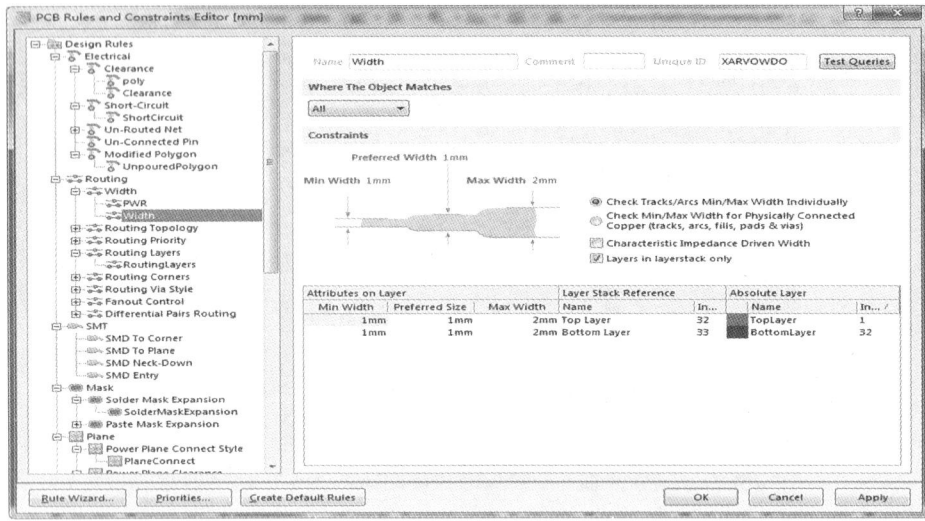

图 2-59　线宽的设置

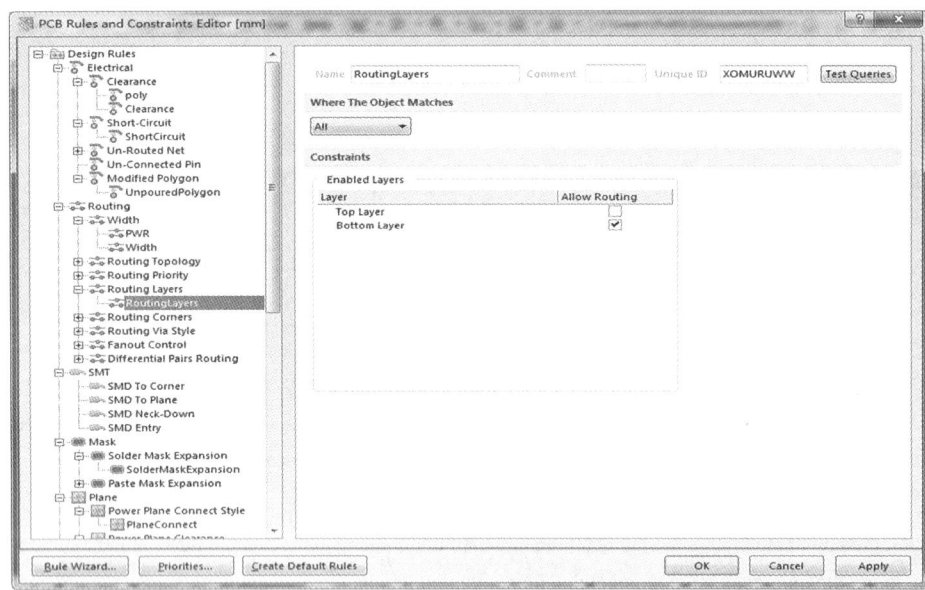

图 2-60　板层的设置

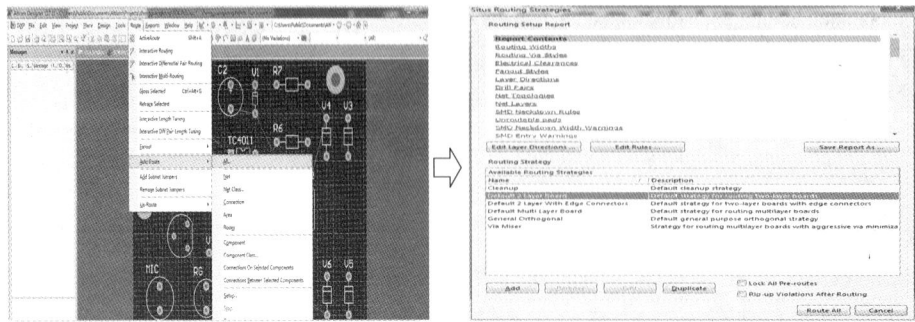

图 2-61　执行自动布线命令

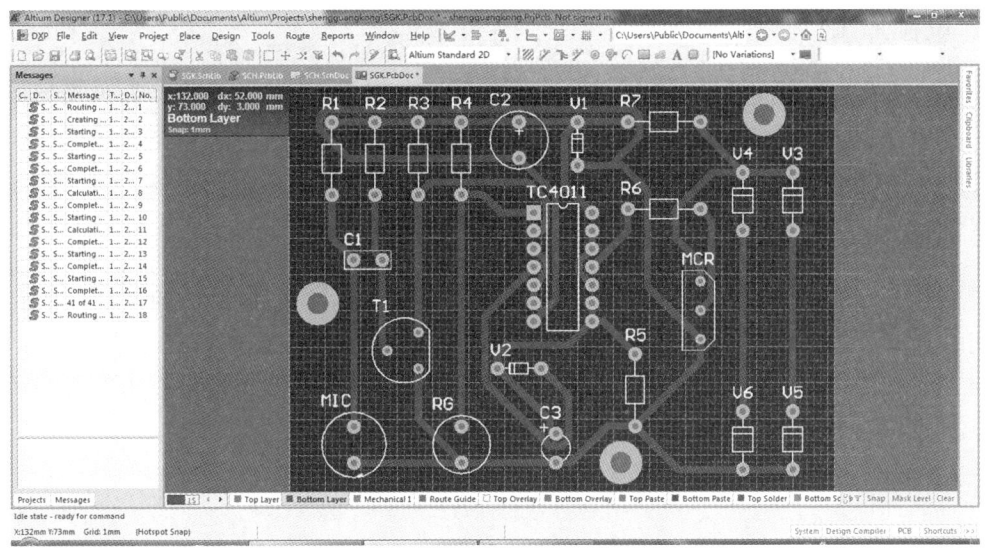

图 2-62　完成自动布线

2.6　印制电路板的制作

2.6.1　印制电路板制造工艺流程

对于印制电路板设计者而言,印制电路板的工艺相当重要,如果设计不符合工艺要求,则将大大降低产品的生产效率,甚至会导致设计的产品根本无法投入生产。随着印制电路板制造工艺技术的不断发展,目前使用最为广泛的是铜箔蚀刻法制造印制电路板,即将设计完成的图形通过图形转移在敷铜板上以形成防蚀图形,然后用化学剂蚀刻掉不需要的铜箔,从而获得导电图形。

印制电路板的制造过程一般要经过几十个工序,图 2-63 所示的是最为典型的双面板制造工艺流程图。

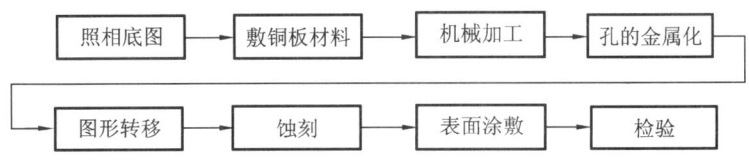

图 2-63　双面板制造工艺流程图

1. 照相底图

照相底图是制造印制电路板的依据。印制电路板设计完成之后,即可制成照相底图。照相底图要求按照 2∶1、4∶1 或 8∶1 的比例放大,这样照相底图反映出的制图公差才能减小到比较理想的程度,保证绘图的精度。

2. 机械加工

印制电路板的外形和各种用途孔,如引线孔、机械安装孔、定位孔等都是通过机械加工完成的,其加工方法通常有冲、钻、剪、铣、锯等,根据加工零件形式,可以把印制电路板的加工分为外形加工和孔加工。

3. 孔的金属化

对于多层印制电路板而言,为了把内层印制导线引出和互连,需要将印制导线的孔金属化。孔的金属化是在孔内电镀一层金属,形成一个金属筒,与印制导线连接起来的一种技术。孔的金属化工艺就是在孔内壁表面化学沉铜后,通过全板电镀铜或图形电镀来实现层间可靠的、连接的工艺。

4. 图形转移

图形转移是指将照相底片转移到印制电路板上的工艺。常用的方法有光化法和丝网漏印法,前者精密度较高,后者精密度较低。

5. 蚀刻

广义上讲,在敷铜箔印制电路板的生产中,凡是用化学或电化学的方法去铜的过程都是蚀刻。狭义上讲,蚀刻就是将涂有抗蚀剂并经过感光显影后的印制电路板上的未感光部分铜箔腐蚀掉,在印制电路板上留下所需电路图形的过程。蚀刻方法有摇动侵蚀法和高压喷淋法。蚀刻质量的基本要求就是能够将抗蚀层以外的所有铜层完全去除干净。

6. 表面涂敷

如果印制电路板制造后立即装配,则可以不进行表面处理。对存储时间较短的印制电路板,可涂敷预焊剂,但最好的方法是在印制导线制成后再进行表面处理。印制电路板表面涂敷层是指阻焊层以外可供电气连接或电气互连的可焊性涂镀层和保护层。

2.6.2　手工制作印制电路板的方法

在产品研制阶段或创作活动中往往需要制作少量的印制电路板,作为产品性能分析试验或制作成样机,这时就需要手工制作印制电路板。简单易行的制作方法有描图蚀刻法和贴图蚀刻法两种。

1. 描图蚀刻法

描图蚀刻法是一种常用的制板方法,由于最初使用调和漆作为描绘图形的材料,所以又称漆图法。其具体步骤如下。

(1)下料。按照实际设计尺寸裁剪敷铜板,去掉四周毛刺。

(2)拓图。用复写纸将已经设计好的印制电路板布线草图拓印在敷铜板的铜箔面上。印制导线用单线,焊盘用小圆点表示。拓制双面板时,板与草图应该由 3 个不在一条直线上的点定位。

（3）钻孔。拓图后检查焊盘与导线是否有遗漏，然后在板上打样冲眼，以便冲眼定位打焊盘孔。打孔时注意钻床转速，应该取高速，钻头应该磨锋利。进刀不宜过快，以免将铜箔挤出毛刺，并且注意保持导线图形的清晰，清除孔的毛刺时不要用砂纸。

（4）描图。用稀稠适宜的调和漆将图形及焊盘描好。描图时应该先描焊盘，方法可用适当的硬导线蘸漆。漆料要蘸得适中，描线用的漆稍稠；描点时注意与孔同心，大小尽量均匀。焊盘描完后可描印制导线图形。

（5）修图。描好的图在漆未全干时应该及时进行修补，可以使用直尺和小刀，沿着导线边沿修整，修补断线或缺损图形时，要保证图形的质量。

（6）蚀刻。蚀刻液一般使用三氯化铁水溶液，其质量分数为 28%～42%，将描修好的印制电路板完全淹没到溶液中，蚀刻印制图形。

（7）去膜。用热水泡后即可将漆膜剥落，未擦净处可用稀料清洗。

（8）清洗漆膜。用碎布蘸上去污粉反复在印制电路板板面上擦拭，去掉铜箔氧化膜，露出铜的光亮本色。为使印制电路板更加美观，应该固定顺着一个方向擦拭。擦后用水冲洗，晾干。

（9）涂助焊剂。冲洗晾干后应该立即涂助焊剂。

2. 贴图蚀刻法

贴图蚀刻法除了利用不干胶膜直接在铜箔上贴出导线图形代替描图外，其余步骤同描图蚀刻法的。由于胶带边缘整齐，焊盘也可用工具冲击，故贴成的图质量较高，蚀刻后揭去胶带即可使用。

思　考　题

2-1　什么是印制电路板？它的特点和作用是什么？

2-2　印制电路板的设计要求和设计原则有哪些？

2-3　简述元器件的布局原则。

2-4　设计印制电路板时导线的设计原则是什么？

2-5　在设计印制电路板时，怎样计算焊盘大小与引线孔径？

2-6　在设计印制电路板时，如何防止地线干扰、电源干扰、磁场干扰？可采取哪些散热措施？

2-7　AD17 由哪几个部分组成，其各个部分的主要功能和特点是什么？

2-8　简述电路原理图的绘制步骤。

2-9　在 AD17 中，如何将原理图导入 PCB 编辑环境中？简述具体操作步骤。

2-10　利用 AD17 进行印制电路板设计时，如何进行线宽的设置？

2-11　简述手工制作印制电路板的工艺流程。

第 3 章 焊 接 技 术

电子产品的质量取决于电路设计、元器件质量和焊接的工艺水平,可见焊接工艺在电子产品生产过程中的重要性。焊接质量决定着产品的质量,因此焊接技术是保证焊接质量、保证产品质量和可靠性的重要环节。

3.1 焊接的机理

焊接是金属连接的一种方法。目前使用最广泛的连接方式是锡焊。通过对两金属件连接处或加热熔化,或加压,或两者并用,使金属原子之间相互结合而形成合金层,从而使两种金属永远连接,这个过程称为焊接。焊接中的钎焊是在已加热的被焊件之间,熔入低于被焊件熔点的焊料,使被焊件与焊料熔为一体的焊接技术,即母材不熔化、焊料熔化的焊接技术。锡焊属于钎焊中的一种焊接方式,是使用铅锡合金焊料进行焊接的一种形式。

焊接过程可分为三个阶段:熔融焊料在被焊金属表面的润湿阶段;熔融焊料在被焊金属表面的扩散阶段;接触面上产生合金层的阶段。

1. 润湿阶段

润湿阶段是指加热后熔融焊料在金属表面上充分铺开,和被焊件的表面分子充分接触的过程。为使该阶段达到预期的效果,被焊件的表面一定要保持清洁。

2. 扩散阶段

熔融焊料的润湿过程还伴有扩散现象,即在一定的温度下,熔融焊料的分子渗入被焊金属分子结构中,这就是扩散。扩散速度和扩散量取决于焊接温度和焊接时间。扩散的结果是在两者的结合面上形成合金层。

3. 产生合金层的阶段

焊接中,焊料完成润湿和扩散后,即可停止加温加压,焊料开始冷却。冷却时,合金层首先以适当的合金状态开始凝固,形成金属结晶,然后结晶向未凝固的焊料方向"生长",最后形成焊点。

3.2 常用焊接工具

电烙铁是手工锡焊操作时的常用工具,它可用来焊接导线及电子元器件的引脚。电烙铁的种类较多,有内热式、外热式、恒温式、吸锡式和感应式等。电烙铁的工作原理是,电流流过烙铁心内的电热丝,将电能转换成热能,经烙铁头把热量传给被焊件,对被焊接点部位的金属加热,同时熔化焊锡,完成焊接任务。常用的电烙铁类型有内热式和外热式两种。内热式电烙铁的发热效率高,烙铁头更换较方便,外热式电烙铁的功率大、体积大。

1. 内热式电烙铁

常用的内热式电烙铁如图 3-1 所示。

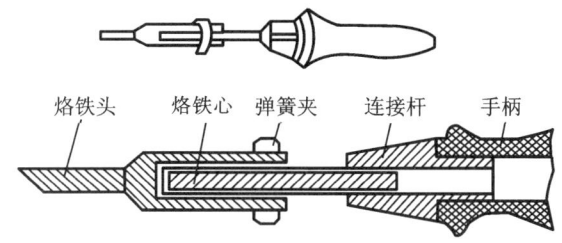

图 3-1　内热式电烙铁

内热式电烙铁由手柄、连接杆、弹簧夹、烙铁心、烙铁头组成,由于烙铁心安装在烙铁头中,故称内热式电烙铁。它的发热元器件在烙铁头内部,具有发热快、耗电少、热效率高、体积小等特点。内热式电烙铁的烙铁心是将电热丝绕在瓷管上制成的,是电烙铁的发热部分。由于电热丝很细且易断,瓷管很脆且易碎,故内热式电烙铁在使用时不要长时间通电,不要敲击和碰撞,否则极易损坏。

烙铁头是用铜合金制成的,具有导热性能好、高温不易氧化的特点,它的作用是存储和传送热量。烙铁的温度与烙铁头的体积、形状、长短等都有一定关系。调节烙铁头伸出的长度,可适当控制烙铁头上的温度。

2. 外热式电烙铁

外热式电烙铁如图 3-2 所示,它由烙铁头、烙铁心、外壳、木柄、电源线、插头等部分组成,电烙铁的发热元器件是烙铁心。发热电阻丝绕在由云母绝缘材料制成的烙铁心骨架上,烙铁头安装在烙铁心里面。通电后电阻丝发热,其热量从外向内传到烙铁头上,故称外热式电烙铁。直立型外热式电烙铁是目前最广泛使用的电烙铁。外热式电烙铁的优点是使用寿命长,能长时间进行通电工作,适合多种场合使用。

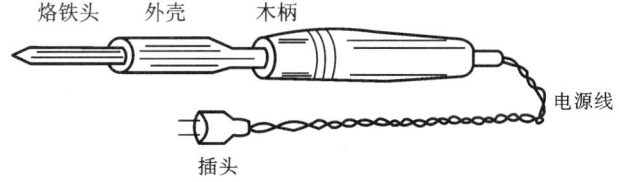

图 3-2　外热式电烙铁

外热式电烙铁常用 25 W、30 W、45 W、75 W、100 W、150 W、200 W 等规格,电烙铁的功率越大,烙铁头的温度越高。

3. 电烙铁的选用

为了适应不同焊接的需要,合理选用电烙铁对提高焊接质量和效率有直接关系。如果使用的电烙铁功率过大,温度过高,升温过快,容易烫坏元器件,并会造成印制电路板的铜箔脱落。另外功率过大会使焊料在焊接面上流动过快,不易控制,焊剂不能正常发挥作用,导致焊点不光滑、不牢固。因此,选用不合适的电烙铁不但效率低,而且焊接时间长,这样势必造成焊点的焊接强度不够、外观质量不合格。所以,电烙铁的功率应根据不同的焊接对象合理选用。

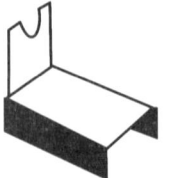 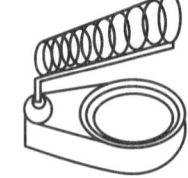

(a)简易烙铁架　　　(b)弹簧筒形烙铁架

图 3-3　烙铁架

焊接印制电路板、集成块及维修电子产品时,一般选用 20 W 内热式或 30 W 外热式电烙铁为宜。

电烙铁在工作时要放在特制的烙铁架上,以免烫坏其他物品。常用的烙铁架如图 3-3 所示。其中,图 3-3(a)为简易烙铁架,可用金属板材制作,也可以把铁丝弯成相应的形状固定在木板上以组成一个简易的烙铁架;图 3-3(b)为弹簧筒形烙铁架,它构造较复杂,圆盘内可放湿海绵,用于清洗烙铁头,适用于放置各种电烙铁。

3.3　手工焊接和拆焊

做到良好焊接的条件是,被焊材料具有清洁的金属表面、加热到最佳焊接温度、金属扩散时形成金属化合物合金。焊点的质量要求包括电接触良好、力学性能良好和美观三个方面。正确的焊接操作步骤是保证焊点质量的关键,因此必须进行大量、严格的训练,熟练地掌握焊接操作技能。

3.3.1　手工焊接的基本要领

进行手工焊接时要保持正确的焊接姿势。一般采用坐姿焊接,桌面和座椅的高度要合适,人要挺胸、端坐。为减少有害气体的吸入量,同时保证操作者的焊接便利,一般情况下,电烙铁离操作者鼻子的距离以 20～30 cm 为宜。

焊接操作时电烙铁的握法有三种,如图 3-4 所示。反握法如图 3-4(a)所示,这种握法对被焊件的压力较大,适用于较大功率的电烙铁对大焊点的焊接操作;正握法如图 3-4(b)所示,适用于中功率的电烙铁及带弯形的电烙铁在大型机架上的焊接;笔握法如图 3-4(c)所示,焊接时电烙铁的角度变换比较灵活机动,操作者不易疲劳,一般适用于在印制电路板上焊接元器件。

一般情况下,焊锡丝的拿法有两种,如图 3-5 所示。其中,图 3-5(a)所示的拿法适宜于连续焊接,图 3-5(b)所示的拿法适用于间断焊接。

(a)反握法　　(b)正握法　　(c)笔握法　　　　(a) 连续焊接拿法　　(b) 间断焊接拿法

图 3-4　电烙铁的握法示意图　　　　　图 3-5　焊锡丝的拿法

3.3.2　手工焊接步骤

手工焊接是焊接技术的基础,也是电子产品装配中的一项基本操作技能。焊接时,掌握好电烙铁的温度和焊接时间,选择恰当的电烙铁和焊点的接触位置,才能得到良好的焊点。手工焊接的操作可以分为五个步骤,如图 3-6 所示。

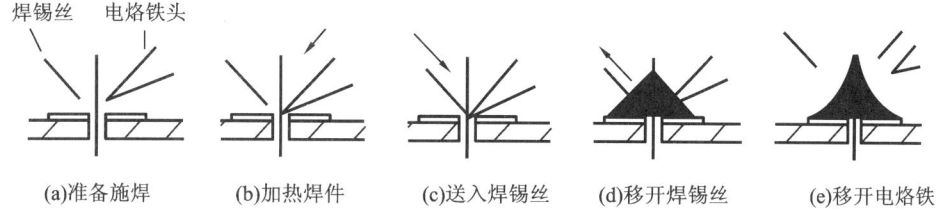

焊锡丝 电烙铁头

(a)准备施焊　(b)加热焊件　(c)送入焊锡丝　(d)移开焊锡丝　(e)移开电烙铁

图 3-6　手工焊接五步法

(1)准备施焊,如图 3-6(a)所示。焊接前应准备好焊接工具和材料,清洁被焊件及工作台,进行元器件的插装及导线端头的处理。操作者左手拿焊锡丝,右手握电烙铁,进入待焊状态。

(2)加热焊件,如图 3-6(b)所示。将电烙铁头放置在焊件与焊盘之间的连接处,进行加热,使焊点的温度上升。电烙铁头放在焊点上时应注意其位置,即加大电烙铁头与焊件的接触面积,以缩短加热时间,达到焊盘受热均衡的目的。

(3)送入焊锡丝,如图 3-6(c)所示。在焊件加热到能熔化焊料的温度后,在电烙铁头与焊接部位的结合处及对称的一侧,将焊锡丝置于焊点,焊料开始熔化并润湿焊点。

(4)移开焊锡丝,如图 3-6(d)所示。当焊点上的焊料充分润湿焊接部位时,要及时撤离焊锡丝,以保证焊点不出现堆锡现象,获得较好的焊点。

(5)移开电烙铁,如图 3-6(e)所示。移开焊锡丝后,待焊锡全部润湿焊点时,就要及时迅速地移开电烙铁。移开电烙铁头的时间、方向和速度决定着焊点的质量。通常情况下,电烙铁头的方向应该是与焊盘大致成 45°的方向向上移开。

对一般焊点而言,完成上述过程,需要 2~3 s。

焊接操作的基本方法、各步骤之间停留的时间、顺序的准确掌握、动作的熟练协调等对保证焊接质量非常重要,只有通过大量实践并用心体会才能逐步掌握。

3.3.3　拆焊技术

拆焊技术用于在调试、检验及电子产品维修中对元器件的更换过程。拆焊方法不当会造成元器件、导线焊点的损坏,还容易引起焊盘及印制电路板导线的剥落,造成印制电路板报废。因此,掌握正确的拆焊方法非常重要。

1. 拆焊方法

对于引脚不多的元器件如电阻、电容、三极管等,可以采用电烙铁直接进行分点拆焊,如图 3-7 所示。先将印制电路板竖起夹住,一边用电烙铁加热待拆元器件的焊点,一边用镊子或尖嘴钳夹住元器件的引线,待焊点熔化后,轻轻地将元器件的引脚拉出来。

当需拆焊有多个焊点的元器件(如集成块器件)时,以上方法就不行了。这种情况下可借助专用的吸锡工具,如吸锡器、屏蔽线编织层、细铜网等。

图 3-8 所示的为活塞式吸锡器。对于多焊点元器件,采用吸锡器能够很方便地吸除各引脚焊点上的焊料,从而使元器件引脚脱离印制电路板。

吸锡器的使用方法是,先用电烙铁熔化焊料,然后将气泵按柄推下,让气泵按柄卡住,接着

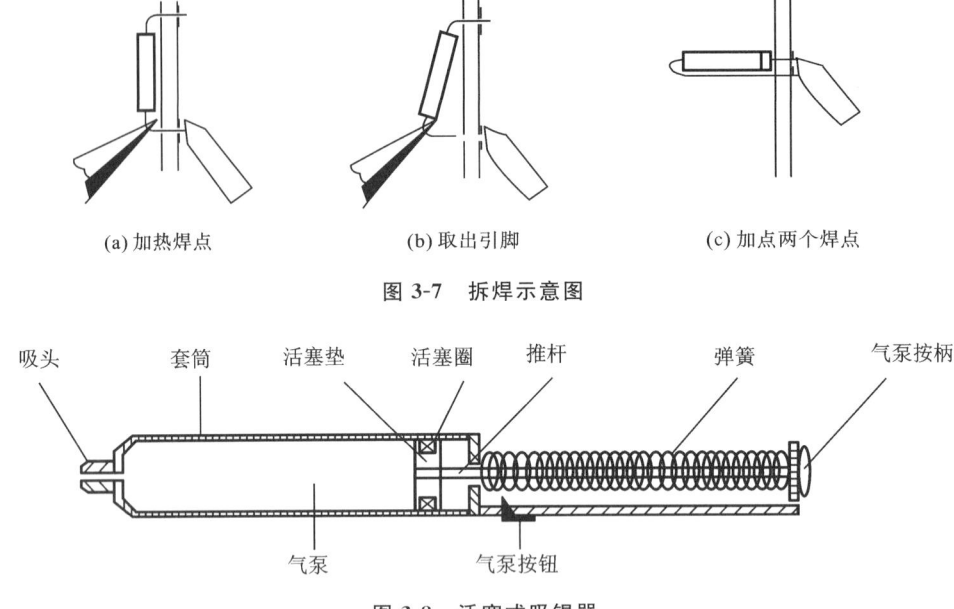

(a) 加热焊点　　　　　　(b) 取出引脚　　　　　　(c) 加点两个焊点

图 3-7　拆焊示意图

图 3-8　活塞式吸锡器

把吸锡器吸头前端对准欲拆焊点,将气泵按柄再次按下,此时在弹簧的反推作用下,活塞自动快速上升,焊锡被吸进气筒内。如果焊点的焊锡未被吸尽,可照上述方法重复 2～3 次,直至焊锡被吸尽为止。

用屏蔽线编织层(或细铜网)拆焊时,应先将编织层(或细铜网)的一部分浸上松香焊剂,然后放在将要拆焊的焊点上,再将电烙铁放在编织层(或细铜网)上加热焊点。焊点上的焊料熔化后,就被编织层(或细铜网)吸去。如焊点上的焊料一次没有被吸完,可进行多次操作,直至焊点上的焊料完全被清除为止。注意使用过的编织层(或细铜网)不能重复使用,必须把吸满锡的编织层(或细铜网)剪去,方可继续操作使用。这种方法操作简单,对任何焊点都适用,且不易烫坏印制电路板。

2. 拆焊要点

拆焊时要控制好电烙铁加热的温度和时间,防止错拆元器件。拆元器件时待焊锡熔化后,要轻轻地卸下元器件,不要用力过猛,保证元器件特别是印制电路板不被损伤。

元器件拆除后,要对元器件引线、印制电路板上的焊点进行清理和修正。把拆下来已变形的元器件的引线用工具修整直,把引线上的焊锡清理干净,清除印制电路板焊点上的余锡,尤其是铜箔焊点应清除到将焊盘孔露出来为止。焊盘要光洁,保证元器件在重新焊接时能够插入安装。

3.4　焊接质量分析

电子产品中印制电路板的焊接点除了用来固定元器件以外,还要能稳定、可靠地通过一定大小的电流。因此,焊接点需要有可靠的电气连接性及力学强度。

1．典型焊点

良好的外表是焊接质量好的反映。一个良好的焊接点要求焊料用量适中，焊点外表金属有光泽，没有拉尖、桥接等现象，并且不伤及导线绝缘层和相邻元器件。典型良好焊点的外观及要求如图 3-9 所示：外形以焊接导线为中心，均匀、呈裙状形拉开，焊料的连接呈半月形凹面；焊料与焊件交界面处平滑，润湿角较小；焊点表面有光泽且平滑，无裂纹、针孔、夹渣。

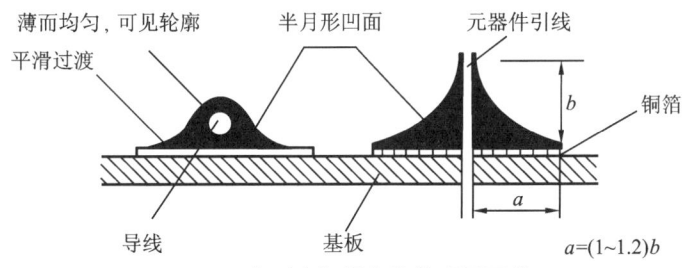

图 3-9　典型良好焊点的外观及要求

2．常见焊点缺陷及其原因

造成焊点缺陷的原因很多，除了材料（焊料与焊剂）和工具的影响外，还包括采用的方法、焊接技术的高低及操作者是否有责任心等。表 3-1 列出了在印制电路板上进行焊接时常见的缺陷焊点的外观及产生原因，可供焊点检查、分析时参考。

表 3-1　常见的焊点缺陷及产生原因

焊 点 缺 陷	产 生 原 因	焊 点 缺 陷	产 生 原 因
不对称	加热不足； 助焊剂不足或质量差	松香渣	焊剂过多或已失效； 加热不足； 氧化膜未除尽
拉尖	加热过长； 电烙铁撤离方向不对； 焊剂过少	桥接	焊料过多； 电烙铁撤离方向不当
冷焊	电烙铁功率不够； 焊料未凝固； 焊件抖动	针孔	焊盘孔径与引线之间的间隙过大
过热	加热时间过长； 电烙铁功率过大	剥离	焊盘镀层不良
虚焊	加热不充分； 焊件不干净； 助焊剂不足或质量差	松动	引线处理不好； 焊锡未凝固； 引线移动造成空隙

3.5　焊接工艺技能训练

焊接是电子产品装配过程中的一项主要连接方法,是一项重要的基础工艺技术。要了解焊接的特点、掌握一定的焊接技艺技能,必须进行大量的实训练习。只有把全过程的每一个环节都掌握好,才能熟练掌握焊接技巧和要领。

3.5.1　印制电路板的元器件装焊

为了保证元器件在印制电路板上的焊接质量,装焊前要进行引脚的可焊性检查,以及对元器件的引脚进行成形处理。如果可焊性较差,就需要对元器件引脚进行预焊处理,经过预焊处理的元器件方可插装。

1. 元器件引脚成形

元器件引脚成形形状有多种,应根据装接方法不同来选用。手工成形一般都采用尖嘴钳或镊子加工成形。

水平插装和垂直插装的元器件引脚,都规定有成形尺寸。采用各种方法成形的引脚都要能承受剧烈的热冲击,引脚根部不产生应力,元器件不受热传导的损伤等。因此,元器件引脚成形要注意以下两点:

(1)引线打弯处距引线根部要大于 1.5 mm,弯曲的半径要不小于元器件直径;

(2)将元器件的标称文字及标记朝向容易观察的位置,如图 3-10 所示。

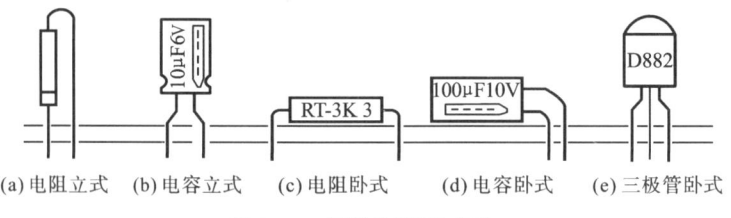

(a)电阻立式　(b)电容立式　(c)电阻卧式　(d)电容卧式　(e)三极管卧式

图 3-10　元器件引脚成形

2. 印制电路板上元器件的焊接

印制电路板上元器件的焊接除要遵循锡焊要领外,还需要注意电烙铁的选用。一般应选用 20～35 W 的电烙铁,烙铁头应选用圆锥形的。在焊接耐热性差的元器件时应使用工具辅助散热。元器件焊接完成后应剪去元器件上多余的引线,然后检查印制电路板上所有元器件引脚的焊点,修补焊点缺陷。

3.5.2　导线在各种端头上的连接

导线在电子产品电路中是作信号和电能传输用的。接线是否合理对整机性能影响极大,接线不符合工艺要求,会影响整机功能及性能指标,因此,必须对导线的焊接工艺给予足够的重视。

绝缘导线在接入电路前必须对导线端头进行加工处理,绝缘导线加工分为剪裁、剥头、去掉绝缘层、捻头(对多股芯线导线)、清洁、镀锡等过程,以保证导线在焊接到电路后,不会因端头问题产生导电性能不良或经受不住一定拉伸而产生断头的现象。

镀锡之前必须清除导线端头的绝缘层和氧化层,以提高端头的可焊性。捻头和清洁工序后,导线端头的镀锡方法同元器件引线镀锡方法一样,但要注意,导线镀锡时要一边上锡一边旋转,旋转方向与导线捻头方向一致。

1. 导线与导线焊接

导线修复或要延长导线长度时,必须把两根导线连接在一起,两根芯线直径相同或芯线直径不同的导线,连接方法有所不同。两根芯线直径相同的导线连接方法如下:

(1)把需要连接的导线端头按一定长度去掉绝缘层,清理接线处的表面;

(2)把两根导线的芯线绞合在一起,如图 3-11(a)所示。然后将两根导线分开,用电烙铁焊好,趁热套上绝缘层套管,如图 3-11(b)、(c)所示。

两根芯线直径不相同的导线的连接方法,其操作过程如图 3-12 所示。

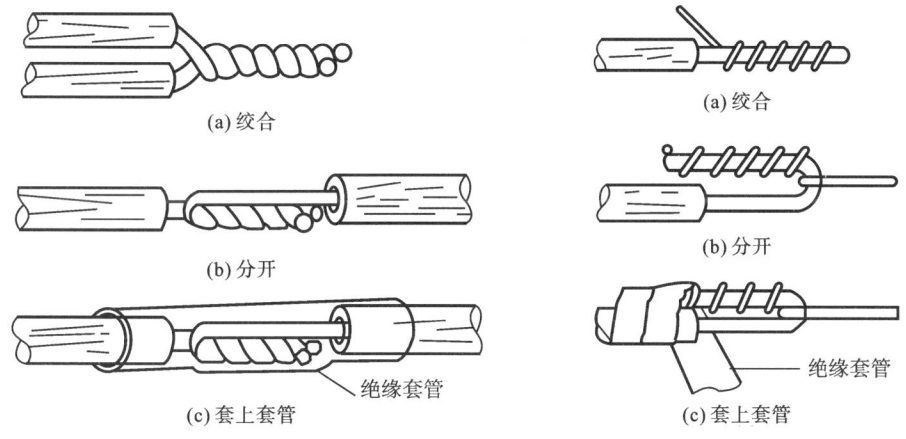

(a)绞合	(a)绞合
(b)分开	(b)分开
(c)套上套管	(c)套上套管

图 3-11　芯线直径相同的导线连接　　　**图 3-12　芯线直径不同的导线连接**

2. 导线与片状端头焊接

导线与片状端头的连接,常用于插头、插座。连接形式有三种,即搭焊连接、绕焊连接和钩焊连接,如图 3-13 所示。

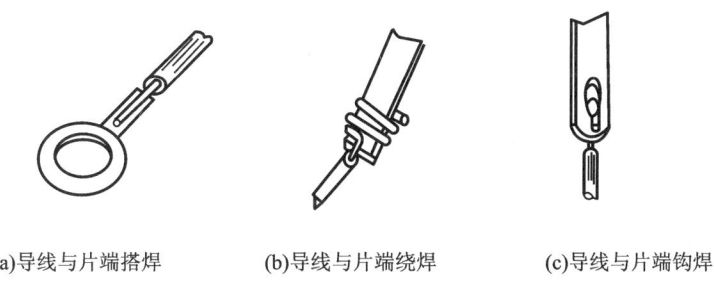

(a)导线与片端搭焊　　　(b)导线与片端绕焊　　　(c)导线与片端钩焊

图 3-13　导线与片状端头焊接

3.5.3　无锡连接

除锡焊连接方法以外,还有无锡连接方法,如压接、绕接等。无锡连接的特点是不需要焊锡即可获得可靠的连接。

1. 压接

压接是把两个或两个以上的金属结合在一起,使用压接工具或借助机械压力,使结合处的金属发生塑性变形而形成连接的方式。压接有冷压接和热压接两种,使用较多的是冷压接。

压接步骤如下:

(1)金属压接件成形,将导线去掉一定长度的绝缘层,清理金属接触表面,如图 3-14(a)所示;

(2)把需要连接的两个金属压接件要压接的部位放在一起,如图 3-14(b)所示;

(3)用压接钳或其他工具,对两个结合在一起的金属进行压接,如图 3-14(c)所示。

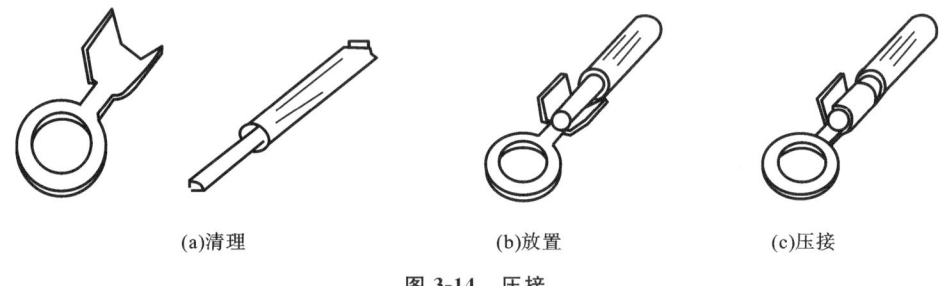

(a)清理　　　　　　　　(b)放置　　　　　　　　(c)压接

图 3-14　压接

2. 压接的特点

(1)压接的操作简单,适宜在任何场合进行,用压接钳或其他工具用力夹紧即可。压接省去锡焊、清洗工序,提高了效率,节约了材料,降低了成本。

(2)压接件不受材料影响,应用范围广,如铜、铝、镍、镍铬合金等金属的连接均可采用压接方法实现。

(3)压接件能耐高温和低温,接点力学强度高,电气接触良好,维修比较方便。

压接虽然有很多优点,但也有不足之处,如压接件的接点接触电阻较大,质量不够稳定,等等。

思　考　题

3-1　什么是焊接技术?焊接的机理是什么?

3-2　内热式电烙铁和外热式电烙铁之间有什么区别?

3-3　画出合格焊点的外形图,并用正确的专业术语描述。

3-4　简述常见的焊点缺陷及其产生原因。

3-5　怎样用电烙铁实施拆焊技术,拆焊时有哪些注意事项?

3-6　简述手工焊接的工艺要求。

3-7　简述手工焊接五步法的基本操作步骤。

3-8　写出导线与导线焊接时的操作流程。

第4章　电子产品的装配与调试

电子产品的质量决定着产品的市场竞争能力,关系到企业的生存和发展。而电子产品装配是保证电子产品质量的重要环节之一,它要求以优质、低耗、高效为宗旨,用最合理的结构设计和最简化的装配工艺,实现电子产品的设计指标。

4.1　电子产品结构设计

任何一台电子产品的设计均由两个独立部分组成,一部分是电子线路设计,另一部分是结构设计。随着科学技术的飞跃发展,新工艺和新材料不断推出,电子产品越来越智能化、小型化和多功能化,这对电子产品工艺结构设计提出了更新、更高的要求。

所谓电子产品结构设计,是指电子产品(机器或装置)的物理结构或机械结构设计,是和电路设计、工艺设计紧密结合在一起的设计项目。其主要的设计内容包括以下几个方面。

(1)电子电路模块的划分。要根据产品的功能和应用特点,将整个电子电路划分为若干个相对独立的模块,确定每个模块印制电路板的尺寸。小的简单装置只需一个模块。

(2)确定每个模块之间及模块与其他少量分散的元器件(如扬声器、变压器、电源插座等)之间的接口方法及接口器件。

(3)进行机箱(机盒、机柜)的设计。要全面考虑模块和各部件的机械安装和固定方法,方便其相互连接;决定机箱使用的材质;力求使外形美观、使用操作方便。

(4)全面考虑产品的抗干扰性能、防辐射性能、抗振性能、抗冲击性能、抗高温性能及防潮性能等。

(5)产品经济性设计,即在满足产品技术、应用要求的前提下,结构设计要尽可能经济,获得较高的性价比。

4.2　电子产品装配工艺

装配工艺是将电子零部件按设计要求装配成整机的多种技术的综合,是电子产品整机生产中的一项基础技术,也是电子产品生产过程中的重要环节。装配工艺对产品的技术指标和可靠性起着重要作用,如果装配工艺设计不妥当,则产品将无法实现设计的技术指标。因此,掌握装配技术的工艺知识是非常重要的。

4.2.1　装配工艺概述

装配工艺是将电子零部件按工艺设计要求装配到规定位置上的技艺。安装时,有一部分电子元器件、导线是通过焊接固定的,还有一部分电子元器件、导线是通过螺钉进行紧固的。任何一台精密的电子仪器都有可能由于一个虚焊点或一个螺钉的松动而无法正常工作,因此安装质量要靠工艺设计和操作人员的技术水平来保证。

装配工艺设计是根据不同的产品、不同的生产规模而定的,但是所有的工艺设计都必须遵循一定的规范要求。

1. 产品使用安全

电子产品离不开电,保证产品使用安全是很重要的。不良的装配不仅会影响产品的性能,严重时还会造成安全隐患。例如,电子产品在安装时通常会利用紧固变压器螺钉来固定电源线,如图 4-1 所示,螺钉安装在设备外壳上,电源线在螺钉的紧固力作用下会变形,时间长了电源线的绝缘层可能被破坏,导致芯线直接与外壳连接,造成漏电事故。所以,这样的安装是不合适的。要保证千差万别的电子产品能够安全使用,必须采用正确安全的安装技术。

2. 电气连接性

任何一台电子设备中电气连接产生的接触电阻和绝缘电阻的大小与产品性能及质量有紧密的联系。装配时未按规定操作,会影响产品的电气连接性,导致设备不能正常工作。图 4-2 所示的为一台电子设备电源输出线连接方法。在安装的过程中,操作者没有将多股导线绞合镀锡,而是直接安装在导电螺钉上,使一部分芯线散开,不能很好地连接。采用这种不符合工艺要求的连接方法时,虽然设备在通电检查和初期工作时都正常,但时间一长,就会因局部电阻增大而发热,使导线及螺钉表面发生氧化,接触电阻增大,致使设备不能正常工作。

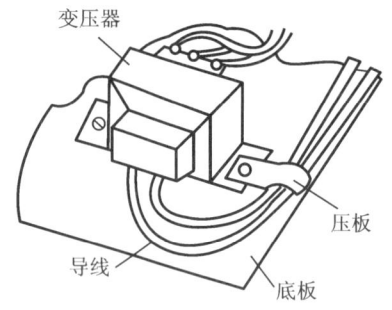

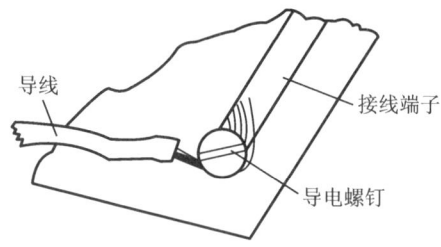

图 4-1 用紧固螺钉来固定电源线 　　　图 4-2 错误的电源输出线连接方法

3. 力学强度

在安装工艺设计时,除了考虑电气连接性以外,还必须考虑元器件在安装时的力学强度和防振防跌性能。如元器件在插装之前先按照工艺要求对引脚进行成形处理,在焊接时按照焊接工艺保证焊点质量合格,对于体积较大、质量较重的元器件采用紧固件加固等。

4.2.2 元器件成形和安装工艺

1. 元器件成形工艺

元器件引脚预处理成形是电子产品装配过程中不可缺少的工艺流程。元器件引脚预处理成形后便于安装和焊接,并可提高装配的质量和效率,加强电子设备的防振性和可靠性。元器件引脚成形的形状有多种,各种成形方法都要能承受剧烈的热冲击,使元器件不受热传导的损伤。所以,成形的具体尺寸、外形等规格,应根据安装位置的特点及技术方面的要求而定。一般元器件引脚成形要注意以下两点:

(1)元器件引脚打弯处距引脚根部要不小于 1.5 mm,弯曲的半径要不小于元器件直径;

(2)元器件的标称文字及标记朝向应在容易观察的位置。

元器件引脚成形形式如图 4-3 所示,图 4-3(a)所示的为元器件卧式安装引脚成形形式,前者为典型的卧式安装引脚成形形式,后者为孔距与引脚距离不同时的引脚成形形式;图 4-3(b)所示的为立式安装引脚成形形式。

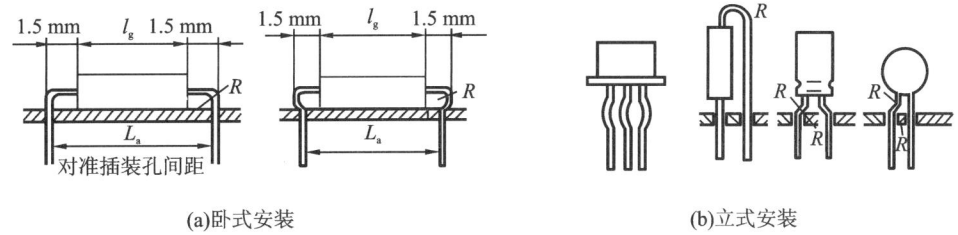

(a)卧式安装 (b)立式安装

图 4-3 元器件引脚成形形式

2. 元器件安装工艺

1)印制电路板的安装工艺

印制电路板的安装工艺是根据工艺设计和工艺规范的要求,将电子元器件按一定方向和顺序安装在印制电路板已设计好的位置上,并采用锡焊等方式将其焊接固定的工艺技术。

印制电路板的安装工艺分为手工安装工艺和自动安装工艺两种。采用哪种方式要根据电子产品的生产性质而定。图 4-4 所示的为手工安装工艺流程图,图 4-5 所示的为自动安装工艺流程图。

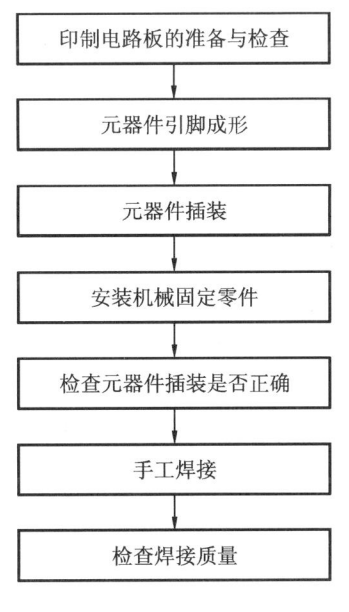

图 4-4 手工安装工艺流程图

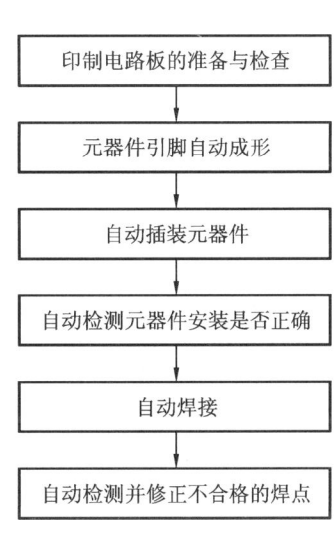

图 4-5 自动安装工艺流程图

元器件插装必须严格执行元器件安装的工艺技术要求,遵循先小后大、先低后高、先里后外、先易后难、先一般元器件后特殊元器件的基本原则。当元器件的插装方向在工艺图样上没有明确规定时,必须以某一基准来统一元器件的插装方向,元器件读数或色环读数的方向,横向应从左到右,竖向应从下到上,如图 4-6 所示。

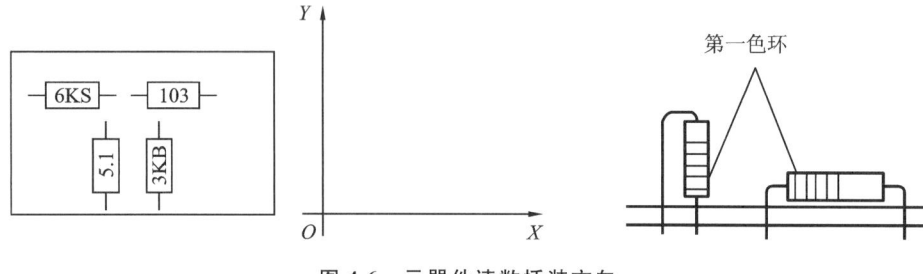

图 4-6   元器件读数插装方向

2)常见的安装方式

(1)悬空式安装,如图 4-7 所示。

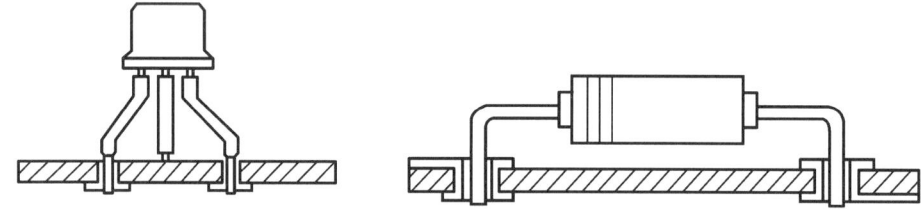

图 4-7   悬空式安装

悬空式安装的元器件散热效果好,在插装时要求元器件与印制电路板板面之间的距离为 3~8 mm,如果元器件引脚过长,则稳定性差。

(2)受限安装。图 4-8 所示的为安装高度受限时的安装方法。

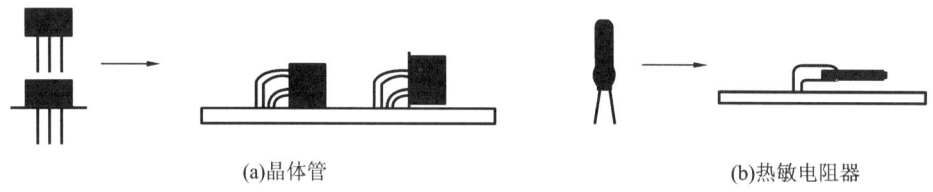

(a)晶体管   (b)热敏电阻器

图 4-8   受限安装

这类安装方式可以在有限的空间中,保证元器件有足够的力学强度,经得起振动和冲击。

(3)采用机械支撑的安装,如图 4-9 所示。

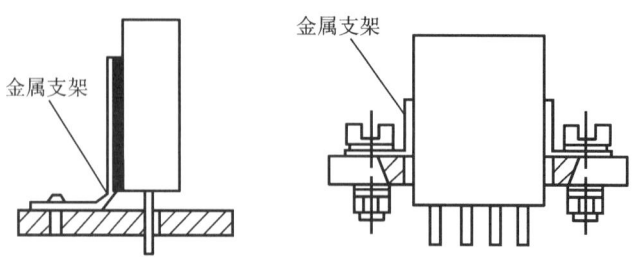

图 4-9   采用机械支撑的安装

对于体积过大、质量过重的元器件,如变压器、大容量的电容器、大功率的可变电阻等,可采用金属支架,将元器件固定在印制基板上。

4.2.3　导线连接工艺

常用导线主要由导体和绝缘体两部分组成,如图 4-10 所示。绝缘体不仅能起到电绝缘的作用,还可以起到保护导体不被空气氧化,并增加其力学强度的作用。

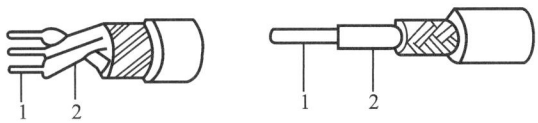

图 4-10　导线
1—导体;2—绝缘体

电子产品系统中,导线在电路中用于信号和电能的传输。电气设备和线路能否安全可靠地工作,在很大程度上取决于导线连接和绝缘层加工质量。绝缘导线在连接安装之前必须对端头进行加工处理,以保证连接电路后,不会出现由于端头加工工艺不合理,而产生导电性能不好,或出现工作不长时间就断头等现象。电子产品连接导线的导体一般是铜,铜的导电性能好,但是纯铜表面很容易被空气氧化,所以在连接之前一定要将导体的表面镀上一层锡、银等抗氧化金属,来确保产品的电气性能良好。

绝缘导线加工工艺的质量是决定整机质量的重要因素,也是保证顺利完成整机装配的关键环节。因此,必须对导线的加工工艺给予足够的重视。

1. 剪裁

按所需的长度剪裁导线。手工剪裁时要拉直导线再截断,以保证导线的长度符合尺寸。截断导线时应保护好导线的绝缘层,使其不受损坏。为确保导线的导电性能良好,绝缘层已损坏及芯线已锈蚀的导线不能再使用。

2. 剥头

将绝缘导线的两端去掉一段绝缘层而露出芯线的过程称为剥头。由于导线的连接方式不同(搭焊连接、钩焊连接、绕焊连接),剥头的长度也相应有所不同。

常用的剥头工具有剥线钳、电工刀、剪刀、热控剥皮器等。

采用剥线钳剥头时,一定要选择合适的槽口,如果槽口直径选择不正确,会剪断导线或损伤芯线。注意,多股芯线导线在加工时不能出现断股现象。

使用热控剥皮器进行剥头时,先将热控剥皮器预热,当剥皮器上的电阻丝呈暗红色时便可以使用。使用时为了让切口整齐,要转动导线,待四周绝缘层被切断后用手转动导线向外拉。这种方法操作简单,不易损伤芯线,但绝缘材料受热时会产生有害气体,因此要求安装通风装置。

3. 捻头

多股芯线导线剥头处理后,芯线可能松散,镀锡后会比原导线直径粗,不便与其他元器件进行连接。因此,多股芯线导线剥头后要进行捻头处理。捻头时用力要适中,按芯线原来捻紧方向继续捻紧,其螺旋角度一般选在 $30°\sim45°$ 为佳。

4. 镀锡

为保证芯线的可焊性,镀锡之前可用砂纸、小刀等工具清除芯线表面的氧化层。手工操作时可用电烙铁镀锡法,先将预制好的导线放在有松香的模板上,然后用电烙铁头沾些锡,给芯线均匀镀上一层锡。镀锡时,要保证芯线表面光亮平滑,没有拉尖、跳镀和表面不均匀的现象出现。

4.2.4　元器件紧固工艺

紧固元器件时常用的零件一般有螺钉、螺母、垫圈等。电子产品装配时,很多元器件都是采用螺钉紧固方式来固定的。这种方式安装、拆卸方便,而且连接可靠,但受震动后容易松动,甚至会使连接材料产生损坏或变形。该工艺操作看似简单,但要做到牢固、安全、可靠,则必须对紧固件规格、紧固工具及操作方法等进行合理的选择。

1. 螺钉选用

螺钉的种类很多,按螺钉头部形状可分为球面圆柱头、平圆头、半圆头等类型;按螺钉头部槽形又可分为一字槽和十字槽两类。由于十字槽具有对中性好、十字旋具不容易滑出等优点,而且能采用自动化装配,因此使用较广泛。

圆柱头和半圆头螺钉使用较多,其中圆柱头螺钉中的球面圆柱头螺钉因为槽口较深,用力拧紧时槽口不易拧坏,所以当紧固力较大时,可以采用圆柱头螺钉。半圆头螺钉又称沉头螺钉,使用时不突出元器件紧固面,故使用广泛。

自攻螺钉多用于薄铁板或塑料件连接。这种螺钉不能经常拆装,也不能受很大的拉力,只能用于固定一些质量较轻的部件。对于小型变压器、大体积电解电容器等质量大的元器件,不能选用自攻螺钉来固定。

2. 螺母、垫圈

常用的螺母有六角螺母、方螺母、圆螺母等,不同形状的螺母应用场合不同。一般没有特殊要求时都可以使用六角螺母。在选用螺母时应根据螺栓直径配套使用,否则会损坏螺钉,导致产品质量不合格。

垫圈可以增加两连接面的面积,保护连接件不受损坏。垫圈的种类较多,其中平垫圈应用较广。

3. 紧固方法

紧固螺钉的工具较多,常用的有普通十字旋具、一字旋具、力矩螺钉刀、活动扳手、套筒扳手、力矩扳手等。每一种紧固工具按螺钉的尺寸大小都有对应的工具规格,使用者需按螺钉尺寸的大小来选用。

普通十字旋具、一字旋具在使用时,应先用手指尖握住手柄拧紧螺钉,再用手掌紧握拧半圈左右。在成组螺钉紧固时,应采用轮流对角紧固的方法,即先采用轮流对角方法将全部螺钉拧上,再按轮流对角的方法依次将全部螺钉拧紧。

螺纹连接在受到振动、冲击或温度变化时会产生螺母松动的现象,使连接件松动甚至脱落,导致产品不能正常工作。为防止连接件松动,安装时可以采取一些加固措施,比如加装弹簧垫圈、安装双螺母、涂防松漆等。采用哪种方法,要根据具体的安装对象及要求而定。

紧固安装时需注意:

(1)在紧固螺钉、螺母时,应将垫片垫平,同时还要加上弹簧垫圈,要求弹簧垫圈的四周都被螺母压住、压平;

(2)当使用螺栓紧固时,其轴线应与被紧固件端面垂直;

(3)在最后拧紧时应注意不要用力过猛,以免损坏被紧固的螺钉、螺母,产生滑丝现象。

4.3 电子产品的调试与检验

任何一台电子设备都是由多种类型的元器件组成的。由于每个元器件的性能参数都具有离散性和误差,且印制电路板设计、安装工艺设计和随机因素产生的分布参数都会影响电子设备的功能和性能指标,故电子产品安装完成后必须经过调试才能正常工作。

调试工作包括测试、调整、维修等,其中测试是对各项技术指标的功能及电气性能进行测量和调试。测量的结果一定要符合设计值,如果不符合就需对电路的参数进行调整。主要调整对象为可调元器件,如可调电阻、可调电容、可调电感等。通过调整才能使电路实现预定的功能和达到技术性能要求。

检验是按照设计产品预定的各项功能和技术性能指标,采用通用或专用的仪器设备,在规定的测试条件下,逐项进行测量确定。只有全部功能和技术性能指标都符合设计要求的产品,才是合格产品,才允许出厂。

4.3.1 调试的检测基础

1. 调试工艺文件

产品的调试是按调试工艺文件进行的。调试工艺文件是工艺设计师为产品制定的一套科学、合理的调试规范,一般内容如下:

(1)调试设备和所需的工具、仪器仪表的型号和数量,及其操作方法及步骤;

(2)调试条件、安全操作规程及注意事项;

(3)调试所需的工时定额、有关图表、测量数据资料及记录。

2. 调试的方案和内容

调试方案必须根据产品的技术要求和设计文件的规定而制定。原则上应该从技术、生产效率和经济角度来综合考虑,制定出科学、合理的调试方案。

调试时,要严格按照调试工艺指导卡,对单元电路、整机进行调整和测试。电路参数的调整,可以避免因元器件参数或装配工艺设计不合理而产生电路性能和技术指标达不到设计要求的情况。检测电路设计中产生的缺陷及安装过程中出现的错误,认真填写调试记录,对调试数据进行正确分析和处理,运用电路和元器件的基础理论去分析和排除故障,确保产品的各项性能指标达到设计要求。

3. 调试的安全措施

调试过程中,需要使用各类仪器、仪表等工具进行带电操作,所以在调试的过程中,首要问题就是安全问题。除了防止调试的过程中人身触电外,还要防止测量仪器被损坏,所以调试者必须严格遵守安全规程,以保证人员、设备的安全。

1)调试环境安全措施

不同的产品对工作和调试的环境要求不同。例如,各类调试台的公共场地应铺垫绝缘橡胶,以保证调试人员和操作者与地绝缘良好;在调试高压电路时,除要在被调试设备周围地面上铺垫合格的地板和绝缘橡胶外,还应在调试的工作场所醒目的地方挂上"高压正在调试"等警示牌;对于 MOS 器件的工作台面,应按规定安装金属接地装置和防静电垫板,防止 MOS 器件因静电感应而被击穿;最后,还应配备消防设备,如四氯化碳灭火器等。

2)用电安全

调试时要有用电安全措施。例如,调试场地总电源开关应有相应的指示灯,开关最好安装在较明显又易操作的位置;场地所有的电源线、电源开关、插头等都不允许有裸露的带电导体,元器件必须符合安全用电要求;为防止漏电和过载事故造成人身危险和设备损坏,调试场地要求安装漏电保护开关和过载保护装置。

3)操作安全

调试电路接通电源前,应检查调试电路有无短路和开路现象,同时要注意不能带电操作。当必须与带电部分接触时,操作者应使用带有绝缘保护的工具;当使用和调试 MOS 电路时,操作者必须戴上防静电腕套;进行高压调试前,操作者要穿好绝缘鞋,戴上绝缘手套。

需要注意的是,人们通常认为电源开关断开(关闭)就等于电源断开了,这种观念是错误的,也是很危险的。图 4-11 所示的为电源开关断开后电路部分带电示意图,图(a)表示虽然相线断开,但开关触点 3 仍带电;图(b)表示二线插头因连接任意,开关断开的是"零线",相线并未断开。所以,只有拔下电源插头,调试电路才真正地断开了电源。人们认为不通电的设备或仪器就不带电,这是不对的。

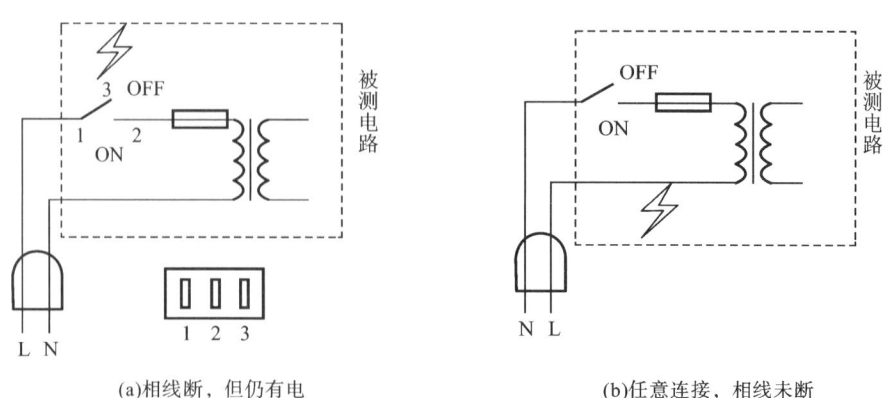

(a)相线断,但仍有电   (b)任意连接,相线未断

图 4-11　电源开关断开后电路部分带电示意图

另外,大容量高压电容只有进行放电后,才可以认为不带电。如显像管的高压嘴,由于管锥体内外臂构成的高压电容存在,即使断电数天后,高压嘴上仍然带电。要保证电视机的使用寿命及调试维修的安全,一定要拔掉电视机的电源插头。

4)测试仪器安全

用于测试的仪器要定期检查,以保证测试仪器完好。当仪器外壳为金属时,电源插头必须选用三相插头,使地线与外壳相连,避免外壳带电。当仪器保险丝烧断时,首先应切断电源,拔下电源插头,再更换保险丝。更换的新保险丝一定要符合仪器的规格,不能任意选用,更不能用铜丝代替。使用功率较大的仪器时,特别要注意断电后应冷却一段时间再通电(一般冷却 3～10 min,功率越大,冷却时间就应越长),否则容易烧断保险丝或损坏仪器。

4. 调试仪器选择

在调试工作中,选择合适的调试仪器是非常重要的。选择调试仪器应依据以下原则。

(1)在保证测量指标范围的前提下,选择结构简单、操作方便的通用型或专用型仪器。

(2)仪器仪表工作误差应小于被测参数的允许误差,一般小于允许误差的 1/10。

(3)仪器仪表的测量范围和灵敏度应符合被测参数的要求。

(4)选择高输入阻抗的仪器仪表时,要求接入被测电路后,产生的测量误差尽可能小。

(5)选择灵敏度较高的仪器仪表时,仪器的连接线应采用屏蔽线;高频测试时,高频插头应直接接触被测点。

电子测试仪器要能正常使用,要求使用者必须具备一定的电子技术专业知识,仪器使用不当也会产生干扰,导致测试结果不理想,严重时无法进行测试。

5. 静态调试工艺

静态调试是指没有外加信号时电路的直流工作状态测试。测试电路的静态工作情况一般是测试电路的静态工作点,即测试电路在静态工作时的直流电流和直流电压。

1)直流电流的测量

直流电流的测量方法有两种,即直接测试法和间接测试法。

直接测试法是将电流表直接串联在待测回路中测量电流值的方法。这种方法直观、准确,但是测量时必须断开原有的电路,因此这种方法使用并不广泛。

在测试时特别要注意,将万用表调至直流电流挡接入电路后,必须注意电流表的极性。

间接测试法一般在测试精度要求不高的场合使用,测量时无须断开电路,而是测量相应的电压值再计算电流,比直接测试法操作简单,但测量精度比直接测试法的差。

间接测试法如图 4-12 所示。先测出电阻 R_e 两端的电压 U,然后根据欧姆定律计算三极管发射极静态电流。测量时必须注意,待测电阻两端并联的其他元器件可能会使测量产生误差。

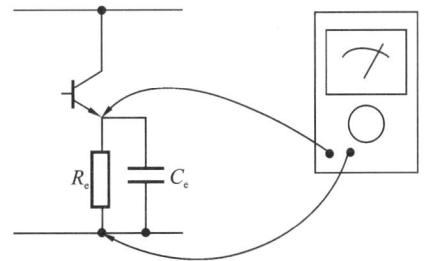

图 4-12　间接测试法

2)直流电压的测量

直流电压的测量方法与间接测量直流电流的方法一样,将电压表直接并联到被测试电路的两端进行测量。测量时须注意电压挡的表笔极性,电压量程应略大于待测电压。

6. 动态调试工艺

动态调试是指电路的输入端接入适当频率信号后,测试有关检测点随输入信号变化而变化的情况,即测试电路在工作时电压和电流的动态变化情况的方法。通过测试电路的信号波形、频率特性和相关点的电压值的动态变化,来描述电路的动态特性参数,并进行分析,改善电路的动态性能。

通过计算机测量和数据处理技术,对被测电路进行动态测试,可以检测静态调试时由于测量方法和步骤不当产生的隐性或软性故障。

电路调整主要是对测试结果进行分析,要求熟悉电路中的可调元器件的作用及其对电路参数的影响。从理论上讲,电路中的各个元器件都可能存在偏差。要调整测试结果的偏差,必须通过改变电路中元器件的参数来实现。

4.3.2　整机调试

整机调试工艺流程如图 4-13 所示。

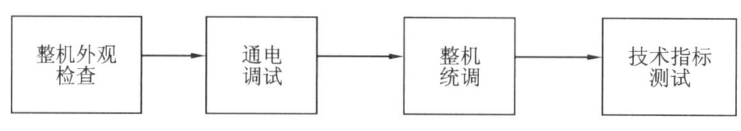

图 4-13　整机调试工艺流程图

1. 整机外观检查

检验员按整机工艺文件设定的检查项目进行检验,如各类紧固元器件、开关、指示灯、按钮是否完好,是否符合设计要求,机壳的外观是否无损伤、无污染,机械装配的操作传动部分及旋钮部分是否调节灵活、到位。检查顺序为先外后内,检查时应认真、仔细,不要有漏检项目。

2. 通电测试

通电测试前,应检查被调试元器件、部件或整机是否短路,观察有无元器件相碰,印制电路板上有无错焊的现象,并检查各类控制开关的位置是否正确,整机绝缘是否良好。最重要的是测量电源输入端是否有短路的现象。操作方法为,用万用表电阻挡测量输入插头两端的电阻,测得电阻值正常时方可以通电。

通电后,观察电源、仪表指示灯工作是否正常,若有异常现象,应立即断电排除故障。解决故障后,进入初调:先对电路进行空载调试,即电源系统不带负载的情况下检测电源指标及数值和波形是否符合设计要求;合格后就可以进入带载调试,即测量并调整电源部分的各项性能指标,如输出电压值、稳压、波纹系数等。如果测得的参数符合设计指标则调试完毕,反之就必须对电路中的可调元器件参数进行调整,直到电源系统的性能指标达到最佳值为止。

另外,还要检测电源插头与电源开关之间、电源插头有绝缘要求的端子及内部电路与机壳之间的绝缘耐压情况。通常耐压等级有 500 V、1 500 V、2 000 V、5 000 V 等。检测时根据产品的工作环境按标准进行。

3. 整机统调

整机统调就是对装配好的整台电子产品进行整体的调试,其最主要的内容是,测试各电路模块之间的输入、输出关系是否正确,电源系统性能良好与否,整机功能、性能是否符合要求,以及各种干扰的排除,等等。

调整好的电路板经安装后,性能参数会受到不同程度的影响。因此任何一台电子产品在整机装配好后应对各单元电路进行再次测试和调整,以保证单元电路的性能符合整机性能指标的要求。

4. 技术指标测试

按照整机技术指标要求及相应的测试方法测试整机技术指标,并记录测试数据。对测试结果进行科学的分析,分析结果是否达到质量技术要求。最后写出调试报告。

4.3.3　故障排除方法

产品在调试过程中或使用一段时间后,可能会出现一些故障。要快速排除故障,首先要选择合理的方法去查找故障、判断故障原因、确定故障部位。

1. 观察法

观察法是最简单、最安全的检查方法。直接对单元电路板进行目测检查,观察焊点是否虚焊、假焊,连接导线的接头处是否断开,电容器是否漏液,接插件是否松脱及触点是否生锈等。

2. 测量法

排除故障中使用最广泛、最有效的方法是测量法。根据测量的电参数特性对电路进行分析,进而找出故障。该方法用万用表的电阻挡对电路进行整机内电阻值的测量,再对印制电路板上的元器件进行测量,这时必须考虑被测元器件在并联支路上的影响,所以测量结果还应对照原理图进行分析。

还可以将待测元器件取下来进行测量,虽然操作较麻烦,但测量结果更准确。这种测量方法可以用于判断集成电路的好坏。操作时,将一支表笔接地,另一支表笔分别测量各个不同的引脚的对地电阻值,然后交换两支表笔再测量一次,将测量值与标准值(出厂的参数值)进行比较,结果与标准值差别很大的可能就是故障点。

测量时注意,被测对象不能供电,大电容必须放电后才能进行测量,否则测量结果不准确,严重时还会损坏测量仪器。

3. 替换法

替换法是电路测试、维修中常用的方法之一。它采用合格的、性能参数相同的元器件或备用电路板等代替被怀疑的部件,从而判断故障的所在。

当各种检测方法均难判断故障时才使用替换法。因为该方法需要拆焊才能实现,操作比较烦琐。拆焊技术不过关会损坏元器件和印制电路板。通常不直接焊接元器件,可以将被怀疑的元器件两个引脚开路,焊上新元器件进行试验。如果是一个电容器,怀疑其容量减少时,可再并联上一个电容进行试验。

当怀疑某一个电路有故障时,可使用该电路的备用板进行维修,这种方法比较方便,而且时间短,特别对现场维修更为实用。

4. 比较法

由于电子设备的多样化,出现的故障也就千奇百怪。当采用多种检测方法都无法判断故障时,就可以采用比较法。

1)整机比较法

整机比较法通常是指维修调试人员手头缺少各种技术资料,设备本身又较复杂时,采用与故障机相同类型的正常工作的机器进行比较,查找故障的方法。其原理是,通过对比,观察怀疑有故障的电路部分的工作点和波形,来比较好、坏设备的参数性能差异,以分析、发现问题,解决问题。

2)排除比较法

有些电子设备系统往往有若干个相同功能和结构的组件,当这样的设备出现异常情况,不能马上确定引起故障的组件时,就可以采用排除法来确认。其方法是,逐一插入组件,同时监视整机系统的工作情况,如系统能正常工作,就可以排除该组件的嫌疑;然后再插入另一块组件试验,以此类推,直到查出故障为止。采用排除比较法时,应注意关闭电源后方能插入或拔出组件,防止带电插入或拔出造成短路,损坏系统。

思 考 题

4-1　电子产品的结构设计一般包括哪些内容?

4-2　电子产品的安装工艺大致可以分为哪几个部分? 有哪些规范要求?

4-3　电子产品的安装过程中导线如何加工?

4-4　简述电子产品调试的一般过程,理解产品调试的重要性。

4-5　叙述调试仪器的选择原则。

4-6　解释静态调试和动态调试的意义及它们的关系,它们的调试项目各有哪些?

4-7　调试过程中应注意的安全措施有哪些?

4-8　电子产品整机组装以后,为什么还需要进行调试?

4-9　整机调试过程中如何检查并排除故障?

第5章 安全用电常识

5.1 安 全 用 电

1. 安全电压

我国 2008 年颁布《特低电压(ELV)限值》(GB/T 3805—2008)标准。选用安全电压是防止直接和间接触电事故的保障措施。

安全电压是指为防止触电事故,人体可以触及的,采用由特定电源供电的电压系列。在通常情况下,操作过程中任何两导体间或任一导体与地之间电压均不得超过交流(50～500 Hz)有效值 50 V。

安全电压的供电电源除了要求独立电源外,还要求输入电路与输出电路实行电路上的隔离,与其他电气系统和可导电部分实行电气上的隔离。

常用安全电压的等级有以下几种:

(1)有触电危险的场所的手持式电动工具使用的安全电压等级为额定值42 V,空载电压上限值为 50 V;

(2)在矿井、多导电粉尘、潮湿等场所的照明灯使用的安全电压等级为额定值 36 V,空载电压上限值为 43 V;

(3)当人体可能偶然触及带电体的设备时,使用的安全电压的等级为额定值 24 V、12 V、6 V,空载电压上限值分别为 29 V、15 V、8 V。当电气设备采用 24 V 以上安全电压时,必须采取直接接触带电体与大地绝缘的保护措施。

国际电工委员会曾规定接触电压的限定值为 50 V 和 25 V,它是以人体允许电流与人体电阻的关系为依据的,如表 5-1 所示。

表 5-1 人体电阻、人体允许电流及限定电压对照表

人体电阻/Ω	人体允许电流/mA	限定电压/V
1 700	30	50
650	30	25
500	5	2.5

2. 电子装接的安全用电

电子装接工作中,要注意安全用电基本措施。工作室的总电源上需要安装漏电保护开关,电源必须符合电气安全标准;从事电力电子技术工作的人员在工作台上工作时,应设置隔离变压器;在检测大功率电子装置时,工作人员的人数不能少于两人。操作人员必须经过严格的安全训练,培养规范的操作习惯后方能上岗,这些训练对操作者终身受益。

操作者在装接、调试电子产品和电力线路时应采用单手操作。在调试人体可能触及的电气装置时，应先断开电源。断开电源包括拔下电源插头、断开刀闸开关或电源连接，以确保操作者人身安全。

3. 防止烫伤

在电子焊接工作中，会使用一些加热的工具，如电烙铁、电热固体等。在这些工具通电后，操作不当会烫伤操作者，因此在工作中一定要注意安全操作，同时采取一些防止烫伤的措施。

常见的过热固体有电烙铁、电热固体、发热电子元器件等。电烙铁通电后电烙铁头表面温度可达 $400\sim500\ ℃$，而人体能承受的温度在 $50\ ℃$ 以下，如果人体直接接触电烙铁头就会被烫伤。因此，操作者不能直接用手触摸电烙铁头。

电路中的发热电子元器件，在短路故障的情况下，表面温度可高达几百摄氏度，如在通电的情况下触及这些电子元器件，不仅会被烫伤，严重时还会造成触电事故。

焊锡加热后为液体，也可能会给操作者造成烫伤，所以接触焊锡时须注意安全。

日常生活中常碰到的电弧烧伤事故是在使用较大功率电器，特别是使用电感性负载时所引起的，电器工作在数千伏甚至上万伏电压下，高压电击穿空气会产生强烈电弧。如果电气设备没有安装启动装置，而是直接用闸刀开关启动，当操作者用手去断开闸刀开关时，闸刀开关可能会产生电弧而烧伤操作者。

4. 安全生产

为保证安全生产，除遵守上述各种规范外，操作人员还必须注意下列事项。

（1）在检修电气设备时，首先要断开电源，同时在被检修的电气设备开关上挂上警示牌。操作电工作业时应单手操作，操作时凡有可能因不慎而触及的邻近带电导体均应遮护好，避免造成触电事故。

（2）当遇到不明电线和电气设备外壳时，应先确定其是否为带电体。

（3）规范操作：不要用湿手去开合开关、拔插头；遇到较大体积的电容器时，应先放电，再进行维修。

（4）操作者在工作时应按行业规定，人体的各部分都必须与大地进行可靠的绝缘隔离，如穿上绝缘鞋、防护工作上衣和裤子，戴上绝缘手套，使用绝缘工具，还应保证操作者身体健康，精神饱满。

5.2　触电及其防护

防止触电是保证安全用电的头等大事。只要人们重视安全用电，提高警惕，就能够减少触电带来的危害。

5.2.1　触电对人体的伤害

1. 触电的伤害

人体组织有 60% 以上是由含有导电物质的水组成的，因此，人体是电导体。当人体接触设备的带电部分并形成电流通路时,就会有电流流过人体,造成触电现象。触电时电流对人身造成的伤害程度与流过人体的电流强度、持续的时间、电流频率、电压大小及流经人体的途径等因素有关。

通常将触电对人体伤害的程度分为两大类,即电击和电伤。电击是指通过人体的电流较大,造成肌肉抽筋、颤抖,甚至出现心脏停止跳动及死亡现象,它直接危害人们的生命。大部分触电死亡事故都是由电击造成的。电击又分为间接电击和直接电击。间接电击通常是指架空线断落或电力进户线破损后,电线搭落在金属物体上,如相线和电杆拉线搭连所引起的外壳带电,使人体接触金属物体的情况;直接电击是指人体直接接触正在运行的带电体而造成的伤害。电伤是指电流对人体外部造成的局部伤害,如电弧烧伤及融化的金属渗入皮肤等引起的皮肤起泡、肿块及烧焦现象。虽然电伤对人体的伤害程度没有电击的伤害程度严重,不会对人体造成致命的伤害,但是也不能轻视。

通过人体的电流越大,人体的生理反应越明显,感觉越强烈,致命的危险也就越大。但人体本身就存在着生物电流,一定限度的电流是不会对人体造成伤害的。例如,有一些医用理疗和电疗仪器就是利用电流刺激人体来达到治疗目的的。研究证明,并不是交流电的频率越高,对人体的伤害就越大,危害最大的工频交流电频率为 50~60 Hz。当交流电频率达到 20 kHz 时,对人体的危害最小,所以通常设计医用理疗仪器时仪器所用的交流电频率在 20 kHz 左右。

一般情况下,按照人体对电流生理反应的强弱和电流对人体的伤害程度,可将电流分为感知电流、摆脱电流和致命电流三种。

(1)感知电流是指电流流过时人有刺激感的电流,一般电疗仪器上的电流就是感知电流。不同人的感知电流是不相同的,一般为 1~3 mA。

(2)摆脱电流是指电流流过时人感受到痛苦,但是可以摆脱的电流。实验证明对于不同的人,摆脱电流也是不相同的,通常为 3~10 mA。

(3)致命电流是指在较短的时间内能危及生命的最小电流。通常有以下几种现象:

①当通过人体的电流为 10~30 mA 时,会引起人体肌肉痉挛、颤抖,短时间内不会危及生命,无大的危害,但长时间就有生命危险;

②当通过人体的电流为 30~50 mA 时,会引起人体的强烈痉挛,触电时间超过 60 s 即有生命危险;

③当通过人体的电流在 50 mA 以上时,就会造成电击,致人死亡;

④当通过人体的电流大于 250 mA 时,人体触电时间在 1 s 以上,就会造成心脏骤停,同时人体内还会产生点灼伤。

2. 触电时间与电流途径

电流对人体的伤害程度与电流作用于人体的时间长短有关。触电时间越长,电击危险性越大,因为触电时间越长,能量的积累越多,引起心室性纤颤的电流阈值越小。

电流流过人体的部位不同,危害程度也不一样。电流流过人体头部会使人立刻昏迷,甚至休克死亡;电流流过脊髓,会造成瘫痪;电流流过心脏,会引起心室性纤颤,促使心脏停止跳动,中断血液循环,致人死亡;电流流过中枢神经,会引起中枢神经严重失调而致人死亡。

最危险的电流途径有左手到脚、左手到前胸部、双手触电。这三种情况下,电流途经心脏的距离最短,因而危害性极大。

3. 人体触电的形式

人体触电的形式分为直接接触触电和间接接触触电两种。

1) 直接接触触电

直接接触触电通常分为两相触电、单相触电和跨步电压触电三类。

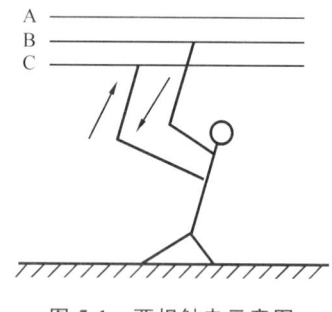

图 5-1　两相触电示意图

（1）两相触电，也称相间触电，是指当人体的任何一个部位同时接触两相电源时，电流从一相导体通过人体流入另一相导体，构成闭合回路，从而造成触电事故。图 5-1 所示的为人体两相触电示意图，由该图分析可知，两相触电非常危险，因为加在人体上的是 380 V 线电压，而且还没有任何绝缘保护，因此两相触电比单相触电造成的后果更为严重。

（2）单相触电，是指人体某一部分接触相线带电体时，电流从相线经人体到大地，造成触电事故。单相触电又可分为中性点接地和中性点不接地两种情况，图 5-2 所示的为中性点接地的单相触电示意图。在中国，人们工作和生活场所供电为 380 V/220 V 中性点接地系统，从图 5-2 可知，当处于地电位的人体接触带电体时，人体承受的相电压为 220 V。

（3）跨步电压触电。当架空电力线断散到地面时，电流通过导线流入大地，以导线触地点为中心，会产生分布电位，越接近触地点，电位越高。当人进入这个区域时，两脚之间存在的电位差就是跨步电压，如图 5-3 所示。从图 5-3 可知，电流是从接触高电位的脚流入，从接触低电位的脚流出的。

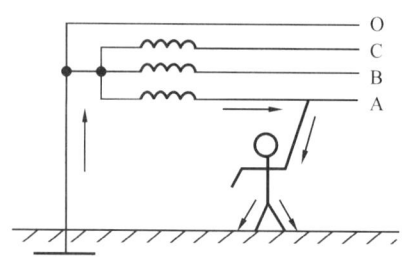

图 5-2　单相触电示意图

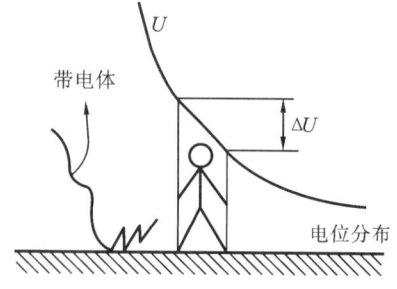

图 5-3　跨步电压触电示意图

跨步电压的大小取决于人体与接地点的距离，越接近接地点，跨步电压就越大。当一脚踏在接地点上时，跨步电压将达到最大值。

2) 间接接触触电

人站在发生接地短路故障的设备旁边时，手、脚之间所承受的电压称为接触电压。由接触电压而引起的人体触电现象，称为间接接触触电。

前面介绍的架空线断落或电力进户线破损后，电线搭落到金属物体上引起的间接电击，就是一种间接接触触电。

5.2.2　触电防护措施

防止触电的最有效办法是采用安全用电技术。比如，采用绝缘措施将带电体与外界隔离；

使带电体与地面保持一定的距离,防止大电压放电和人体过分接近或触及带电体;所有电气设备的金属外壳装设接地保护和接零保护;所有用电设备尽量采用自动开关,并装设漏电保护器等。

常用的防护措施有接地保护、接零保护、漏电保护开关及其他保护措施。

1. 接地保护

接地是指将电气设备的某部分通过接地装置与大地连接起来的措施。如果电气设备外壳带电,则人体接触外壳就有触电的危险。为保障人体安全,防止间接触电事故发生,必须将电气设备可导电部分如金属外壳和金属构件等用接地装置与大地接为一体。接地保护示意图如图 5-4 所示。

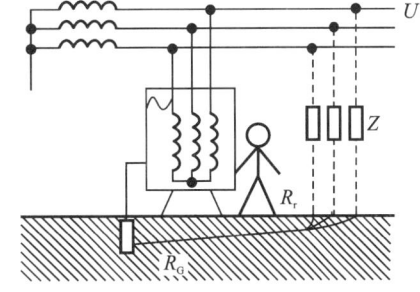

图 5-4 中,设备外壳通过地线接地。接地电阻 R_G 非常小,能起到有效的保护作用。我国规定,低压用电设备的接地电阻值通常不得超过 4 Ω。

图 5-4 接地保护示意图

2. 接零保护

在三相四线制供电系统中,如果电气设备外壳没接零线,则当设备的一相导线绝缘损坏,碰到设备外壳时,设备外壳就会带电。一旦人触摸外壳,加在人体上的电压就近似为相电压,会造成单相触电事故。所以,在三相四线制电网的电源中性点接地系统中,为防止触电事故,必须将电气设备的金属外壳与中性线连接起来,该保护称为接零保护。

采用接零保护措施后,一旦相线碰到外壳即形成与零线之间的短路,会产生大电流,使保险丝过流断开,从而切断电源,避免触电。

3. 漏电保护开关

漏电保护开关采用保护切断型工作原理,可看作是一种具有检测漏电功能,灵敏度极高的继电器。它可分为两种保护形式,一种为电流型,另一种为电压型,其工作原理基本相同,即当检测到电器漏电流的大小超过安全电流或对地电压的大小超过安全电压时,漏电保护系统控制开关动作,切断电源,起到保护作用。

目前使用较广泛的为电流型漏电保护开关,其主要优点是漏电电流小、动作灵敏、抗干扰性好,当人体触电或漏电流超过规定值时,电流型漏电保护开关能在很短的时间内通过断路器自动跳闸,切断电源,时间在 0.1 s 以内。另外,电流型漏电保护开关耐高低温、性能稳定、安装工艺简单,还能防止触电和漏电造成的火灾,得到了广泛的使用。

4. 其他保护措施

当电器内部元器件故障,或电网电压升高时,电器本身电流增大,温度升高,超过一定限度时,会损害电器,引起电气火灾等。对于这一种故障,目前国内使用较普遍的自动保护装置有以下几种。

1) 过压保护器

过压保护器的主要用途是监控电源电压。当电路中的电压不正常时,过压保护器立即自动切断电源,是一种安全限压自控部件。过压保护装置有集成保护器和瞬变电压抑制器等,一般并联在电源回路中。当电源正常工作时,功率开关是断开的;当电源工作失常或失效,超过保护阈值时,过压保护器控制功率开关闭合,将电源短路,使熔断器断开,从而保护设备不受损害。

2）过流保护器

过流保护器用于检测电路中的电流。通常选作过流保护器的元器件和装置有保险丝、电子熔断器等。这些元器件一般串联在电源回路中,当电流超过额定允许电流的最大值时,过流保护器就会自动切断电源。

3）温度保护器

温度保护器多采用温度继电器、热熔断器等元器件。其主要作用是防止因电路或电气设备的温度超过设计标准而引起漏电、火灾等事故。目前常用的容易过热起火的电器有各类充电器、电热毯、热得快等。

随着现代化进程的快速发展,除了以上常用的保护装置外,目前还出现利用计算机、传感器等先进的技术手段进行智能化保护的装置。

5.2.3 触电急救

1. 立即脱离电源

当发生触电事故时,要尽快地使触电者脱离电源。切记,在抢救的过程中一定要防止二次触电。

使触电者脱离电源的最快、最有效的措施是立即拉开电源插头或闸刀。如触电者附近没有电源开关,可用绝缘电工钳或有干燥木柄的斧头切断电线。当电线搭落在触电者身上时,抢救者必须用干燥的衣服、木板、木棒等绝缘物拨开触电者身上的电线。

图 5-5 所示的为使触电者在最短的时间内脱离电源的三种方法:图(a),施救者站在绝缘板上将触电者拉离电源;图(b),用干燥的木棍挑开触电者身上的电线;图(c),用带绝缘柄的工具迅速切断电源。

(a)利用绝缘板   (b)利用干燥的木棍   (c)利用绝缘柄工具

图 5-5 使触电者脱离电源的方法

2. 急救方法

触电者脱离电源后,如果发生昏迷,但心跳尚存、有呼吸,同时尚未失去知觉,则应使触电者在空气流通的环境中静卧休息,然后尽快将触电者送到医院抢救;如果触电者呼吸停止,但心脏还在跳动,则应采用心肺复苏术。首先,解开触电者衣领和皮带,再使其头部尽量后仰,清理触电者口中分泌物,然后在两乳头连线中点处,用左手掌跟紧贴触电者胸部,两手重叠,左手五指翘起,双臂伸直,用上身力量用力按压 30 次,按压频率 100～120 次/分,按压深度至少 5 cm(若触电者是婴儿,其按压深度为 4 cm;若是儿童,则按压深度为 5 cm;青少年采用成人按压深度),但应避免超过 6 cm。

3. 电气消防

火灾是造成人们生命和财产损失的重大灾害。电气设备安装不当、设计和装配不符合安装标准、线路超载运行产生过多热量,以及设备使用中有电火花、通风不畅等情况都可能引起火灾,造成人身伤亡和设备的损坏,同时还会造成大规模的停电事故,影响人们的生产、生活。因此,预防火灾具有重大意义。另外,掌握正确的施救方式也是很关键的。

当遇见电气设备、电子装置、电缆、电线等冒烟起火后,要尽快切断电源,如着火一定要采用沙土灭火。带电灭火时使用二氧化碳或干粉灭火剂进行灭火,因为它们都是一些不导电的灭火介质。特别要提出的是,不能用泡沫灭火器或水进行灭火。

救火时必须注意安全,不要将身体或灭火工具触及导线和电气设备,防止二次事故的出现。

思　考　题

5-1　安全用电主要包括哪些方面?

5-2　人体触电后的危险程度与哪些因素有关?

5-3　人体的感知电流、摆脱电流、致命电流分别是何含义? 各为多大?

5-4　人体触电的形式有哪些?

5-5　何种情况下采用接地保护,何种情况下采用接零保护?

5-6　防止触电的最基本措施有哪些?

5-7　什么是相电压? 什么是线电压?

5-8　简述心肺复苏术的步骤。

第6章　MATLAB 软件的功能和应用

MATLAB 是 Matrix Laboratory 的缩写组合,其含义是矩阵实验室,是美国 MathWorks 公司设计的一种有关科学计算、可视化及交互式程序设计的编程语言,同时还提供大量的专业工具箱,以提高用户的编程效率,在数字信号处理、图像处理、动态仿真等领域应用广泛。

自 2006 年以来,MATLAB 在每年的 3 月和 9 月分别推出当年的 a 版与 b 版,在 MATLAB 2014a 以后各版本中,只要在当前版本的命令行窗口输入 ver,就可以看到当前版本的信息及各种工具箱的版本号。每次推出的新版本都比前一个版本多一些功能和特点。

6.1　MATLAB 的组成

MATLAB 包括以下 6 个组成部分。

1. MATLAB 语言

MATLAB 语言是一种基于矩阵为基本运算单位的编程语言,又称 M 语言。具有面向对象、程序流控制、函数、数据结构等功能。从单纯的算法设计到复杂的应用系统开发,MATLAB 语言都能轻松地胜任。

2. 桌面工具与工作环境

桌面工具与工作环境是一个使用工具的集合,这些工具大多是基于图形用户界面的,如命令窗口、编辑器、调试器等,它们能帮助用户更快地编写函数或文件,使用起来非常方便。

3. 数学函数库

MATLAB 中包含一个由大量科学计算函数组成的数学函数库。以 MATLAB R2016a 为例,数学函数库的路径在 R2016a\toolbox\matlab 目录下,部分内容如表 6-1 所示。

表 6-1　MATLAB 数学函数库

函　数　名	函　数　功　能	函　数　名	函　数　功　能
datafun	数值分析和傅里叶变换等	matfun	矩阵函数-数值线性函数
elfun	初等数学函数	polyfun	插值和多边形近似
elmat	对矩阵和矩阵元素的操作	sparfun	稀疏矩阵函数
funfun	功能函数和 ODE 求解	specfun	专门数学函数

4. 图形可视化

MATLAB 根据数据进行绘图、为图形添加标注和打印图形。它自带的高级绘图函数,用来绘制 2D 和 3D 图形,制作动画和进行图像处理;自带的低级绘图函数,能让用户随意订制图形的显示效果或为利用句柄函数对应用程序订制图形用户界面。具体的函数分为 5 类,路径在 R2016a\toolbox\matlab 目录下,部分内容如表 6-2 所示。

表 6-2　MATLAB 图形可视化

函　数　名	函　数　功　能	函　数　名	函　数　功　能
graph2d	2D 图形函数	specgraph	专门图形函数
graph3d	3D 图形函数	uitools	图形用户界面工具
graphics	图形句柄函数		

5. 外部程序接口

外部程序接口是一个能使 MATLAB 与其他高级编程语言进行交互的函数库。通过该接口可以让 MATLAB 方便地调用 C 或 FORTRAN 等程序语言的代码,并进行数据和程序的交互,从而提高软件开发效率。

6. 专业工具箱

MATLAB 提供约 40 个专业工具箱,分别涵盖了数据获取、科学计算、控制系统设计与分析、数字信号处理、图像处理、金融财务分析及生物遗传工程等专业领域。表 6-3 是常用工具箱。

表 6-3　MATLAB 常用工具箱

工具箱英文名	工具箱中文名
Matlab Main Toolbox	MATLAB 主工具箱
Communication Toolbox	通信工具箱
Control System Toolbox	控制系统工具箱
Financial Toolbox	财政金融工具箱
Signal Processing Toolbox	信号处理工具箱
Statistics Toolbox	统计学工具箱
Image Processing Toolbox	图像处理工具箱
Simulink Toolbox	动态仿真工具箱

表 6-3 中,Simulink Toolbox 是 MATLAB 中最重要的工具箱,具有矩阵计算和可视化仿真能力。它采用模型化图形输入的方式,对各种动态系统进行建模、仿真和分析。每次 Mathworks 公司发布 MATLAB 新版本的同时,也会发布仿真工具 Simulink Toolbox。

6.2　MATLAB 工作界面与帮助系统

6.2.1　工作界面

MATLAB R2016a 的工作界面由 3 个部分组成,如图 6-1 所示。左上角是当前文件夹窗口,显示当前文件夹下的文件。MATLAB 只执行当前目录或搜索路径下的命令、函数和文件;左下角是工作区窗口,也称当前变量窗口,在命令窗口定义过的变量都会在这里显示出来;界面中间是命令行窗口,该窗口左上角的"＞＞"是 MATLAB 命令提示符。

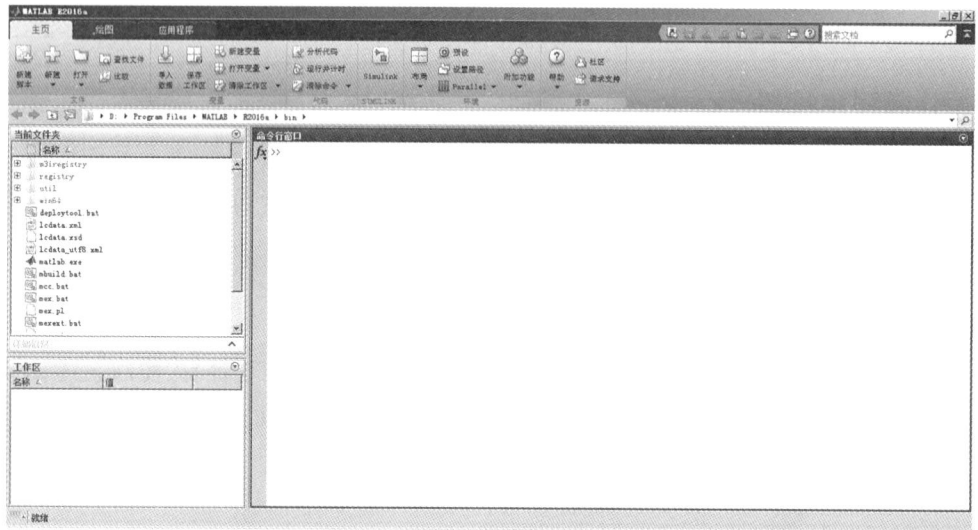

图 6-1　MATLAB R2016a 工作界面

命令行窗口提示符＞＞前面的 fx 图标是个快速查询按钮,单击该图标可以查询 MATLAB 工具箱中的函数用法;双击其中某函数,可以实现对其调用。

1. 命令行窗口

用户在命令行窗口提示符＞＞后面输入函数、命令、表达式进行运算和操作,按 Enter 键显示除了图形以外的所有执行结果,如图 6-2 所示。

％开头的内容为注释内容,它们不被解释和执行,以％引导的文字说明行就是注释行;分号起到对结果的显示作用——命令后面没有加分号,按回车键显示结果,加了分号,按回车键不显示结果,需要注意的是,分号必须在英文输入法状态下输入;命令行窗口中红色显示的内容,表示有错误。

2. 当前文件夹窗口

当前文件夹是指 MATLAB 运行时的工作目录文件夹,只有在当前目录或搜索路径下的文件、函数才可以被运行或调用。MATLAB 默认的当前文件夹是安装目录下的 bin 目录,该

图 6-2　命令行窗口

目录不适合作为工作目录,一旦重装,保存在该目录下的所有内容都将丢失。因此,用户可以在启动 MATLAB 后,先把自己的工作目录设置成当前文件夹。

3. 工作区窗口

工作区用于显示当前正在使用的所有变量名称,对应的数据结构、类型及字节数,如图6-3所示。

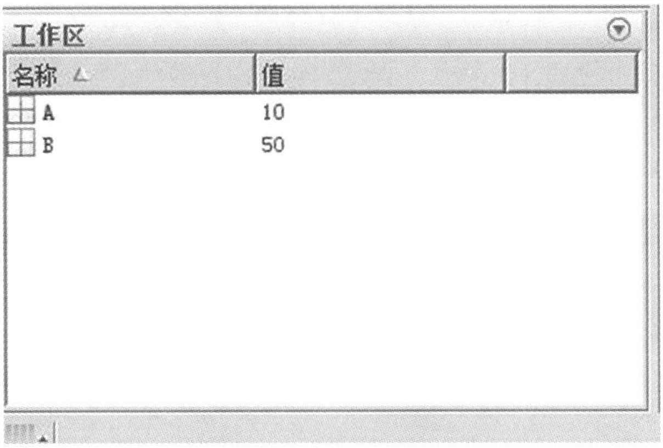

图 6-3　工作区窗口

在工作区中,可以对变量进行编辑,即选中变量单击鼠标右键即可。也可使用 save 命令将当前工作区的变量以二进制的形式存储到后缀名为.mat 的数据文件中,或用 load 命令打开.mat 文件,把数据加载到工作区。

6.2.2　帮助系统

MATLAB 帮助系统不仅讲解清晰,而且还提供了丰富的演示程序。在命令窗口输入 help 后,窗口会显示 MATLAB 所有的帮助内容;如果只查询某一个命令内容,可以利用 help ＋命令的形式获得帮助。例如,查询 and 的帮助信息,在命令窗口输入 help and,显示结果为

```
>> help and
&  Logical and.
   A & B performs a logical and of arrays A and B and returns an array
   containing elements set to either logical 1 (TRUE) or logical 0
   (FALSE). An element of the output array is set to 1 if both input
   arrays contain a non-zero element at that same array location.
   Otherwise, that element is set to 0.  A and B must have the same
   dimensions unless one is a scalar.

   C=and(A,B) is called for the syntax 'A & B' when A or B is an object.

   Note that there are two logical and operators in MATLAB. The & operator
   performs an element-by-element and between matrices, while the &&
   operator performs a short-circuit and between scalar values. See the
   documentation for details.

   See also relop, or, xor, not.
```

在命令行窗口输入 demo,会打开 demo 的演示窗口,该演示系统为用户提供了可供参考的实例,通过实例演示的方式让初学者轻松学习 MATLAB。

6.3　MATLAB 工具箱

MATLAB R2016a 初始界面上方包含 3 个工具箱:主页、绘图、应用程序,如图 6-4 所示。其中,绘图是 MATLAB 特有的绘图工具箱,提供了绘制二维和三维等图形的快捷按钮。

图 6-4　选项卡

6.4　常量与变量

MATLAB 如同一个大型计算器,要想正确合理的使用,需要先了解一些相关的基本知识。

MATLAB 包含的数据类型主要有数值型、逻辑型、字符型、结构体型等,无论数据类型是怎样的类型,在程序中总是以常量与变量的形式出现。

常量在 MATLAB 中也称特殊变量,是指在程序执行过程中,其值不能被改变,是系统自定义的变量,常用特殊变量如表 6-4 所示。

表 6-4 MATLAB 常用特殊变量

特 殊 变 量	取 值	特 殊 变 量	取 值
ans	运行结果默认变量名	NAN	不定值
pi	圆周率 π	i 或 j	复数中的虚拟单位
eps	计算机中的最小数	nargin	函数输入变量数目
flops	浮点运算数	narout	函数输出变量数目
inf	无穷大	realmax	最大的可用正实数

变量是指在程序执行过程中,其值可以被改变。MATLAB 中的变量可以用来存储数据和矩阵等,也可以进行各种运算。每个变量都需要一个变量名,它是一个有名字并有具体特定属性的存储单位。变量名必须以英文字母开头,长度不能超过 63 个字符,字符包括英文字母、数字和下划线,并且区分大小写。同时可以使用 isvarname 函数来判断某个变量名是否合格,返回值为 1 表明变量名合格,为 0 则表明变量名不合格。

```
>> isvarname b12

ans =

    1
```

MATLAB 中数值型数据输出格式可以通过 format 命令指定。

6.5 数 组

数组是 MATLAB 进行计算和处理的核心内容之一,出于快速计算的需要,MATLAB 把数组看作存储和运算的基本单元,所以,数组创建和操作是 MATLAB 运算和操作的基础。在 MATLAB 中,一般使用方括号、逗号、空格、函数命令等方法来创建数组。

6.5.1 创建数组

创建数组有 4 种方法:直接输入法、步长生成法、采样法、对数法。利用直接输入法定义一个 3 行 3 列的数组。

```
>> x=[1 1 1
      2 2 2
      3 3 3]

x=

    1    1    1
    2    2    2
```

```
         3      3      3

   >>  y=[111,222,333]

   y=

   111    222    333
```

步长生成法是利用冒号,通过给定初始值、步长、终止值,就可以生成一个向量,若步长为1,则可以省略不写。采样法可以用 linspace 函数生成等间隔向量,还可以用 size 函数得到函数矩阵的行和列数,有很多种定义数组的方法。另外,还有定义特殊数组的函数,如表 6-5 所示。

表 6-5　定义特殊数组的函数

函　数　名	功　　　能
ones	全为 1 的数组
zeros	全为 0 的数组
magic	魔方数组
rand	(0,1)范围内均匀分布的随机数组
randperm	随机排列组合数组

利用 magic 函数生成数组,每行、每列、对角线上的元素之和都相等。

```
magic(4)

ans=

   16     2     3    13
    5    11    10     8
    9     7     6    12
    4    14    15     1
```

6.5.2　数组的运算

数组的运算有算术运算、关系运算、逻辑运算等。

1. 算术运算

算术运算包括加法、减法、乘法、除法,也可以用括号来规定运算的优先顺序,其中乘法有直接相乘和点乘两种,即 A * B 是直接相乘,A 的列数要等于 B 的行数,采用线性代数中矩阵乘法的运算规则,A 的各行元素分别与 B 的各列元素对应相乘并相加;A. * B 是点乘,两个同型数组的对应元素相乘。除法是乘法的逆运算,格式有右除 A/B、左除 A\B 和点除 A. /B,也可用求逆的函数 inv(A) 来求 A 的逆 A^{-1};除法一般用于解线性方程组,如果 A * X = B,则 X = A\B = A^{-1} * B,即 X = A\B 是线性方程组 AX = B 的解;如果 X * A = B,则 X = A/B = A * B^{-1},即 X = A/B 是线性方程组 XA = B 的解。

乘法运算举例如下。

```
>> A=[1  3  5;2  3  4];
>> B=[1  2;3  4;5  6];
>> X=A*B

X=

    35    44
    31    40

>> C=[2  3;4  5;6  5];
>> Y=B.*C

Y=

     2     6
    12    20
    30    30
```

2. 关系运算

关系运算用于比较同型数组对应元素的大小关系,返回一个逻辑矩阵 1 表示真,0 表示假。关系运算符有 6 种,如表 6-6 所示。

表 6-6　关系运算符

关系运算符	说　　明	函　　数
==	等于	eq(A,B)
～=	不等于	ne(A,B)
<	小于	lt(A,B)
>	大于	gt(A,B)
<=	不大于	le(A,B)
>=	不小于	ge(A,B)

关系运算举例如下。

```
>> A=[2  3;5  6];
>> B=[4  6;6  7];
>> X=A<B

X=

     1     1
     1     1
```

```
>> Y=lt(A,B)

Y=

    1    1
    1    1
```

3. 逻辑运算

逻辑运算包括逻辑与、逻辑或、逻辑非、逻辑异或、逻辑先决与、逻辑先决或等,对应的运算符及功能,如表 6-7 所示。逻辑与运算,若 A 和 B 的对应元素均为非 0,则对应的结果元素值为 1;否则为 0。逻辑或运算,若 A 和 B 的对应元素至少有一个为非 0,则对应的结果元素值为 1;否则为 0。逻辑非运算,~A 表示 A 非运算,若 A 的元素值为 0,则相应的结果元素值为 1;否则为 0。逻辑异或运算,若 A 和 B 的对应元素均为 0 或均为非 0,则相应的结果元素值为 0;否则为 1。逻辑先决与运算,A 和 B 为标量值,A&&B 表示当 A 为 0 时,结果为 0,不用再执行 A 和 B 的逻辑与运算;只有当 A 为非 0 时,才执行 A 和 B 的逻辑与运算。逻辑先决或运算,A 和 B 为标量值,A||B 表示当 A 非 0 时,结果为 1,不用再执行 A 和 B 的逻辑或运算;只有当 A 为 0 时,才执行 A 和 B 的逻辑或运算。

表 6-7　逻辑运算符

逻辑运算符	说　明	函　数
&	逻辑与	and
|	逻辑或	or
~	逻辑非	nor
—	逻辑异或	xor
&&	逻辑先决与	—
||	逻辑先决或	—

逻辑运算举例如下。

```
>> A=[1 0 2 3];
>> B=[0 0 1 0];
>> X=A&B

X=

    0    0    1    0

>> Y=A|B

Y=

    1    0    1    1

>> Z=~B
```

```
Z=

    1    1    0    1
```

6.6　M 文件与常用快捷命令

在使用 MATLAB 过程中,有时需要根据具体情况编写相应的 MATLAB 编码,即 M 文件,为了保证代码的重复利用,需要将 M 文件保存扩展名为.m 文件。M 文件通常在程序编辑窗口中编写,也可在记事本或写字板等文本编辑工具中编写,只需保存成 M 文件即可。下面通过具体实例操作,掌握 MATLAB 生成 M 文件的方法。

(1)启动 MATLAB 软件。

(2)在命令行窗口中输入以下命令:

```
A=[3,4,5;6,7,9;1,2,8];
B=[2,4,6;3,7,9;1,3,5];
C='数组加法计算';
D=A+B;
E='数组乘法计算';
F=A*B;
```

(3)工作区窗口查看设定的 6 个变量,如图 6-5 所示。

(4)双击变量"A",出现变量编辑器窗口,如图 6-6 所示。

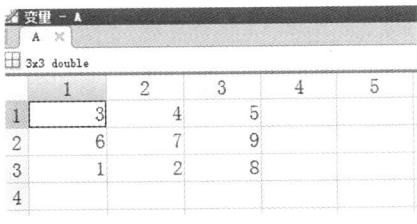

图 6-5　工作区窗口的变量　　　　　　　　图 6-6　变量编辑器窗口

(5)单击工具栏的"保存工作区"按钮,定义文件名为 shili,该文件保存路径为 D:\ProgramFiles\MATLAB\R2016a\bin,生成 shili.mat 文件,如图 6-7 所示。

(6)在命令行窗口中输入"exit"命令,退出 MATLAB。

(7)重启 MATLAB,在命令行窗口中输入 shili,工作区窗口即会出现对应变量数据,无须再次输入重复命令。

(8)如果要查看 shili.mat 文件中的内容,只需在命令行窗口中输入 type shili,即可看到文件信息,如图 6-8 所示。

(9)生成 M 文件,需要在工具栏中单击"新建脚本"按钮,将命令写在编辑器窗口中,保存文件时,文件后缀名为.m,如图 6-9 所示。

在命令行窗口中编写程序时,标点符号要在英文状态下输入,因为 MATLAB 不能识别中文的标点符号。快捷命令使用广泛,常用快捷命令及其功能,如表 6-8 所示。

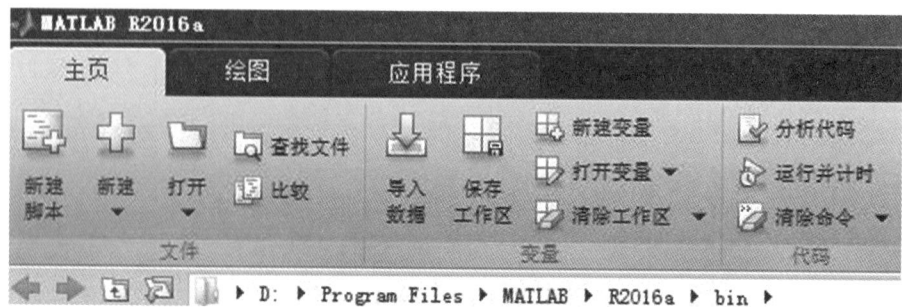

图 6-7　保存文件

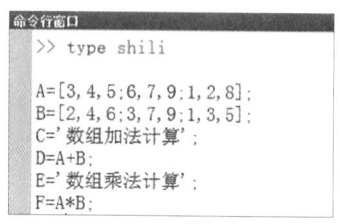

图 6-8　显示文件信息

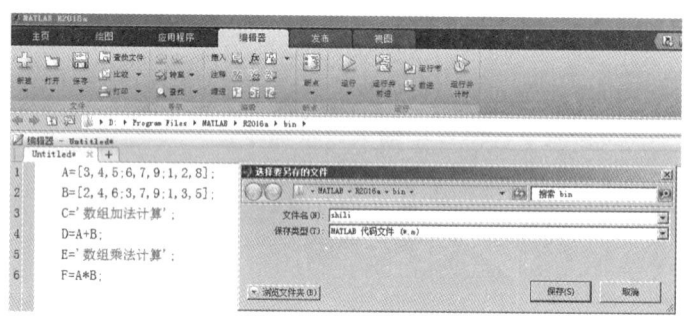

图 6-9　编辑器窗口

表 6-8　常用快捷命令

快 捷 命 令	功　　　能
Ctrl+C	中断 MATLAB 正在执行的程序
help	帮助
clc	清除命令行窗口全部内容
clear	清除变量信息
clf	清除当前图形窗口
edit	打开编辑器窗口
save	保存变量
dir	列出指定路径的所有文件
open	显示文件内容
who	列出当前工作区窗口所有变量名称
quit/exit	退出 MATLAB

6.7　图形可视化

MATLAB 提供了多种图形可视化命令,通过设置属性生成各种各样的图形,能够直观地呈现数据的规律,这是 MATLAB 特有的优势。例如,用为绘制二维图形的 graph2d 函数库里所包含的命令可以对图形加标号、标题、画网状线等,如表 6-9 所示;graphics 函数库里所包含的命令可以用于控制屏幕、选取坐标比例等,如表 6-10 所示。

表 6-9　graph2d 函数库

快 捷 命 令	功　　能
plot	二维曲线图形
axis	控制坐标比例和外观
hold	保持当前图形
polar	绘制极坐标图形
gtext	用鼠标定位文字
print	打印或保存 M 文件
orient	设置打印纸方向

表 6-10　graphics 函数库

快 捷 命 令	功　　能
line	创建直线
image	创建图形
ginput	用鼠标作图输入
shg	显示图形
surface	创建曲面图形
whitebg	设定图形窗口背景色
warndlg	警告对话框

6.7.1　绘制二维图形

plot 函数用于绘制二维图形,输入变量不同,会产生不同的结果。plot(y)显示带坐标的二维图,y 中的下标数据作为 x 坐标,y 中的值作为 y 坐标,各点用直线相连。例如,画出一组随机数的二维图形,如图 6-10 和 6-11 所示。

```
命令行窗口
>> y=3*(rand(1,8)-.3)

y =

  1 至 7 列

    1.5442    1.8174   -0.5190    1.8401    0.9971   -0.6074   -0.0645

  8 列

    0.7406

>> plot(y)
>> title('001')
```

图 6-10　一组随机数

如果要修改二维图形的默认值,则可以自行设置线型、线宽、线条颜色、点型、点的填充颜色等属性,如表 6-11 所示。

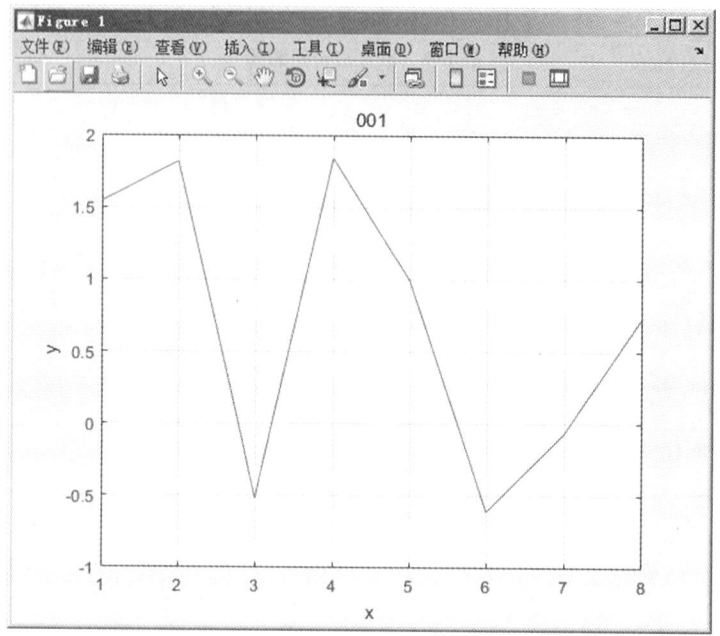

图 6-11 随机数生成的二维图形

表 6-11 颜色、点型

颜　色	说　明	点　型	说　明
r	红	.	点
y	黄	+	加号
b	蓝	s	方形
g	绿	d	菱形

6.7.2 绘制三维图形

有些三维曲线函数只是在二维曲线函数名后加了一个"3"，使用方法类似，常用的三维曲线函数如表 6-12 所示。

表 6-12 三维曲线函数

快　捷　命　令	功　　能
plot3	三维曲线图形
mesh	三维网格图形
surf	三维着色曲面图形
pie3	三维饼图形
quiver3	三维箭头图形
bar3	竖直三维柱状图形
bar3sh	水平三维柱状图形

plot3 函数绘制三维曲线图形，格式为 plot3(x,y,z,'t')，t 为线型颜色。例如，绘制一条三维螺旋线，如图 6-12 所示。

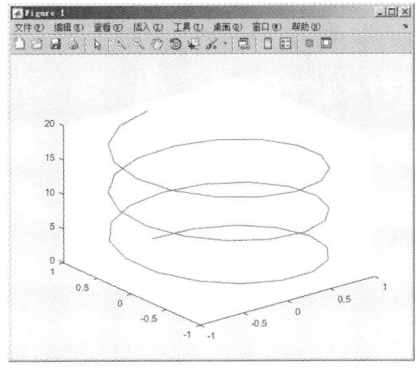

图 6-12   三维螺旋线

利用 mesh 函数和 surf 函数绘制三维图形时,应有 x 和 y 两个自变量,从而产生相应的网格坐标,每个网格点上的数据的 z 坐标就定义了曲面上的点,将其相连就构成了三维着色曲面图形;同时也可用 meshgrid 函数直接生成网络点坐标。例如,生成函数 $sinc(r) = sin(r)/r$ 三维图形,如图 6-13 所示。

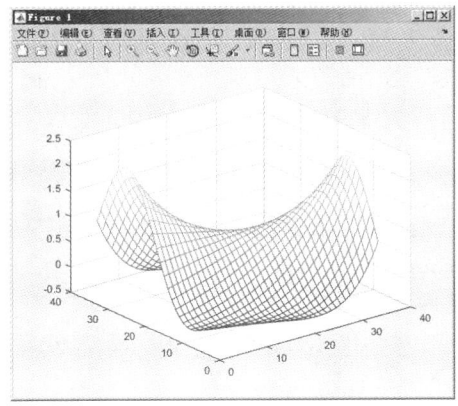

图 6-13   三维图形

6.7.3   绘制特殊图形

在不同的学科领域会使用到较为特殊的二维和三维图形。例如,pie 和 bar 是管理学科中常用的饼图和柱状图,compass 是电路中常用的相量图。具体使用方法,如图 6-14 和图 6-15 所示。

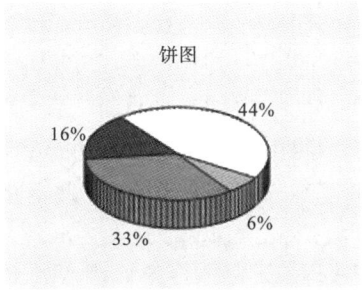

图 6-14   饼图

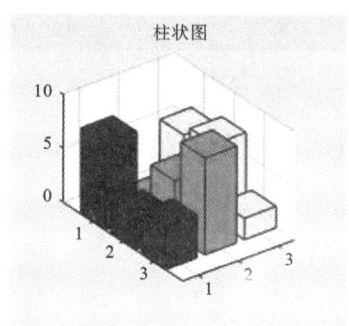

图 6-15　柱状图

6.8　实 例 应 用

通过具体的实例,可以了解 MATLAB 语言和其数学工具在各门课程中是如何进行计算和使用的,同时利用 MATLAB 的动画与图像等功能来显现物理世界的各种现象。

例 6-1　$r1=1\ \Omega$,$r2=2\ \Omega$,$C2=0.5\ F$,$L=1\ H$,求分别以 uL 与 uC2 为输出时的频率响应(见图6-16)。

解　在 MATLAB 命令行窗口中输入如下程序。

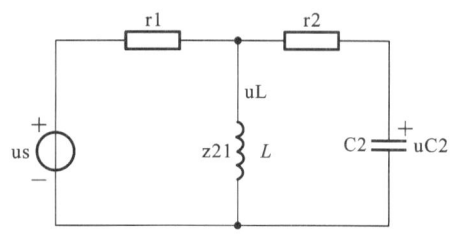

图 6-16　例 6-1 图

```
clear,dw=0.1;w=[.2:dw:20];s=j*w;us=1;
r1=1;r2=2;C2=0.5;L=1;z21=s*L;
e=input('输入元器件类型:电感,键入 1;电容,键入 2');
if e==1  L=input('输入电感量(H)');z21=s*L;
elseif e==2  C1=input('输入电容量(F)');z21=1./(s*C1);
else  disp('元器件类型错误,程序结束'),return,end
zC2=(1./s*C2);z22=r2+zC2;z2=z21.* z22./(z21+z22);
uL=us.* z2./(r1+z2);
uC2=uL.*zC2./z22;
subplot(2,2,1),loglog(w,abs(uL)),grid;
title('uL');
subplot(2,2,3),semilogx(w,angle(uL)),grid;
subplot(2,2,2),loglog(w,abs(uC2)),grid;
title('uC2');
subplot(2,2,4),semilogx(w,angle(uC2)),grid;
```

执行程序后,得出如图 6-17 所示的 uL 和 uC2 的频率响应曲线图。

例 6-2　将二极管与电阻串联,在此电路的两端加上正向直流电压 U,求此电路中的电流 Idx 和电压 Udx。

解　在 MATLAB 命令行窗口输入如下程序。

```
Is=10e-12;
```

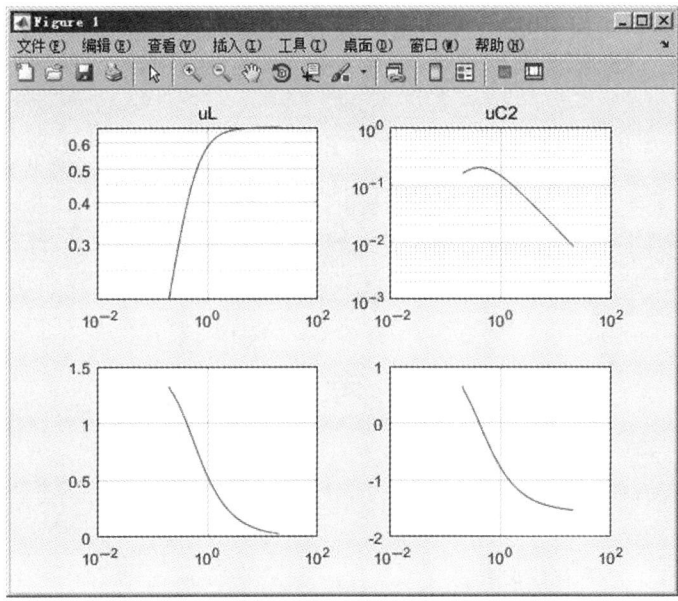

图 6-17 曲线图

```
Ud=0:0.1:3.5;
Id=Is*(exp(Ud/KT)-1);
plot(Ud,Id),grid on
axis([0,max(Ud),0,100]),hold on
U0=input('U0=[伏]'),Rf=input('Rf=[欧姆]')
Id1=1000*(U0-Ud)./Rf;
plot(Ud,[Id;Id1]),grid on
[di,nI]=min(abs(Id-Id1));
Udx=Ud(nI);Idx=Id1(nI);
```

执行程序后,输入 U0=4 和 Rf=51,得到如图 6-18 所示的图形。确定工作点数据,可以

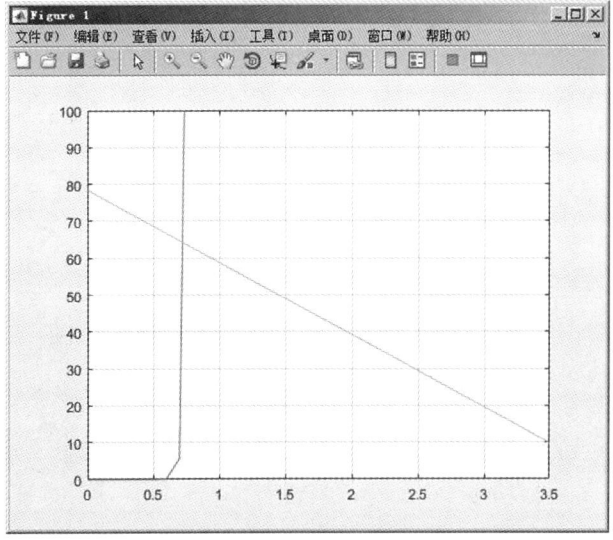

图 6-18 例 6-2 图

通过鼠标来找到交点的坐标,在命令行窗口中输入 ginput(1),鼠标会移动到图窗口,变成一个十字线,将它对准交点处,按下鼠标左键,在命令行窗口中会返回该点的数据。

```
ginput(1)

ans=

    0.7228   63.8993
```

思 考 题

6-1 创建两个数组:A=[1,2,4,5;3,2,6,1;1,5,2,7;4,6,7,5]和B=[4,5,2,1;1,3,2,4;5,6,7,8;1,3,6,9]。

求 A.*B、A.\B 和 A./B 的结果。

6-2 设 $f(x,y)=x^2+\sin xy+2y$,在 M 文件编辑器中创建并保存一个名为 lizi_1 的 M 文件,在命令行窗口中调用 M 文件,输入自变量后,输出函数值。

6-3 画一个正弦函数自变量为[0,2π]的图形。

❷

现代工艺篇

本篇介绍现代电子产品制造的主流工艺——表面贴装技术。

随着半导体集成技术和电子工艺技术的不断发展,以及电子设备体积的逐渐微型化,电子元器件也向着轻薄型的方向发展,从而出现了大量新型电子元器件——表面贴装元器件。该类元器件具有微型化、无引脚或短引脚的特点,适合于在没有引脚孔的印制电路板上进行表面贴装。它与传统的分立器件比较,具有安装密度高、印制电路板面积小、抗电磁干扰和射频干扰能力强的优点。表面贴装元器件的广泛使用,促使表面贴装技术日趋完善,利用表面贴装技术制造的各种技术性能好、性价比高的电子设备已纷纷面世。

表面贴装采用的主要技术是波峰焊与回流焊技术,本篇在对表面贴装新型元器件进行介绍的基础上,重点介绍适用于表面贴装的波峰焊与回流焊技术,并对表面贴装焊接质量进行分析。

第7章 新型电子元器件

7.1 表面贴装 RLC 元器件

7.1.1 表面贴装电阻器

表面贴装电阻器属无源元器件,是表面贴装元器件中应用最广泛的元器件之一。常用的表面贴装电阻器有矩形电阻器、圆柱形电阻器、取样电阻器、跨接线电阻器、贴片排阻、半可调电位器等。

1. 矩形电阻器

矩形电阻器是采用厚膜技术或薄膜技术制造的电阻和电极。它在一个高铝瓷基板上用蒸发的方式形成一层电阻膜层,并在电阻膜层上面再敷加一层用玻璃或环氧树脂制成的保护膜,两端夹以引线电极。按电阻材料不同,矩形电阻器可分为薄膜型(RN)和厚膜型(RK)。矩形薄膜型电阻器精度高、稳定性好,只适用于精密和高频产品,而矩形厚膜型电阻器则相对应用较广泛。

矩形厚膜型电阻器结构如图 7-1 所示。为了保证其具有良好的可焊性和可靠性,它采用三层电极结构。第一层是连接电阻体的内部电极,一般采用银或钯银导电浆料,这种材料与厚膜电阻相容性好,易形成欧姆接触,并能与基板牢固结合,同时耐化学性能好,易于进行电镀;第二层是镀镍层(中部电极),一般采用镀镍法形成镍层中间电极,其目的是提高电阻器的耐焊接性,缓冲焊接时防止热冲击,防止银离子向电阻膜层迁移,避免造成内部电极被焊料熔蚀的现象;第三层是外部电极,其作用是使电极具有良好的可焊性,常用电镀锡铅系合金焊料作为外部电极。

矩形电阻器的电阻值一般用 3 或 4 位数字代码直接标注在电阻上,3 位数字代码中的前 2 位或 4 位数字代码中的前 3 位表示电阻值的有效数,最后一位表示有效数后零的个数。当电阻值小于 10 Ω 时,数字代码中的 R 表示小数点。如果电阻器外壳没有直接标注电阻值,可选择万用表中合适的电阻挡量程直接进行测量。例如,7R2=7.2 Ω,0R82(R82)=0.82 Ω,220 =22 Ω,331=330 Ω,102=1 000 Ω(1 kΩ),1 000=100 Ω,1823=182 000 Ω(182 kΩ)。

矩形电阻器的尺寸一般用 4 位数字表示,有英制和公制两种单位表示方法。不同尺寸的矩形电阻器,其额定功率、最大工作电压、工作温度范围会有所不同,其各项参数如表 7-1 所示。

例如,英制代码 0805 与公制代码 2012 表示的是同一个矩形电阻器的尺寸。英制代码

0805 表示长为 0.08 in(1 in＝2.54 cm,下同),宽为 0.05 in。公制代码 2012 表示长为 2.0 mm,宽为1.2 mm。

表 7-1 不同尺寸矩形电阻器的参数

尺 寸 代 码	3216 (1206)	5215 (1210)	5025 (2010)	6332 (2512)
长度 L/mm	3.2±0.15	5.2±0.15	5.0±0.15	6.3±0.15
宽度 B/mm	1.6±0.15	1.5±0.15	2.5±0.15	3.2±0.15
额定功率/W	1/8	1/4	1/2	1
最大工作电压/V	200	200	200	200
工作温度范围/℃	$-55\sim125$ ℃ (额定工作温度为 70 ℃)			

2. 圆柱形电阻器

圆柱形电阻器是一种无引脚的电阻器,它是由插针式电阻器去掉引脚演变而来的,其结构和制造方法基本与插针式电阻器的相同,其外形如图 7-2 所示。

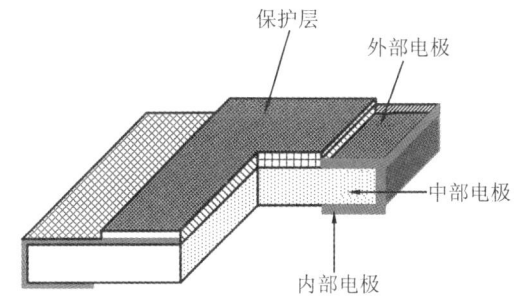

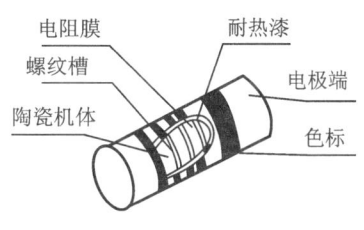

图 7-1 矩形厚膜型电阻器结构　　　　图 7-2 圆柱形电阻器外形结构

圆柱形电阻器的制造过程主要如下。

(1)选择瓷棒。选择具有优良绝缘性、导热性和一定力学强度的氧化铝陶瓷。

(2)表面处理。对瓷棒进行表面处理,使表面洁净并具有一定的粗糙程度,以提高电阻膜层与瓷棒之间的结合力。

(3)涂膜。将气化的碳氢化合物在真空中与高温的瓷棒表面相接触,经过热分解作用,碳沉积于瓷棒表面,从而形成碳膜。

(4)金属帽盖压装。对已经具有碳膜的瓷棒两端压装金属帽盖,要求与瓷棒端头产生良好的适应性和可焊性。

(5)清洗与老化筛选。在不包括金属帽盖电极的电阻体部分涂敷保护漆,并放进烘箱固化。

(6)涂漆。让电阻器具有绝缘、防潮、耐热等性能,以延长使用时间。

圆柱形电阻器分为碳膜电阻器(RD)和金属膜电阻器(RN),两者规定的使用温度范围是 $-25\sim155$ ℃,前者的允许误差为±5%,后者的允许误差为±1%,其电阻值大小的表示方法与插针式电阻器的相同,都用色环法表示,如图 7-3 所示,其额定功率与尺寸如表 7-2 所示。

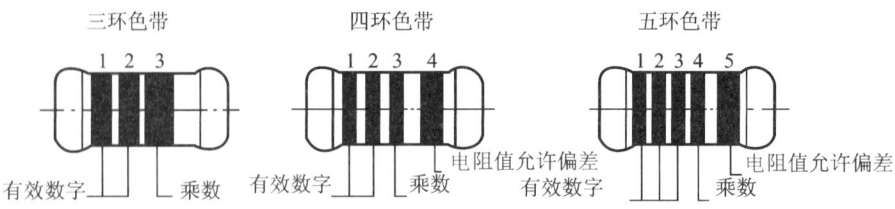

图 7-3 圆柱形电阻器色环表示法

表 7-2 圆柱形电阻器额定功率与尺寸

额定功率	1/10 W	1/8 W	1/4 W
外形尺寸(长×高)	1.2 mm×2.0 mm	1.5 mm×3.5 mm	2.2 mm×5.9 mm

与矩形电阻器相比,虽然圆柱形电阻器的高频特性较差,但其噪声和三次谐波失真较小,所以,多用于音响设备。

3. 取样电阻器

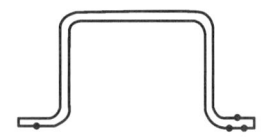

取样电阻器又称电流检测电阻器或限流电阻器,是一种小电阻值、大功率电阻器,其外形如图 7-4 所示。它主要串联在电路中,通过测量其电阻的压降值来检测电流的大小,常用于电池充电器、电流检测器、过流保护器等产品中。例如,在通信电路中,由于功放管价格过高,以及受到天线回路的影响较大——如果外接天线断开,则功放管电流急速上升,很容易烧坏该元器件,因此采用取样电阻器可以测出电压降并进行控制,以作为功率发射管的过流保护电阻器。

图 7-4 取样电阻器外形

4. 跨接线电阻器

跨接线电阻器又称零阻值电阻器,主要用作跨接线,但其电阻值并不为零,一般为 30 mΩ 左右,最大值为 50 mΩ。因其电阻值并不为零,故不能将该元器件用于地线之间的跨接,以免造成不必要的干扰。其尺寸、数字代码都与矩形电阻器的相同,最大特点是允许通过较大电流,例如,0603 可通过 1 A 电流,0805 以上可通过 2 A 电流。

跨接线电阻器主要应用于以下几方面。

(1)布线时临时取代其他贴片元器件作为温度补偿元器件。

(2)为防止用户乱动相应设置,以及减少维护费用,可用跨接线电阻器代替跳线等焊在印制电路板上。

(3)在高频时空置跳线相当于天线,用跨接线电阻器效果更好。

(4)可用于模拟地与数字地单点接地的连接。

(5)跨接线电阻器相当于很窄的电流通路,能够有效地限制环路电流,减小噪声。

5. 贴片排阻

贴片排阻是电阻器集成的复合元器件,是多个电阻值相等的电阻器按一定规律封装在一起的元器件,又称电阻网络。贴片排阻可分为 SOP 型、芯片功率型、芯片载体型、芯片阵列型 4 种类型,其外形、结构与特征如表 7-3 所示。

表 7-3　贴片排阻外形、结构与特征

类　型	外　形	结　构	特　征
SOP 型		采用模塑封装的厚膜型与薄膜型电阻器	可组成高密度型电路
芯片功率型		基板采用带 J 型端子的氮化钼厚膜型与薄膜型电阻器	功率大、尺寸也大,适合大功率电路
芯片载体型		电阻芯片贴装于载体基板上,基板侧面四个方向都有电极	可组成小型、薄型及高密度型电路,但仅适用于回流焊
芯片阵列型		电阻芯片以阵列排列,基板两侧有电极	可组成小型及薄型电路,适合于简单电路

　　贴片排阻是所有元器件处于同一条件下在基板上制作而成的,这样的制作方法可以使每个电阻的温度特性相近。由于该元器件比例精度相当高,因此它具有良好的跟踪性能。

6. 半可调电位器

　　半可调电位器又称微调电位器,是一种常用的调整元器件,在电路中用于频率调整、放大器增益的调整、分压比的确定或基准电压的调整等。其电阻值基数是 1、2、5,电阻值范围一般为 100 Ω～2 MΩ,常用的电阻值是 10 kΩ、20 kΩ、50 kΩ、100 kΩ 等,其外形如图 7-5 所示。

　　半可调电位器按照结构和焊接方法可分为碳膜敞开型和金属膜封闭型两种类型。前者只适用于回流焊;后者不仅适用于回流焊,而且还适用于波峰焊,同时,后者是金属膜电阻层,其温度稳定性比碳膜电阻层的要强。

　　1) 碳膜敞开型半可调电位器

　　碳膜敞开型半可调电位器主要由轴、转动触点、垫圈、电阻基板和电极等部分组成,其结构如图 7-6 所示。选择该元器件主要是从材料的弹性、耐久性,适用于精密冲压加工,满足更高的尺寸精度要求这几个方面考虑的。

　　轴一般采用导电性能和加工性能良好的黄铜制作,其作用是将电阻基板、垫圈和转动触点组装成一体,并可使转动触点在电阻体表面滑动。垫圈的作用是使转动触点与电阻体之间的接触更加稳定。转动触点常用锌或铜制作,它与电阻体相接触的触点可分为一点式和二点式,后者的电接触可靠性高。位于电位器上的旋钮可通过一字旋具来进行调节,通过驱动转动触点,使电阻值发生相应的改变。

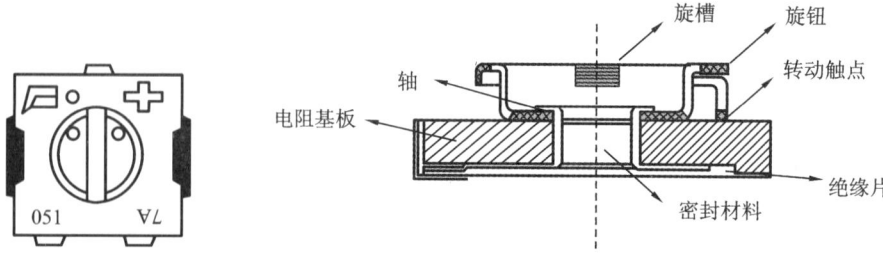

图 7-5　半可调电位器外形　　　　图 7-6　碳膜敞开型半可调电位器结构

2）金属膜封闭型半可调电位器

金属膜封闭型半可调电位器按封闭方法可分为封闭薄膜型和密封剂封闭型两种类型。调整封闭薄膜型电位器之前，需要先用一字旋具将薄膜戳破，然后才可以调节电位器。应注意防止封闭膜的碎屑与活动触点相互粘连，从而导致接触不良。密封剂封闭型电位器在旋钮与安装板的隙缝间加有密封剂，以防止焊料、焊剂侵入，由于不是采用薄膜密封，因此在调节时不会出现前者的接触不良问题。

7.1.2　表面贴装电容器

表面贴装电容器也是无源元器件，有数百种型号，常用的有多层陶瓷电容器、圆柱形瓷介电容器、薄膜电容器、云母电容器、电解电容器、微调电容器等。

1. 多层陶瓷电容器

多层陶瓷电容器（multi-layer ceramic chip capacitor，MLCCC）是表面贴装电容器中使用量最大、发展最快的一种电容器，其结构如图 7-7 所示。

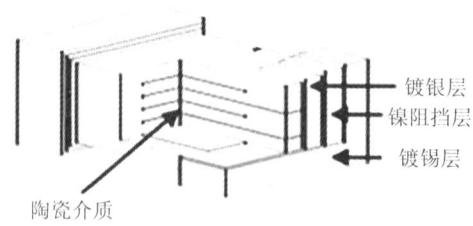

图 7-7　多层陶瓷电容器结构

陶瓷介质是根据不同的电性能参数由专门配制而成的陶瓷材料组成的。在电容器内部，根据不同电容量的需要，采用交替层叠的形式，组成多层内部电极，少的有 2～3 层，多的有数十层。根据不同陶瓷介电体的温度，内部电极一般由 Pb、Pt、Au、Ag、Ni、Fe、Cu 等金属制成。由于陶瓷介质和内部电极经高温烧结成一个整体，因此多层陶瓷电容器又称独石电容器。

不同的介质材料可以制成具有不同容量和温度特性的电容器，其中氧化钛材料温度系数最小；钛酸钡材料温度系数最大，因此该材料适合用于制作容量较大的电容器。多层陶瓷电容器的尺寸代码也是用 4 位数字表示的，表 7-4 显示中国 CC41/CT41 系列、美国 EIA 系列、日本 JIS 系列电容器的尺寸。

表 7-4　中国 CC41/CT41 系列、美国 EIA 系列、日本 JIS 系列电容器的尺寸

尺寸代码			尺寸/mm			外　形
CC41/CT41	EIA	JIS	长(L)	宽(W)	高(H)	
—	—	1	1.6±0.2	0.8±0.2	1.0	
0805(2012)	CC0805	2	2.0±0.3	1.2±0.2	1.25	
1206(3216)	CC1206	3	3.2±0.4	1.6±0.2	1.25	
1210(3225)	CC1210	4	3.2±0.4	2.5±0.3	1.90	
1812(4532)	CC1812	5	4.5±0.5	3.2±0.4	1.90	

多层陶瓷电容器根据用途可分为 1 类(CC41)和 2 类(CT41)。1 类为温度补偿类电容器,一般是由钛酸盐混合物构成的,主要特点是损耗低,电容量稳定性高,性能最稳定,基本上不受电压、时间、温度的影响,属于超稳定型电容器,适用于谐振回路、耦合回路和需要补偿温度效应的电路。该类电容器容量较小,一般在 2 200 pF 以下。2 类为高介电常数类电容器,一般是由钛酸钡化合物构成的,主要特点是体积小、电容量大,其电容量会随电压、温度、时间的改变而改变,但变化不明显,属于稳定型电容器,适用于旁路、滤波、对损耗或容量稳定性要求不高的鉴频电路,电容量一般为 100 pF～2.2 μF。

多层陶瓷电容器电容量的表示有以下两种方法。

(1)由一个或两个字母及一位数字组成,单位为 pF。当有三个代码,且三个代码中有两个字母时,第一个字母表示生产厂商,第二个字母表示有效数,最后一个数字表示有效数后零的个数;当只有两个代码时,第一个字母表示有效数,第二个数字表示有效数后零的个数。例如,J4 表示 22 000 pF,其字母所对应的有效数如表 7-5 所示。

表 7-5　多层陶瓷电容器电容量标注字母所对应的有效数

字母	有效数	字母	有效数	字母	有效数	字母	有效数
A	1.0	J	2.2	S	4.7	a	2.5
B	1.1	K	2.4	T	5.1	b	3.5
C	1.2	L	2.7	U	5.6	d	4.0
D	1.3	M	3.0	V	6.2	e	4.5
E	1.5	N	3.3	W	6.8	f	5.0
F	1.6	P	3.6	X	7.5	m	6.0
G	1.8	Q	3.9	Y	8.2	n	7.0
H	2.0	R	4.3	Z	9.1	t	8.0
						y	9.0

(2)由 3 位数字或 2 位数字及字母 P 组成,单位为 pF。第一、二位数字表示有效数,最后一位表示有效数后零的个数;若数字表示中有 P,则 P 表示小数点。例如,122 表示 1 200 pF,2P3 表示 2.3 pF。允许误差用字母表示,其中 C 表示±0.25 pF,D 表示±0.5 pF,F 表示±1%,J 表示±5%,K 表示 10%,M 表示±20%,I 表示-20%～80%。

2. 圆柱形瓷介电容器

圆柱形瓷介电容器的核心部件是一个内表面电极和外表面电极都覆有金属的陶瓷管,先

图 7-8　圆柱形瓷介
电容器外形

将已经成形的金属帽压在陶瓷管的两端,分别与内、外表面电极相结合,构成外电极的两个引出端,然后在陶瓷管的外表面涂敷一层树脂,并在树脂上打印相关标记,其外形如图 7-8 所示。这种元器件的电容量大小是通过控制陶瓷管内、外表面电极重叠部分的多少来决定的,容量也是用色标法表示的。

在圆柱形瓷介电容器的组装过程中,陶瓷管两端用金属帽压装后,其内部的空气处于密封状态,当陶瓷管受热时,管内空气会发生膨胀,从而使金属帽发生移动或脱落,因此压装金属帽的工序相当重要。同时,还需要使用稳定性好的金属材料作为电极的引出端子,使其与陶瓷管能够紧密地结合。

圆柱形瓷介电容器可分为 1 类、2 类、3 类,各类型的参数如表 7-6 所示。

表 7-6　圆柱形瓷介电容器各类型的参数

分　类	1 类	2 类	3 类
额定工作电压	16 V 25 V 50 V	50 V	25 V 50 V
电容量范围	1.0～2.0 pF	150～1 200 pF	1 500～15 000 pF
允许误差	±5% ±10% ±20%	±10% ±20%	±10% ±20% ±30%
温度范围	−25～85 ℃		

3. 薄膜电容器

薄膜电容器是在耐热塑料薄膜上蒸镀铝电极,然后将耐高温树脂涂敷于塑料薄膜上形成薄膜介质而制成的。传统的插针式电容器常使用聚酯(PET)、聚丙烯(PP)等材料制作薄膜。现在常使用的薄膜电容器主要使用聚苯硫醚(PPS)作为电介质材料,因为这种材料具有较高的耐热性和优异的导电性能。例如,涤纶电容器就属于薄膜电容器,它具有较好的稳定性,主要用于消费类电子产品。

薄膜电容器用聚苯硫醚作为基膜,在经过双面蒸镀铝电极后,能够溶于有机溶剂且具有耐高温的聚苯醚(PPO)树脂涂敷在 PPS 膜上,形成小于 1 μm 厚度的涂层,其结构如图 7-9 所示。

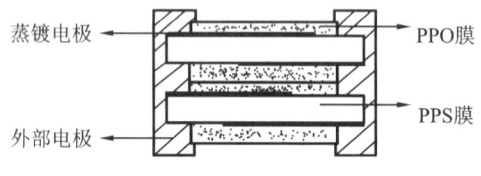

蒸镀电极　　　　　　　　　　PPO膜

　　　　　　　　　　　　　PPS膜

外部电极

图 7-9　薄膜电容器结构

PPS 膜的优点是介电性能好,耐热性能好,温度特性稳定;PPO 膜的优点是耐热性能好,喷镀性能好,不同薄膜材料的特点如表 7-7 所示。

表 7-7　不同薄膜材料特点

薄膜材料	聚　酯	聚　丙　烯	聚苯硫醚	聚　苯　醚
介电系数	3.1 F/m	2.1 F/m	2.8 F/m	2.6 F/m
熔点	263 ℃	170 ℃	285 ℃	255 ℃
燃烧性	缓慢燃烧	缓慢燃烧	自熄性	自熄性

薄膜电容器按额定工作电压分为 DC 25 V 和 DC 16 V 两种类型，其具体性能指标如表7-8所示。

表 7-8　DC 25 V 和 DC 16 V 性能指标

类型	DC 25 V	DC 16 V
电容量范围	0.001～0.15 μF	0.22 μF
允许误差	±5%	±5%
外形尺寸($L \cdot W \cdot H$)	4.8 mm×3.3 mm×1.8 mm	6.0 mm×4.1 mm×1.8 mm
温度范围	\-40～105 ℃	
焊接要求	260 ℃,5 s 以内选择波峰焊方式	

4. 云母电容器

云母电容器采用天然云母作为电介质材料。由于这种元器件具有电容量小、耐热性好、损耗小、电容量允许误差小等优良特点，因此在高频电路中经常使用云母电容器。云母电容器现已广泛应用于移动式无线通信系统、硬磁盘系统等设备中。

云母电容器的结构很简单，它由金属箔和薄云母层交错层叠而成。金属箔构成极板，层叠的金属箔连接在一起以增加极板面积，层数越多，电容量也就越大，其结构如图 7-10 所示。该元器件额定工作电压有 100 V 和 500 V 两种，电容量分别以 0.5 pF、1 pF、10 pF 作为一挡，最大电容量可以达到 2 000 pF，成品的包装统一使用标准的 8 mm 和 12 mm 编带。

5. 电解电容器

电解电容器的代码通常由一个字母和三位数字组成，用于表示电容量和额定工作电压。字母表示电解电容器的额定工作电压，数字表示电容量，单位为 pF。数字中第一、二位数字表示有效数，最后一位数字表示有效数后零的个数，其字母所对应的额定工作电压如表 7-9 所示。

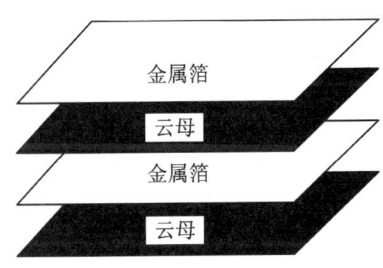

图 7-10　云母电容器结构

表 7-9　电解电容器的额定工作电压

代码中的字母	额定工作电压/V
G	4
J	6.3
A	10
C	16
D	20
E	25
V	35
H	50

1) 铝电解电容器

将电解腐蚀过的阳极铝箔、阴极铝箔隔离后卷绕成电容器芯子,经过工作电解液浸泡,并根据电解电容器的使用电压及电导率的不同,分别做成不同规格的类型,最后用密封橡胶把芯子卷边封口并与树脂端子板连接,密封在铝壳内或用耐热性环氧树脂进行封装,即形成金属封装或树脂封装的铝电解电容器。其极性与电容量表示方法如图 7-11 所示。

2) 钽电解电容器

钽电解电容器不仅尺寸比铝电解电容器的小,而且性能更加稳定,具有漏电流小、高频性能优良等特点,因此该元器件的适用范围较为广泛,除了应用于消费类电子产品之外,还应用于通用电子仪器、办公自动化设备中。其额定工作电压为 4～50 V,电容量为 0.1～470 μF,工作温度为 -40～125 ℃,允许误差为 ±10%～±20%。

钽电解电容器是先将银粉与黏合剂混合、压制、烧结后得到的烧结体,经过阳极氧化、热分解,在烧结体表面形成固体电解质二氧化锰,接着经过石墨层、导电涂料层涂敷后,进行阳极与阴极的连接,最后用模型封装成形。元器件上有色带一边表示正极,其外形如图 7-12 所示。

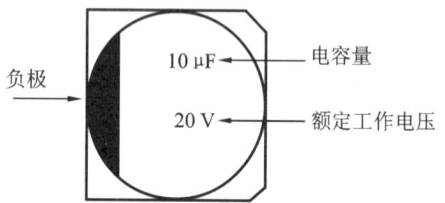

图 7-11　极性与电容量表示方法　　　　**图 7-12　钽电解电容器外形**

目前常用的钽电解电容器可分为无封装型、模型封装型、树脂涂敷型三种类型,其各种类型的主要特征如表 7-10 所示。

表 7-10　常用的钽电解电容器的主要特征

类　　型	代码	外　　形	特　　征
无封装型	5		体积小,适合回流焊
模型封装型	6		符合多层陶瓷电容器标准,适合回流焊
	7		符合多层陶瓷电容器标准,适合回流焊、波峰焊
	8		自动组装,适合回流焊、波峰焊
	9		超小型、自动组装,适合回流焊、波峰焊
树脂涂敷型	10		超小型、自动组装,适合回流焊、波峰焊

6. 微调电容器

微调电容器在电路中具有细微调节的功能,广泛应用于高频电路。微调电容器按介质材料可分为薄膜微调电容器和陶瓷微调电容器;按结构特点可分为敞开型微调电容器和封闭型微调电容器,前者适合回流焊和手工焊,后者适合波峰焊,敞开型和封闭型微调电容器的各项性能指标如表 7-11 所示。

表 7-11　敞开型和封闭型微调电容器的性能指标

项　　目	性 能 指 标	
	敞开型	封闭型
额定工作电压/V	DC 100	DC 100
温度范围/(℃)	－25～85	－25～85
耐压/V	DC 220	DC 220
最大电容量/pF	20	20
最小电容量/pF	＜5.0	＜5.5
旋转力矩/(N·cm)	0.089～0.98	0.15～0.98

1)敞开型微调电容器

敞开型微调电容器结构简单,其内部的定片端用嵌入法与定片制成一体,再用耐热性树脂制成形。该电容器的动片是经过打磨过的同心圆的陶瓷基板,在动片的一面带有半圆形的烧渗银电极,将银电极与定片上的半圆形金属电极相对放置,以陶瓷作为电介质从而形成电容。随着电极重合部位的改变,电容量也随之发生改变,其结构如图 7-13 所示。

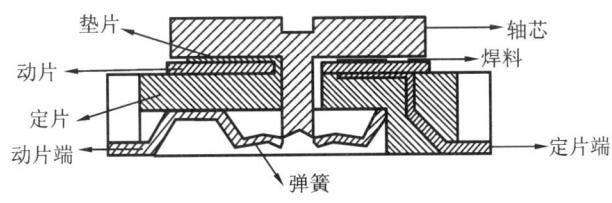

图 7-13　敞开型微调电容器结构

2)封闭型微调电容器

封闭型微调电容器又称薄膜介质微调电容器,元器件质量的优劣取决于保护薄膜的性能。在调整封闭型微调电容器时,很容易在使用一字旋具调节时,因接触薄膜而使其发生破裂,造成电容器性能劣化,因此应选不易破裂,并具有良好耐热性的复合型薄膜。其结构与敞开型微调电容器的正好相反,它将陶瓷基板作为定片,装在由金属片制成的动片下侧。

用一字旋具对微调电容器进行调整时,所施加的压力要适当。用力过大会引起微调电容器内部弹簧片变形,使得转矩降低或造成瓷片破裂,电容特性也随之发生变化。同时,调整时所使用的一字旋具头部尺寸应与电容器调整槽的尺寸相吻合,不能过紧或过松。为避免由于一字旋具材料对电路产生不良的影响,一字旋具应该用绝缘体材料制作。

7.1.3 表面贴装电感器

表面贴装电感器在电路中起退耦、滤波、调谐、延迟、补偿等作用。表面贴装电感器根据外形可分为矩形电感器和圆柱形电感器；根据磁路可分为闭环贴装电感器和开环贴装电感器；根据电感量特点可分为固定贴装电感器、可调贴装电感器；根据工艺特点可分为多层贴装电感器、卷绕贴装电感器、线绕贴装电感器。目前用量较大的是多层贴装电感器(MLCI)与线绕贴装电感器。

1. 多层贴装电感器与线绕贴装电感器

1) 多层贴装电感器

多层贴装电感器不用线绕，而是用铁氧体软片与导体浆料一层一层地交替印刷、叠层、烧

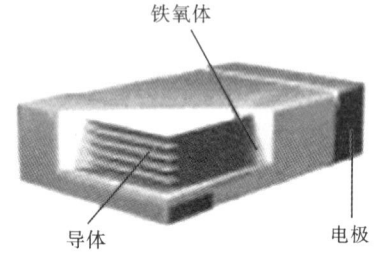

铁氧体

导体   电极

图 7-14 多层贴装电感器结构

结，最终形成闭合磁路。导体浆料经烧结后形成螺旋式导电带，相当于传统电感器的线圈，被导电带包围的铁氧体相当于磁心，导电带外围的铁氧体使磁路闭合，因此该元器件具有体积小、可靠性高、磁屏蔽及适应高密度安装的特点，其结构如图 7-14 所示。

多层贴装电感器的三层电极分别为银基底电极、镍层、锡铅合金镀层，根据铁氧体频率特性不同，可分为：D级，其峰值频率为 100 MHz；A 级，其峰值频率为10 MHz；E 级，其峰值频率为 5 MHz；C 级，其峰值频率为 1 MHz。

2) 线绕贴装电感器

线绕贴装电感器的结构仍是传统的结构，它是在磁心上绕线圈，再加上端电极。为使元器件小型化，选用的是高性能、小尺寸的磁心和细导线。根据磁心的不同，线绕贴装电感器可分为工字线绕贴装电感器、槽形线绕贴装电感器、陶瓷芯线绕贴装电感器、铁氧体芯线绕贴装电感器等。

线绕贴装电感器的电感量范围宽、Q 值高、工艺简单，因此在表面贴装电感器中使用得较为广泛，但是其体积较大，耐热性较差。

2. 磁珠

磁珠与线绕贴装电感器类似，也是将线圈绕在磁心上，当电流通过线圈时产生磁场，其结构如图 7-15 所示，其体积比线绕贴装电感器的小，具有小而薄、高阻抗的特点。磁珠的阻抗是指在电流作用下所有阻抗的总和，包括交流阻抗和直流阻抗两部分。

磁珠可以分为尖峰贴装磁珠、大电流贴装磁珠、低频高阻型贴装磁珠等。不同厂家的磁珠具有不同的规格型号，而且规格型号的表示方法也不相同。

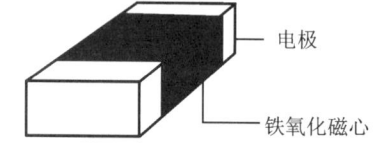

电极

铁氧化磁心

图 7-15 磁珠结构

3. 表面贴装电感器参数与外形标识

表面贴装电感器参数如下。

（1）电感量，受磁心材料、形状、尺寸、线圈数、线圈形状所影响。

（2）Q 值（品质因数），即电感器相对损耗大小的度量。

（3）直流电阻，即在无交流信号下测得的电阻。设计中，一般要求电感器的直流电阻尽可能小。

（4）额定电流，即持续通过贴装电感器的最大直流电流。

（5）自谐频率，即电感器的分布电容与电感发生谐振的频率点。在这个频率下，感抗与容抗相等并互相抵消。

部分表面贴装电感器只在外壳标识了电感量，其他参数并没有标识出来，电感量的标注和 RC 元器件的类似，单位为 μH，标识方法举例如下。

$$\underset{\text{类型}}{\text{MPI}}\quad\underset{\text{尺寸}}{0610}\quad\underset{\text{误差}}{M}\quad\underset{\text{包装}}{T}\quad\underset{\text{电感量}}{101}$$

尺寸标准：0610 表示 6.5 mm×5.3 mm×1.0 mm；0612 表示 6.5 mm×5.3 mm×1.2 mm；0620 表示 6.5 mm×5.3 mm×2.0 mm；0915 表示 10 mm×9.0 mm×5.4 mm。

误差标准：J 表示±5%；K 表示±10%；M 表示±20%。

包装类型：B 表示散包装；T 表示编带包装。

电感量举例：1L1 表示 1.1 μH；470 表示 47 μH；101 表示 100 μH。

7.2　表面贴装晶体管

7.2.1　表面贴装二极管

表面贴装二极管属有源元器件，常用于小型电子产品及通信设备中，主要有整流二极管、稳压二极管、发光二极管、变容二极管等。其型号有部分还是沿用传统插装式二极管的型号，例如，整流二极管 IN4001～IN4007 等，但因为目前进口元器件较多，所以贴装二极管的型号也变得复杂多样。各国都有半导体型号命名标准，例如，美国是以 IN 开头的，日本是以 IS 开头的，中国是以 2A～2D 开头的。

常见的表面贴装二极管分圆柱形、矩形两种。

圆柱形二极管的封装结构是将二极管 PN 结装在具有内部电极的细玻璃管中，其特点是没有引线，玻璃管两端装上金属帽作为正、负电极。这类管子由内部 PN 结、外壳、金属电极组成，外形尺寸有1.5 mm×3.5 mm 和 2.7 mm×5.2 mm 两种形式。

矩形二极管的外形，有三个长度仅为 0.65 mm 的短引脚，引脚材质为 42 合金，强度好，但可焊性差，其外形如图 7-16 所示。该元器件在标准大气压下的功耗为 150 mW，在陶瓷基板上的功耗为 300 mW。根据矩形二极管内部所含二极管的数量，可划分成单管、对管两种。其中对管又可分为共阳（正极）对管、共阴（负极）对管、串联对管等形式。各种类型的内部结构如图 7-17 所示，单管结构中的 NC 表示空脚。

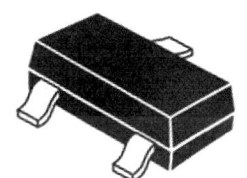

图 7-16　矩形二极管的外形

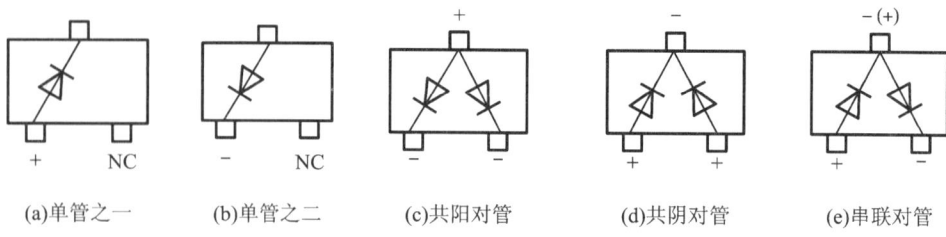

| (a)单管之一 | (b)单管之二 | (c)共阳对管 | (d)共阴对管 | (e)串联对管 |

图 7-17　矩形二极管内部结构

1. 整流二极管

整流二极管常用 IN4001～IN4007 系列 1 A、50～1 000 V 玻璃封装或塑料封装型元器件,外形如图 7-18 所示。该元器件的两个重要参数是最高额定工作电压和额定正向整流电流。同时,为了减小印制电路板面积的使用和简化生产,常把 4 个整流二极管按照全波桥式整流电路连接方式封装在一起形成桥式整流器,其外形如图 7-19 所示。

图 7-18　整流二极管　　　　　图 7-19　桥式整流器

2. 稳压二极管

稳压二极管常用于简单稳压电路产生基准电压。它主要有两个参数,即稳定电压值和功率。常用元器件的稳定电压值范围是 3～30 V,功率范围是 0.3～1 W。

3. 变容二极管

变容二极管是一个电压控制单元,通常用于振荡电路,与其他元器件一起构成 VCO(压控振荡器)电路。VCO 电路主要利用其结电容随反偏压变化而变化的特点,通过改变变容二极管端电压便可改变变容二极管电容的大小,从而改变振荡频率。该元器件在手机中广泛使用,外形如图 7-20 所示。

4. 发光二极管

发光二极管用于键盘灯、显示屏灯等照明,有红、绿、黄、橙、蓝等颜色,还有带反光镜和带透镜的结构,有普通亮度、高亮度及超高亮度三种亮度,其结构和外形如图 7-21 所示。为使用方便灵活,有单个或两个发光二极管封装在一起的结构供不同用途选择。

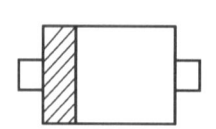　　　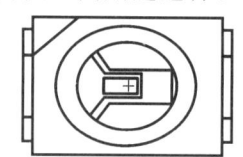

图 7-20　变容二极管外形　　　　图 7-21　发光二极管结构和外形

7.2.2　表面贴装三极管

表面贴装三极管采用 SOT(small outline transistor)塑料封装,带有短引脚。与插装式三极管比较,表面贴装三极管具有体积小、消耗功率小等特点,特别适合于在高频电路中使用。常见的表面贴装三极管外形封装形式有 SOT-23、SOT-343、SOT-434、SOT-89、SC-59 等国际标准。对于同一种封装,不同厂家、不同型号的三极管会有许多种,但其尺寸和引脚排列都是相同的。几种典型表面贴装三极管外形如图 7-22 所示,其尺寸单位为 mm。

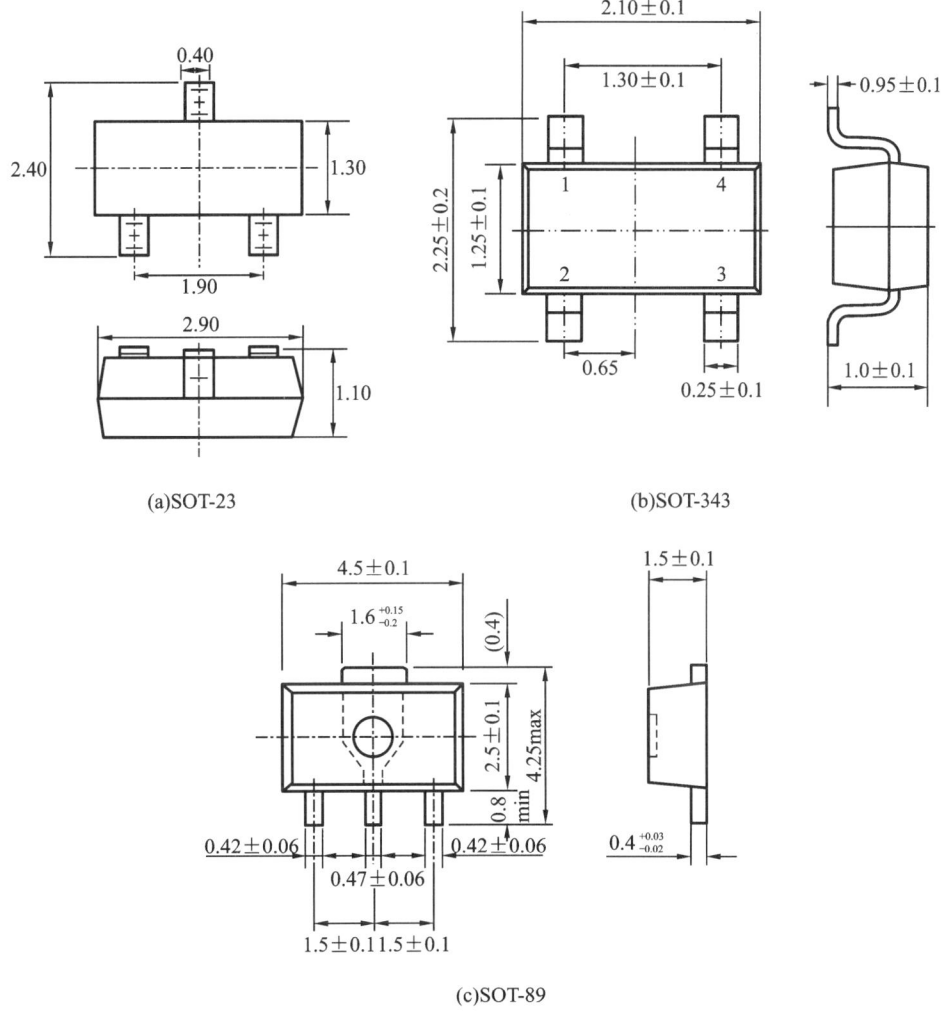

(a)SOT-23　　　　(b)SOT-343

(c)SOT-89

图 7-22　典型表面贴装三极管封装外形

普通小功率表面贴装三极管大多采用 SOT-23 的封装形式,功耗为 150~300 mW;大功率表面贴装三极管一般采用 SOT-89 的封装形式,并且其元器件需粘贴在较大的铜片上,以增加散热能力,功耗为 0.3~2 W。

复合型表面贴装三极管是近年开发的新型表面贴装三极管,在一个封装中有 2 个三极管,其外形如图 7-23 所示。其中图(a)的 2 个三极管是完全独立的,故有 6 个引脚;图(b)则将 2

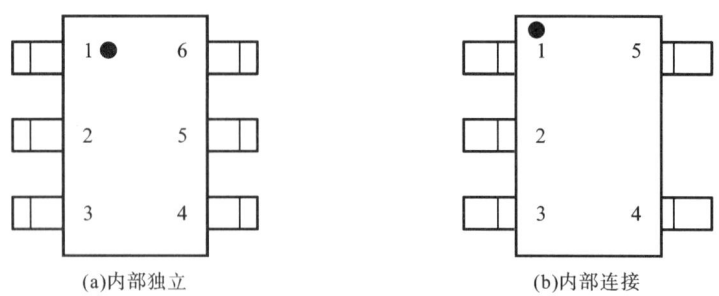

图 7-23　复合型表面贴装三极管封装外形

个三极管在内部连接成复合管,即第 1 个三极管的集电极和第 2 个三极管的基极直接相连,故只有 5 个引脚。

我国三极管型号以 3A～3E 开头,美国以 2N 开头,日本以 2S 开头。欧洲则常采用国际电子联合会制定的标准,对三极管进行命名,第一部分采用 A 或 B 表示锗管或硅管;第二部分定义为 C——低频小功率管、F——高频小功率管、D——低频大功率管、L——高频大功率管;第三部分采用数字表示登记序号,例如,BD92 表示硅低频大功率管。

7.3　新型 IC 元器件

新型 IC 元器件主要是贴装集成电路,它是在原有的双列直插元器件的基础上发展而来的,是插装式元器件向表面贴装技术发展的重要标志,也是表面贴装技术发展的重要动力。随着 I/O 数目的增加,各种新型的 IC 封装也先后出现。

7.3.1　贴装集成电路类型

集成电路是将很多元器件集中制作在一个小芯片上的完整电路。由于 IC 元器件形状多样,引脚数目与间距也各不相同,因此对其采用"类型＋引脚数"的格式加以区别。

贴装集成电路的载体采用陶瓷与塑料。陶瓷载体的集成电路封装具有气密性好、寄生参数小、功耗低等优点,但焊接时易开裂;塑料载体的集成电路封装相对于陶瓷载体具有良好的性价比。

从 IC 引脚形状来分,主要有以下三种形式。

(1)L 形引脚,常见于 SOP 和 QFP。具有 L 形引脚的元器件易于焊接,但对于多引脚、小间距的 QFP,引脚极易损坏,因此贴装时应多加注意。

(2)J 形引脚,常见于 SOJ 和 PLCC。这种引脚刚性好且间距大,但由于引脚在元器件本体之下,会有阴影效应,导致其焊接温度不易调节。L 形引脚 SOP 图和 J 形引脚 SOJ 图如图 7-24 所示。

(3)球栅阵列,芯片的 I/O 引脚呈阵列式分布在元器件底部,引脚呈球状,适用于多引脚元器件的封装,常见于 BGA 等。

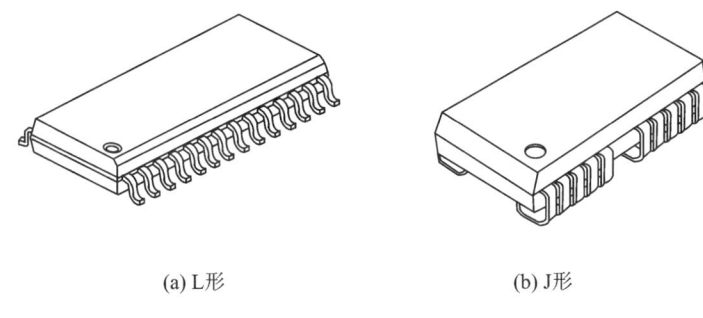

|(a) L形|(b) J形|

图 7-24　L 形引脚 SOP 图和 J 形引脚 SOJ 图

7.3.2　贴装集成电路的封装结构

1. 小外形封装 SOP

SOP 是英文 small outline package 的缩写，即小外形封装。该封装技术由菲利浦公司于 1969 年开发成功，随之逐渐派生出 SOJ（J 形引脚 SOP）、TSOP（薄小外形封装）、SSOP（缩小形 SOP）、TSSOP（薄与缩小外形 SOP）及 SOT（小外形晶体管）、SOIC（小外形集成电路）等。这类元器件是最普及的表面贴装元器件，常用于线性电路、逻辑电路、随机存储器等。其引脚具有两种形式，即 L 形和 J 形，外形如图 7-24 所示，载体材料有塑料、陶瓷两种。SOP 的引脚间距与对应的引脚数目如表 7-12 所示，其额定功率和热阻如表 7-13 所示。

表 7-12　SOP 引脚间距与对应的引脚数目

引脚间距/mm	引脚数目
1.27	8～28
1.0	32
0.76	40～56

表 7-13　SOP 额定功率和热阻

封 装 形 式	热阻/(℃/W)	结点温度下功率/W	
		≤115 ℃	≤135 ℃
SOP14	110～130	0.340	—
SOP16	110～120	0.375	—
SOP16L	90～110	0.450	—
SOP20	80～90	0.500	0.720
SOP24	70～80	0.560	0.810
SOP28	70	0.640	0.930

2. 有引脚的塑料芯片载体 PLCC

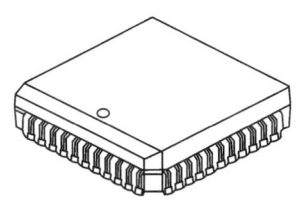

图 7-25　PLCC 外形

PLCC 是英文 plastic leaded chip carrier 的缩写，即有引脚的塑料芯片载体，当引脚超过 40 个时便采用此类封装。其引脚从封装的四个侧面引出，呈 J 形，外形尺寸比 DIP 封装的小得多，具有外形尺寸小、可靠性高的优点，常用于逻辑电路、微处理器阵列、标准单元等。PLCC 外形如图 7-25 所示，表 7-14 介绍了部分 PLCC 封装的 IC 型号及其功能。

表 7-14　部分 PLCC 封装的 IC 型号及其功能

IC 型 号	功 能	公 司
LMA1043	1043 多路累加器	逻辑器件公司
DSP32010	32010 数据信号处理器	通用仪器公司
R8002J	通用 IC	罗克维尔国际公司
541CH	磁盘数据处理器	硅系统公司
N27C64	可编程只读存储器	英特尔公司

3. 方形扁平封装 QFP

QFP 是英文 quad flat package 的缩写,即方形扁平封装,引脚从四个侧面引出,呈 L 形。随着引脚数目增多,引脚厚度、宽度也随之减小,采用 J 形引脚封装制作困难,因此 QFP 引脚全都采用 L 形处理,引脚中心间距有 1.0 mm、0.8 mm、0.65 mm、0.5 mm、0.3 mm 等。它是适应 IC 内容增多、I/O 数量增多而出现的封装形式。QFP 封装的基材有陶瓷、金属、塑料三种,其中塑料封装占绝大部分,是最普及的封装,常用于门阵列的 ASIC 元器件。

日本最先发明 QFP 封装,目前 QFP 封装已被广泛使用,并由日本工业协会 EIAJ-IC-74-4 制定出相关标准。日本将引脚中心小于 0.65 mm 的 QFP 称为 SQFP,并对 QFP 封装外形尺寸也进行了规定,使用 5 mm 和 7 mm 的整倍数,直到 40 mm 为止。但美国开发的 QFP 则在四角各有一凸出的角,起到保护元器件引脚的作用,一般外形比引脚长 3 mil(1 mil＝0.0254 mm,下同),其封装名称为 PQFP,两种封装外形如图 7-26 所示。

4. 无引脚陶瓷芯片载体 LCCC

LCCC 是英文 leadless ceramic chip carrier 的缩写,即无引脚陶瓷芯片载体。该封装在陶瓷基板的四个侧面只有电极接触而无引脚,其电极中心距有 1.0 mm 和 1.27 mm 两种,属于高速和高频 IC 封装,其外形如图 7-27 所示。

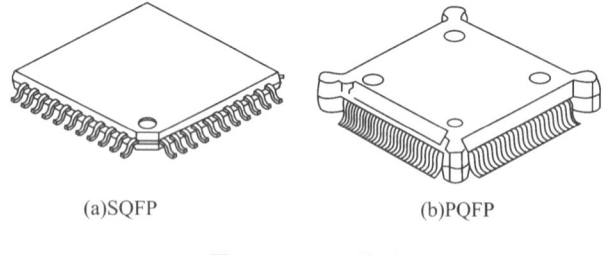

(a)SQFP　　　　　(b)PQFP

图 7-26　QFP 外形

图 7-27　LCCC 外形

PLCC 芯片载体用塑料,LCCC 芯片载体用陶瓷,目前陶瓷基板较多采用 FR-4。矩形 LCCC 有 18、22、28、32 个电极数;方形 LCCC 有 16、20、24、28、44、56、68、84、10、124、156 个电极数。

LCCC 封装的特点是在陶瓷外壳侧面有金属化凹槽和外壳底面镀金相连,提供了较短的信号通路,使得电感和电容消耗较低,可用于高频工作状态,常用于微处理单元、门阵列和存储器,其引脚间距为 1.27 mm 的 LCCC 外形尺寸如表 7-15 所示。

表 7-15　引脚间距为 1.27 mm 的 LCCC 外形尺寸

引　脚　数	长/mm	宽/mm
LCCC 16	7.750	7.750
LCCC 20	9.144	9.144
LCCC 24	10.414	10.414
LCCC 28	11.684	11.684
LCCC 44	16.764	16.764
LCCC 52	19.30	19.30
LCCC 68	24.384	24.384
LCCC 84	29.464	29.464
LCCC 100	35.544	35.544
LCCC 124	42.164	42.164

5. 球栅阵列 BGA

20 世纪 80 年代中后期至 90 年代,以 QFP 为代表的 IC 得到了极大发展和广泛应用,但是由于组装工艺的限制,QFP 的尺寸、引脚数目和引脚间距达到了极限。为了适应 I/O 数目的快速增长,由美国 Motorola 公司开发的新型封装形式——球栅阵列封装 BGA,于 20 世纪 90 年代初投入实际使用,首先在便携式电话等设备中使用。

BGA 是英文 ball grid array 的缩写,即球栅阵列。该封装在基板的正面装配 LSI 芯片,然后用模压树脂或灌封方法进行密封,引脚用球形凸点代替,并呈球栅阵列状分布在基板的底部。它可以有较多的引脚且引脚间距较大,具有相似外形尺寸的 BGA 和 QFP 的引脚数如表 7-16 所示。

表 7-16　具有相似外形尺寸的 BGA 和 QFP 的引脚数

封 装 类 型	外形尺寸/mm×mm	引脚间距/mm	引　脚　数
QFP	32×32	0.635	184
BGA	31×31	1.5	400
BGA	31×31	1.27	576
BGA	31×31	1.0	900

由于 BGA 的安装高度低、引脚间距大、引脚短、组装密度高,因此电气性能优越,特别适合在高频电路中使用。当然,该封装也存在以下缺点:

(1) BGA 焊接后检查和维修比较困难,必须使用 X 射线透视或 X 射线分层检测,才能确保焊接的可靠性,设备费用大;

(2) 易吸湿,使用前应对该封装进行烘干处理。

芯片的位置、引脚的排列、基座的材料和密封方式不同,BGA 的封装结构也不同。BGA 按芯片放置方式分类,可分为芯片表面向上和向下两种;按引脚排列方式分类,可分为球栅阵列均匀全分布、球栅阵列交错全分布、球栅阵列周边分布、球栅阵列带中心散热和接地点的周边分布等;按密封方式分类,可分为模制密封和浇注密封等;从散热角度分类,可分为热增强型、膜腔向下型和金属体 BGA(MBGA);按基座材料不同,可分为塑料球珊阵列(PBGA)、陶瓷球珊阵列(CBGA)、陶瓷柱珊阵列(CCGA)、载带球珊阵列(TBGA)四种。

1)PBGA

PBGA 是最普通的 BGA 封装类型,该封装的载体是普通的印制电路板基板,例如,FR-4、BT 树脂等。芯片通过金属丝压焊方式连接到载体的上表面,然后用塑料模压成形,在载体的下表面连接有共晶成分 37Pb/63Sn 的焊球阵列。焊球阵列在底面上可以呈完全分布或部分分布,如图 7-28 所示。Intel 系列 CPU 中 Pentium Ⅱ、Ⅲ、Ⅳ 处理器均采用这种封装形式。

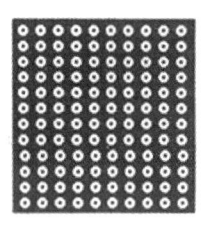

(a)完全分布　　　　　　　　　　　(b)部分分布

图 7-28　焊球阵列分布

焊球阵列的尺寸为 0.75～0.89 mm,焊球间距有 1.0 mm、1.27 mm、1.5 mm 几种。目前 I/O 数为 169～313 的已有批量生产。随着技术不断发展,预计不久的将来 I/O 数可达 600～1 000。PBGA 封装的优点是可以利用现有的组装技术和原材料制造,整个封装的费用相对较低;和 QFP 元器件相比,不易受到机械损伤;适用于大批量的电子组装;载体与印制电路板基材相同,热膨胀系数几乎相同,因此在回流焊中对焊点几乎不产生应力,对焊点的可靠性影响也较小。PBGA 的不足之处是易吸潮。

2)CBGA

CBGA 是为解决 PBGA 吸潮性而改进的品种。

CBGA 的芯片连接在多层陶瓷载体的上表面,芯片与多层陶瓷载体的连接有两种形式。第一种是芯片的线路层朝上,采用金属丝压焊的方式实现连接;另一种则是芯片的线路层朝下,采用倒装片结构方式以实现芯片与载体的连接。在陶瓷载体的下表面,焊球阵列分布也有完全分布和部分分布两种形式,焊球尺寸通常约为0.89 mm,间距常见的有 1.0 mm 和 1.27 mm。焊球阵列的成分为 90Pb/10Sn,熔化温度约为 300 ℃,在现有表面贴装 220 ℃ 的温度下回流焊,焊球不熔化,因此漏印在焊盘上的焊膏要比 PBGA 的多一些,用于补偿 CBGA 焊球平面的误差,从而保证了焊点连接的可靠性。Intel 系列 CPU 中 Pentium Ⅰ、Ⅱ 和 Pro 处理器均采用这种封装形式。

CBGA 的优点是具有优良的电性能和热性能,具有良好的密封性能;和 QFP 相比,不易受到机械损伤,适用于 I/O 数大于 250 的电子组装应用。不足之处是封装尺寸大于 32 mm×32 mm 时,印制电路板与 CBGA 的多层陶瓷载体之间的热膨胀系数(CTE)不同,会导致热循环中焊点失效。因此,目前 CBGA 的 I/O 数限制在 625 以下,对尺寸大于 32 mm×32 mm 的,则考虑采用其他类型的 BGA。

3)CCGA

CCGA 是 CBGA 在陶瓷尺寸大于 32 mm×32 mm 时的另一种形式。与 CBGA 不同的是,在陶瓷载体的下表面连接的不是焊球而是 90Pb/10Sn 的焊料柱,焊料柱阵列可以是完全分布,也可以是部分分布,常见的柱料直径约为 0.5 mm,高度约为2.21 mm,柱阵列典型间距为 1.27 mm。

4) TBGA

TBGA 是 BGA 相对较新的封装类型,其外形如图 7-29 所示,目前主要用于高性能、高 I/O 数的产品,最常见的是各类驱动芯片,例如,TFT LCD 的驱动芯片。

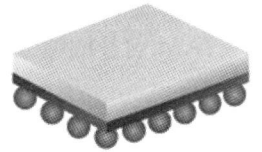

图 7-29 TBGA 外形

TBGA 载体的上表面分布着用于信号传输的铜导线,而下表面则作为地层使用。芯片与载体之间的连接可以采用倒装片技术实现。在芯片与载体的连接完成后,要对芯片进行包封,以防止受到机械损伤。载体上的过孔起到了连通两个表面、实现信号传输的作用。焊球采用类似金属丝压焊的微焊接工艺连接到过孔焊盘上,形成焊球阵列。在倒装芯片的背面一般用导热胶连接散热片,给封装体提供良好的热特性。

TBGA 的焊球组成成分为 90Pb/10Sn,焊球直径约为 0.65 mm,典型的焊球间距有 1.0 mm、1.27 mm、1.5 mm 几种。目前常用的 TBGA 封装 I/O 数小于 448,国外一些大公司正在开发 I/O 数大于 1 000 的 TBGA。该封装的优点是比其他大多数 BGA 封装类型更轻更小,尤其是 I/O 数多的封装,具有比 QFP 和 PBGA 封装更优越的电性能,可适用于批量电子组装。TBGA 的不足之处是易吸潮,封装费用高。

7.3.3 本书实训项目部分集成电路概览

1. 收音机专用集成电路

1) CD9088(SC1088)

CD9088(SC1088)是调频收音机专用的集成芯片,是实训项目 ZX2013 调频收音机的核心电路。

CD9088(SC1088)专用于电调谐微型 FM 收音机,含有单声道及从射频输入到音频输出的所有功能电路。CD9088(SC1088)内含自动频率控制系统,可用于机械调谐,在 88～108 MHz 的频率范围内可实现自动搜索,内置中频频率为 70 kHz 的锁相环系统,选择性由有源 RC 滤波器实现,静音电路可抑制非中频信号和较弱的中频信号,其工作电压范围为 1.8～5 V,典型值为 3 V,外围电路简单,设计使用十分方便。

CD9088(SC1088)采用 16 引脚双列扁平封装(SOP16),其外形如图 7-30(a)所示。电路不设置外围中频变压器,简化了电路,省去了中频频率调试的麻烦,又提高了中频频率特性,并减少了电路体积。在调谐方式上,CD9088(SC1088)既可采用传统的可变电容机械调谐,也可像数字调谐收音机那样采用电调谐方式来搜索电台。在采用电调谐方式时,只需操作搜索调谐按钮(RUN),电路便自动地由频率低端向频率高端搜索电台,一旦搜索到电台信号,调谐自动停止。当调谐到 FM 接收频率最高端时,只需按一下复位按钮(RESET),本振频率即回到最低端,搜索调谐又重新开始。

2) CXA1191(CD1691)

CXA1191(CD1691)为索尼公司在 20 世纪 90 年代开发的一块全波段调频调幅收音机专用集成电路,采用双列扁平 SOP 封装,其工作电源电压范围为 2～7.5 V,其外形如图 7-30(b)所示。该芯片是 EDT-2902 数显多功能全波段收音机的核心电路,可实现射频信号的中频变换/放大、FM 信号的鉴频、AM 信号的检波、音频信号的放大等功能。

(a) SC1088 外形　　　　(b) CD1691 外形

图 7-30　收音机专用集成电路

2. 2G FLASH U 盘所用集成电路

2G FLASH U 盘采用金士顿 U 盘的设计,U 盘主要由一片存储器芯片和一片控制器芯片组成。

1) K9GAG08U0M

K9GAG08U0M 是三星公司生产的闪存芯片,金士顿 2G U 盘采用该芯片进行数据存储。该芯片是一种 E^2PROM 数据存储器,容量为 2 GB,存储延时为 25 ns 。该芯片有 48 个引脚,采用 TOSP1 封装,其工作电压为 2.7～3.6 V,外形如图 7-31(a)所示。

2) On Flash 5188B

U 盘与电脑通过 USB 接口连接,OnFlash 5188B 就是 U 盘内对于 USB 接口的控制芯片。其主要功能是用于识别 USB 接口,并控制 U 盘与计算机之间的数据传输。该芯片也有 48 个引脚,采用 SQFP 封装工艺,其工作电压为 3.3 V,图 7-31(b)所示的为其外形。

(a)K9GAG08U0M 外形　　　　(b)OnFlash 5188B 外形

图 7-31　2G U 盘使用的芯片

3. MP3 用集成电路

MP3 播放器主要用到 2 片专用芯片,一片是存储数据的存储器,一片是将数据还原处理成音乐信号,并控制播放器工作的控制器。

1) HY27UT088G

HY27UT088G 是 ZX2057 贴片式 MP3 的主存储器,用于存储音乐数据文件。本存储芯片为 1 GB Flash 闪存,适用于 MP3、MP4、U 盘、闪存记忆卡等。芯片外形如图 7-32 所示。该芯片有 48 个引脚,采用 TSOP 封装。

图 7-32 HY27UT088G 存储器外形

2) ATJ2063

ATJ2063 是第三代单片高性能数字音乐处理器,它含有带嵌入式 RAM/ROM 的 DSP,作为音频解码器。ATJ2063 带有 USB 2.0 接口、LED/LCD 接口,支持 WMA 等数字音频标准。芯片有 48 个引脚,采用 SQFP 封装,其外形与图 7-31(b)所示的 OnFlash 5188B 相同。

思 考 题

7-1 下列矩形电阻器标注所对应的电阻值分别是多少?
　　 1001,9Ω1,201,R75

7-2 跨接线电阻器有什么特点?主要应用于什么场合?

7-3 半可调电位器有哪些类型?金属膜封闭型半可调电位器应如何使用?

7-4 多层陶瓷电容器 MLCCC 根据用途可分为哪几种类型?说明它们之间的区别。

7-5 说明微调电容器的类型及其应用特点。

7-6 磁珠是应用最广泛的电感元器件,说明它的结构和性能特点。

7-7 表面贴装电感器的参数有哪些?Q 值的含义是什么?

7-8 归纳表面贴装 RLC 元器件参数值的标注方法。

7-9 说明表面贴装二极管的类型及其用途。变容二极管的工作原理是什么?

7-10 表面贴装三极管可分为哪几类?

7-11 表面贴装 IC 的引脚形状有哪几种?IC 包括哪些封装形式?

7-12 BGA 封装的最大优势是什么?根据不同的分类形式,BGA 可分为哪几种类型?

第8章　现代焊接技术

8.1　表面贴装技术

表面贴装技术（surface mount technology，SMT）是将表面贴装元器件贴装并焊接到印制电路板上的电子组装技术。由于该技术具有产品体积小、重量轻、可靠性高、成本低等一系列优点，因此成为当今电子产品生产中最先进的组装技术，已在国防、通信、计算机、工业自动化、民用电子产品等领域获得广泛应用。

8.1.1　表面贴装技术的特点

表面贴装技术是先在印制电路板的焊盘表面涂上锡膏，再将元器件的金属化端子准确贴放到焊盘的锡膏上，然后将印制电路板与元器件一起放入回流焊炉中整体加热直至锡膏熔化，然后锡膏经过冷却固化，实现元器件与印制电路板之间的机械与电气连接的技术。元器件与印制电路板的连接如图 8-1 所示。

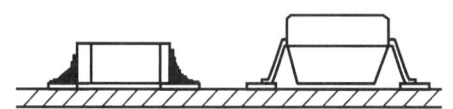

图 8-1　表面贴装元器件与印制电路板的连接

表面贴装技术与传统的插装技术相比有以下五大特点。

1. 元器件微型化

表面贴装元器件比传统插装元器件所占面积和重量都小，一般采用表面贴装技术可使电子产品体积缩小 60%，重量减轻 75%。

2. 产品的可靠性高

由于表面贴装元器件的可靠性高、元器件小而轻，因此产品的抗振能力强，自动化生产程度高。采用表面贴装技术可使产品的不良焊点率小于 10%，并具有良好的耐机械冲击和抗振动能力。

3. 抗干扰性好

由于表片贴装元器件贴装牢固，通常为无引脚或短引脚，因此减小了对寄生电感和寄生电容的影响,有利于改善电路的高频干扰。

4. 效率高

由于表面贴装元器件外形尺寸标准化,适于用自动贴装机进行组装,提高了生产效率。另外,通过该技术生产的产品失败率很低,而且产品的平均无故障时间为250 000 h,因此目前几乎有90%的电子产品都采用该技术生产。

5. 生产成本降低

表面贴装元器件无引线或采用短引线,在印制电路板上安装时,元器件的引线不用打弯、剪短,表面贴装不需要在印制电路板上钻孔,使整个生产过程缩短,提高了生产效率,有效地降低了生产成本。

8.1.2　表面贴装印制电路板基板及焊料

1. 印制电路板基板

表面贴装技术对印制电路板要求比插装式的高。采用表面贴装工艺的印制电路板,布线的细密度是主要的技术要求。由于电极间距日益缩小,要求在 2.54 mm 的间距内能通过 2 条或 3 条印制导线,并向通过 5 条印制导线发展,其导线宽度从0.23 mm减为 0.18 mm 左右,目前已经达到 0.05 mm。为提高安装密度,要求印制电路板的层数越多越好,已发展为 68 层,这些发展都要求基板材料要有更好的机电性能和耐温性能。

由于表面贴装元器件是通过贴装设备来完成安装的,因此为使贴片定位准确,就需要印制电路板平整,不能有微小的翘曲现象,要求印制电路板热膨胀系数要小,同时在印制电路板焊接时,元器件及焊点在热应力作用下不会损坏。

适用于表面贴装技术的基板材料主要有有机基材、金属芯基材、柔性层材料、陶瓷基材。选择基板材料时,应考虑材料的转化温度、热膨胀系数(CTE)、热传导性、介电常数、体积电阻率、表面电阻率、吸湿性等因素。实用的表面贴装印制电路板基板按材料分为无机材料和有机材料两大类。

无机材料的电路基板主要为陶瓷电路基板。这种基板耐腐蚀、耐高温、热膨胀系数较小,适用于厚膜、薄膜集成电路和多芯片高密度微组装电路。

有机材料的电路基板使用增强材料,如玻璃纤维,浸以树脂合剂,然后覆上铜箔,经高温高压而制成。

目前,应用最广泛的是玻璃纤维和环氧树脂电路基板,玻璃纤维电路基板具有强度高的特点,环氧树脂电路基板具有韧度高的特点。

2. 焊料

1)焊膏

膏状焊料(solder paste)是表面贴装元器件生产中最重要的材料之一。焊膏的主要作用,一是在表面贴装元器件时,作为元器件引线(或电极)与印制电路板焊盘之间的黏结材料,使元器件在印制电路板上定位;二是在回流焊时,焊膏中的合金粉末熔化以后在元器件引线和焊盘之间形成焊点,完成电气连接与机械连接。

焊料粉末是构成焊膏的主体成分。焊料粉末的成分、形状、粉末粒度的分布和金属的质量分数是表示焊料粉末特征的四大要素。

绝大多数的电子产品均使用铅锡合金体系的焊膏焊接,尤其是 Sn63/Pb37 共晶合金的使用最为普遍。该合金具有较低的熔点和良好的流动性,是十分理想的焊接材料。在通信类电子产品中,更倾向于采用 Sn62/Pb36/Ag2 合金,以改善焊点的电气连接性能。这种含 Ag 的铅锡合金具有更宽的焊接温度范围,有利于焊接工艺参数的选择。焊料粉末的形状、粉末粒度和金属的质量分数对焊膏的抗塌陷能力有很大的影响。当对精度和密度要求不高时,对这三者的要求可以不太严格,但当对精度和密度要求很高时,应选择焊料粉末为球形、粒度较细且分布均匀、金属质量分数高一些的焊膏,以减少焊接以后产生桥接的机会。粒度粗大的焊料粉末,焊接时形成焊球的可能性也会增加。常用焊膏的金属成分、物态范围、性质与用途见表 8-1,其中 S 表示固态;L 表示液态;E 表示共晶态。S、L、E 前的数值是温度值(单位:℃)。

表 8-1　常用焊膏的金属成分、物态范围、性质与用途

金属组分	物态范围	性质与用途
Sn63/Pb37	183E	共晶常温焊料, 不适用于含 As、Ag/Pa 材料电极的元器件
Sn60/Pb40	183S～188L	近共晶常温焊料, 不适用于含 As、Ag/Pa 材料电极的元器件
Sn62/Pb36/Ag2	179E	共晶常温焊料, 易于减少 AS、Ag/Pa 材料电极的侵蚀
Sn10/Pb88/Ag2	268S～290L	近共晶高温焊料, 适用于耐高温元器件及需两次回流焊的贴片元器件
Sn96/S0.5/Ag3.5	221E	共晶高温焊料, 适用于要求焊点强度较高的贴片元器件的焊接
Sn42/Bi58	138E	共晶低温焊料, 适用于热敏元器件及需要两次回流焊的贴片元器件

2）贴片胶

在表面贴装过程中,为了避免贴片元器件在进行焊接时发生位移,要用贴片胶将贴片元器件固定在印制电路板焊接面上,在焊接完成后,贴片胶便不再起作用。

贴片胶通常由基本树脂、固化剂和固化促进剂、增韧剂及无机填料等组成,其核心部分为基本树脂。目前普遍采用的基本树脂有丙烯酸酯和环氧树脂。在进行表面贴装时所使用的贴片胶应满足下列要求。

（1）在常温或低温下易保存,使用寿命长。

（2）有一定的黏度,适用于手工和自动涂敷的要求,滴胶时不拉丝,涂敷后能保持轮廓,形成足够的高度,且不漫流到有待焊接的部位。

（3）固化后贴片胶无收缩,在焊接过程中无释放气体现象。

（4）固化后有一定的黏结强度,能经受印制电路板的移动、翘曲,焊剂和清洗剂的作用及

焊接温度的作用,在波峰焊时元器件不掉落。

（5）应与后续工艺过程中的化学制品相容,不发生化学反应,在任何情况下都具有非导电性,抗潮和抗腐蚀能力强,应有颜色。

3）清洗剂

清洗剂用于清洗焊接后的印制电路板,应满足以下条件:化学和热稳定性好,在贮存和使用期间不发生分解,不与其他物质发生化学反应,对接触材料弱腐蚀或无腐蚀,具有不燃性和低毒性,操作安全,清洗操作过程中损耗小,必须能在给定温度及时间内进行有效清洗。选定的清洗剂除可以清洗印制电路板外,还可以用于清洗印制焊膏用的丝印网版或漏版。

8.2　表面贴装工艺及概念

工艺属于企业的技术资源和生产要素,它在总体上构成了企业的工艺布局,具体体现为产品加工的工艺过程,其物质承担者就是包括相应技术设备的产品生产线。工艺作为企业的核心技术与制造手段,需要特别注意其系统性、先进性和适应性,避免技术经济失衡。

8.2.1　表面贴装工艺类型及流程

一般来说,不同的组装类型需要不同的表面贴装工艺,可从不同角度进行表面贴装工艺分类,具体分类情况如表 8-2 所示。在实际生产中,应根据所用元器件和拥有的生产设备及产品的需要,选择合适的工艺类型。

表 8-2　各种表面贴装工艺类型

分 类 方 法	工 艺 类 型
按焊接工艺	波峰焊、回流焊
按组装方式	单面组装、双面组装、单面混装、双面混装
按生产规模	小型、中型、大型
按生产方式	手动、半自动、全自动
按使用目的	研究试验、小批量多品种生产、大批量少品种生产、变量变品种生产
按贴装速度	低速、中速、高速
按贴装精度	低精度、高精度

SMT 生产的混装工艺是指在印制电路板板面上既有数量不等的贴片元器件,又有插装分立器件,这种工艺的焊接过程比较复杂,常见于视听类产品,如 VCD、DVD 中。

按组装方式进行 SMT 生产的各类工艺具体流程如下。

1. 单面组装

单面组装是将全部表面贴装元器件都贴装、焊接到印制电路板的一面,按下列步骤进行。

来料检测→丝印焊膏→贴片→回流焊→清洗→检验→返修。

2. 双面组装

双面组装是将表面贴装元器件分别贴装、焊接到印制电路板的 A、B 两面，按下列步骤进行。

来料检测→印制电路板的 A 面丝印焊膏→贴片→A 面回流焊→翻板→印制电路板的 B 面丝印焊膏→贴片→修改回流焊机温度参数→B 面回流焊→清洗→检验→返修 。

3. 单面混装

单面混装是将插装元器件和表面贴装元器件都焊接在印制电路板的 A 面，这时要先贴装后插装。

来料检测→印制电路板的 A 面丝印焊膏→贴片→A 面回流焊→印制电路板的 A 面插件→波峰焊或浸焊（少量插件可采用手工焊接）→清洗→检验→返修。

4. 双面混装

混装工艺的操作过程总体上是在 A 面采用锡膏-回流焊工艺焊接 IC 等表面贴装元器件；在 B 面涂贴片胶贴装贴片元器件后送入红外焊炉中固化；再转至 A 面，插入插装元器件，最后波峰焊 B 面，同时完成 B 面贴片元器件和插装元器件的焊接。焊接全部完成后进行印制电路板整理、清洗、测试和总装。

设表面贴装元器件在印制电路板的 A 面，插件在 B 面。这时可选择采用下面两种工艺过程的一种进行贴装。

工艺过程 A：来料检测→印制电路板的 A 面丝印焊膏→贴片→回流焊 A 面→印制电路板的 B 面插件→波峰焊（少量插件可采用手工焊接）→清洗→检验→返修。

工艺过程 B：来料检测→印制电路板的 A 面丝印焊膏→贴片→手工对印制电路板的 A 面的插件焊盘点锡膏→印制电路板的 B 面插件→回流焊→清洗→检验→返修。

如果表面贴装元器件在印制电路板的 A、B 面，插件在印制电路板的任意一面或两面，则先按双面组装的方法进行双面表面贴装元器件的回流焊，然后进行两面插件的手工焊接。

选择表面贴装工艺时应考虑的主要因素是：

(1)印制电路板的组装密度；

(2)表面贴装设备条件；

(3)成本和效率。

一般原则，在回流焊设备和波峰焊设备都具备的条件下，优先选择回流焊；选择产品组装方式时，一般优选单面混装和单面全表面组装；尽量避免印制电路板两面都有大比重 IC 等元器件。

表面贴装工艺对被焊元器件的要求如下。

(1)元器件须具有可焊性。

(2)元器件引脚的焊料涂层厚度应大于 8 μm，涂层焊料中锡的质量分数应为 60%～63%。

(3)元器件必须能在 215 ℃下承受至少 10 个焊接周期的加热。一般每次焊接应耐受的条件是：当为汽相回流焊时，215 ℃，60 s；当为红外回流焊时，230 ℃，20 s；当为波峰焊时，260 ℃，10 s。

8.2.2　表面贴装工艺过程的基本概念

1. 模板

模板又称丝印网板,是在印制电路板上丝印焊膏的设备。首先根据所设计的印制电路板确定是否需要加工模板。如果印制电路板上的贴片元器件只是电阻、电容且封装为 1206 以上的,则可不用制作模板,用针筒或自动点胶设备进行锡膏涂敷即可;如果在印制电路板中含有 SOT、SOP、PQFP、PLCC 和 BGA 封装的芯片,以及电阻、电容的封装为 0805 以下的,则必须制作模板。模板一般分为化学蚀刻铜模板和激光蚀刻不锈钢模板两种,铜模板价格低,适用于小批量、试验产品,并且芯片引脚间距应大于 0.635 mm;不锈钢模板精度高、价格高,适用于大批量、自动生产线,并且芯片引脚间距可小于 0.5 mm。

2. 丝印

丝印的作用是用刮刀将锡膏或贴片胶漏印到印制电路板的焊盘上,为元器件的贴装做准备。将模板固定在丝印台上,通过手动丝印台的上、下、左、右旋钮在丝印平台上确定印制电路板的位置,并将此位置固定;然后将需涂敷的印制电路板放置在丝印平台和模板之间,在模板上放置锡膏,保持模板和印制电路板的平行,用刮刀将锡膏均匀地涂敷在印制电路板上。在使用过程中注意对模板及时清洗,防止锡膏堵塞模板的漏孔。

3. 贴装

贴装的作用是将表面贴装元器件准确安装到印制电路板的确定位置上。所用设备用贴片机、真空吸笔或镊子人工贴装。无论放置何种元器件都必须注意对准位置,如果错位,则必须用酒精清洗印制电路板,重新丝印,重新放置元器件。

真空吸笔是利用笔内真空拾取贴片元器件的工具,如果元器件面积稍大(如芯片),可在真空吸笔头上添加吸盘,吸力的大小可用旋钮调整。

4. 回流焊

回流焊的作用是将焊膏加温熔化,使表面贴装元器件与印制电路板牢固钎焊在一起,以达到设计所要求的电气性能,如完全按照国际标准温度曲线精密控制,可有效防止印制电路板和元器件的热损坏和变形。

5. 清洗

贴装好的印制电路板上往往残留有影响电性能的物质或焊接残留物,如助焊剂等,必须清洗,特别是对要求微功耗或高频特性好的产品,一定要进行清洗。所用设备为超声波清洗机或用酒精直接手工清洗。若使用免清洗焊料,则一般产品可以免清洗。

6. 检验

检验的作用是对贴装好的印制电路板进行焊接质量和装配质量的检验,看是否有不合格的焊点。所用设备有放大镜、显微镜等。

7. 返修

所谓返修,是对检测发现故障的印制电路板进行返工,例如,对锡球、锡桥、开路等缺陷进行返工。所用工具为智能烙铁、返修工作站等。返修配置在生产线中任意位置。

8.2.3 表面贴装辅助工艺

表面贴装辅助工艺主要用于解决波峰焊和回流焊混合工艺,其包括点胶和固化。

1. 点胶

将红胶滴到印制电路板的确定位置上,主要作用是将元器件固定到印制电路板上,一般用于印制电路板两面均有表面贴装元器件且有一面进行波峰焊的情况。所用设备为点胶机、针筒等。

2. 固化

将贴片胶受热固化,从而使表面贴装元器件与印制电路板牢固黏结在一起。所用设备为固化炉,位于表面贴装生产线中贴片机的后面。

8.3 回流焊技术

回流焊又称再流焊,是指通过炉内热风回流,熔化预先漏印到印制电路板焊盘上的焊膏而形成焊点,在焊接过程中不再添加任何额外焊料的一种焊接方法,现已成为表面贴装技术的主流工艺。回流焊与波峰焊相比,具有以下优点:

(1)焊膏能定量分配,精度高,焊料受热次数少,不易混入杂质且使用量相对较少;

(2)适用于焊接各种高精度、高要求的元器件;

(3)焊接缺陷少,不良焊点率低。

回流焊技术按照加热方法不同,通常可分为三大类,即热风红外回流焊、汽相回流焊和激光回流焊。

8.3.1 热风红外回流焊

在印制电路板上涂敷了焊膏并贴装元器件后,通常放在热风红外回流焊炉中进行焊接。回流焊炉中具有多种红外加热器,并以热辐射的形式向印制电路板传送热能;在回流焊炉中还设有热风系统,使炉温更均匀、更合理,能形成符合工艺要求的温度曲线。通常把热风红外回流焊炉中实现焊接的过程称为热风红外回流焊。

热风红外回流焊炉通常由四个温区组成,第一和第三温区配置了远红外加热器,从第一到第三温区各配置了热风加热器。第一温区的温度上升范围通常由室温到 150 ℃,第二温区的加热起保温作用,第三温区才是焊接温区。设置多个温区的目的是保证印制电路板在良好的状态下完成焊接过程。热风红外回流焊炉结构如图 8-2 所示,由远红外加热器、强制对流系统、印制电路板传送系统、温控系统等组成。

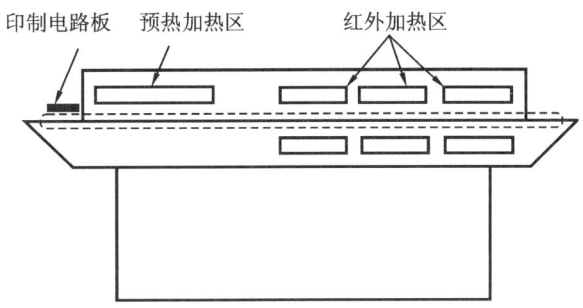

图 8-2　热风红外回流焊炉结构

1）远红外加热器

远红外加热器的种类很多,大体可分两大类:一类是红外灯和石英灯管式加热器,它们能直接辐射热量,又称一次辐射体;另一类是陶瓷板、铝板和不锈钢板的板式加热器,加热器铸造在板内,热能首先通过传导转移到板面上来。管式加热器具有工作温度高、辐射波长短和热响应快的优点,但因加热时有光的产生,故对焊接不同颜色的元器件有不同的反射效果,同时也不利于与强制热风配套。板式加热器的热响应慢、效率稍低,但由于热惯量大,通过穿孔有利于热风的加热,对被焊元器件面也比前者有明显的优越性。因此,目前销售的回流焊炉中,加热器几乎全是采用铝板或不锈钢板的板式加热器。有些制造厂商还在其表面涂有红外涂层,以增加红外发射能力。

能焊接幅宽 400 mm 印制电路板的回流焊炉中,每片加热器的功率为 3～4 kW。整机功率为 30～40 kW,开机后的维持功率约为 20 kW。

2）强制对流系统

安装风扇使热能对流,保证回流焊炉内各个区域的温度均衡一致。有条件时应首选切向风扇对流系统。

3）印制电路板传送系统

回流焊炉的印制电路板传送系统有三种。

①耐热聚四氟乙烯玻璃纤维布传送系统。它以 0.2 mm 厚的四氟乙烯玻璃纤维布为传送带,运行平稳、导热性好,但不能连接,仅适用于小型并且是热板红外回流焊炉。

②不锈钢网传送系统。它把不锈钢网张紧后形成传送带,刚性好、运行平稳,但不适于双面印制电路板焊接,也不能连接使用,故使用受到限制。

③链条导轨传送系统。这是目前普遍采用的方法,链条的宽度可实现机调或电调,印制电路板放置在链条导轨上,可实现连线生产,也能实现印制电路板的双面焊接。

选购时应观察链条导轨的运行平稳性,是否进行了耐温处理。链条导轨本身是否带有加热系统也是不能忽视的问题,因为导轨也参与散热,并直接影响印制电路板上的温度,通常应选用带有导轨加热器的产品。此外还应考虑导轨本身材料的耐热性,否则长期在高温下工作会生锈和变形。链条导轨的一致性也不可忽视,精度差有时会导致印制电路板在炉腔中脱落。故有的回流焊炉还装上不锈钢网,做成网链混装式,可防止印制电路板脱落。

4）温控系统

带有炉温测试功能的温控系统,不管是用控温表控制炉温,还是用计算机控制炉温,均应做到控温精度高。

　　焊接时,印制电路板板面温度要比焊料熔化温度高30~40℃,以保证焊料的润湿性及在一定时间内完成焊接工作,温度不适当会导致元器件焊接质量差,甚至损坏元器件。因此在新产品的生产过程中,应反复强调炉温,并得到一条满意的焊接温度曲线。

　　温度曲线是指印制电路板通过回流焊炉时,印制电路板板面的温度随进程不同而变化的曲线。将温度测试仪的热电偶设置在印制电路板板面上,选取3~6个测试点,可测量炉内的实际温度曲线。测试点以吸热最大的点位和吸热最小的点位来决定,并以它们的温度表示印制电路板板面上的焊接温度。影响温度曲线形状的关键参数是传送带的速度和每个温区的温度。带速决定了印制电路板停留在每个温区的持续时间,增加通过温区的时间,可使印制电路板上的温度更接近所设定的温度,每个温区的温度则影响印制电路板的温度上升速度。在热风红外回流焊炉中,只要适当调控热源的温度,就可以方便地调节印制电路板上的温度了。热风红外回流焊炉中,温度曲线通常由四个温区组成,即预热区、活性区、回流区、冷却区,如图8-3所示。回流焊炉的温区越多,越容易使温度曲线达到理想状态。

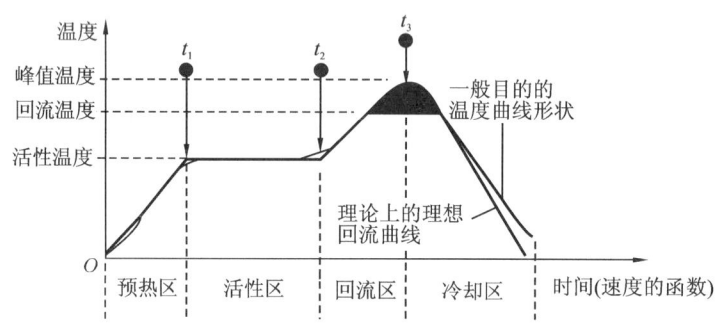

图8-3　回流焊炉的温度曲线

　　①预热区,即从室温升至150℃的区域。在这个区内印制电路板平稳升温,升温速率为2~3℃/s,通过该区的时间为60~90 s。在预热区,焊膏中的部分溶剂能够及时挥发掉,元器件特别是贴片阻容元器件缓缓升温,以适应以后的高温。但印制电路板表面温度由于元器件大小不一,热容量不一,因而温度有不均匀的现象。

　　②活性区,即温度维持在150~160℃的区域。此区中焊膏的挥发物将进一步被去除,活化剂开始激活,并有效地去除焊接表面的氧化物。印制电路板板面温度受热风对流的影响能保持均匀,锡膏在熔化之前。活性区处于炉子的第二个区域,通过该区的时间为70~80 s。

　　③回流区。本区温度最高,又称峰值区,印制电路板进入该区后迅速升温,并超出锡膏熔点30~40℃,即板面温度瞬时达到225~230℃,通过该区的时间为50~100 s,然后温度迅速回落。在回流区内焊料熔化,活化剂也进一步分解,有效地清除各种氧化物。随着温度的升高,表面张力降低,焊料达到元器件引脚的一定高度。回流区温度及印制电路板通过时间是最关键的,温度过高会损坏元器件,温度过低会产生冷焊,故应反复调节,保证大于200℃的时间为30~35 s,才能达到理想状态。在回流区,锡膏熔化后产生的表面张力能自动校准由贴片过程中引起的元器件引脚少量偏移,但也会由于焊盘设计不正确引起多种焊接缺陷,如立碑、桥接等。

　　④冷却区,即焊点迅速降温,焊料凝固的区域。焊点迅速冷却可使焊料晶格细化,结合强度提高,焊点光亮。通常冷却的方法是在炉子出口处安装风扇,强行冷却。

在大规模生产中,每个产品的实际工作曲线应根据印制电路板的大小、元器件的多少及品种进行反复调节才能获得。

测试温度曲线的方法有多种。目前计算机控制的回流焊炉均配有炉温测试仪,在使用时应先根据印制电路板元器件情况选好测试点。首先,测试点应选择大型 IC 引脚的边缘,如有 BGA 则应选在焊点内部。其次,应选择元器件较少或没有元器件的位置,并以此为依据判别印制电路板板面温度是否均匀一致。在选好测试点后,将热电偶探头(应选用 0.2 mm 细的热电偶)用高温锡丝(Sn96/Ag4)焊在焊盘上,并在热电偶上放置模拟元器件,用高温胶带将热电偶外侧与印制电路板固定好。再次,将温度记录仪随印制电路板一道放入炉子中运行,记录印制电路板板面温度。根据记录的温度测试数据反复调节参数,使曲线达到理想状态。

8.3.2　汽相回流焊

汽相回流焊简称汽相焊,基本的汽相回流焊系统如图 8-4 所示,由一个能盛定量流体的容器构成。用一个适当的加热器将流体的温度升高到它的沸点,沸腾的流体上方是饱和蒸汽区,为焊接提供热量,使焊料熔化从而实现电路板上焊点的焊接。容器的顶部是一套冷凝管,冷凝管可减少由于蒸发引起的蒸汽损失,把汽化潜热转移到沸点温度下的液体,释放出潜热量。这种焊接方法由于具有升温速度快和温度均匀恒定的优点,被广泛用于一些高难度电子产品的焊接,最初主要用于厚膜集成电路的焊接。但由于在焊接过程中需要大量使用形成汽相场的传热介质 FC-70,价格昂贵,又是典型的臭氧层损耗物质(ODS),而且还需使用 FC-113(典型的 ODS 物质),所以汽相回流焊未能在表面贴装生产中得到全面推广应用。

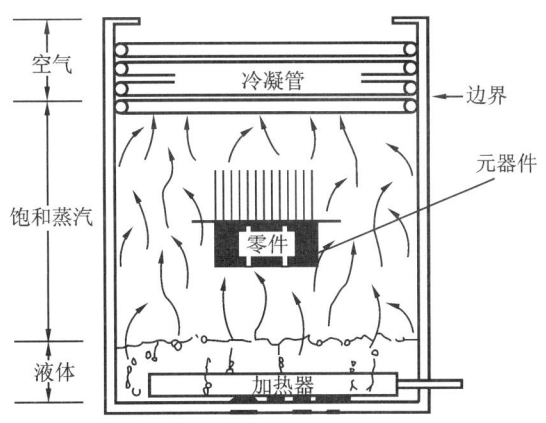

图 8-4　基本的汽相回流焊系统

8.3.3　激光回流焊

激光回流焊是利用激光束直接照射焊接部位,焊点吸收光能转变成热能,加热焊接部位,使焊料熔化;光照停止后,焊接部位迅速冷却,焊料凝固成焊点的焊接方法。

通常,一个 1 mm×2 mm×0.5 mm 的元器件引脚从低温加热到 200 ℃仅需 1 J 的能量,对激光发生器来说,产生这样大的能量是毫不费力的。通常 15～20 W 的工业 CO_2 激光器,就可以满足焊接电子元器件的要求。这样低的能耗是其他焊接方法无法实现的。

传统的激光发生器有两种,一种是固体 YAG(钇铝石榴石)激光器,其波长为$1.065~\mu m$;另一种是 CO_2 激光器,其波长为 $10.6~\mu m$,属远红外领域。这两种激光发生器均适于激光回流焊应用。它们在数控定位器的配合下,将激光束聚集成适合的光斑形状和大小,实现激光回流焊。

8.3.4　各种回流焊技术的性能对比

各种回流焊技术各有特点,应根据产品要求及生产量选择应用。表 8-3 对各种回流焊技术的性能进行了比较。

表 8-3　各种回流焊技术的性能比较

加热方法	原　理	优　点	缺　点	适 用 范 围
热板式	热传导	印制电路板受热时热量能由下部平缓地传到上部,热冲击小,设备廉价,能连续生产	热效率不高,受热不均匀	单面板低档贴片产品
热板加热红外式	热传导热辐射	印制电路板双面受热,热辐射效率高,热冲击大,设备价格较高,能连续大规模生产	辐射热使元器件表面的受热有阴影效应	双面板中档产品,应注意升温速率
红外加热热风板式	增加热风对流传递热量	热风循环使印制电路板双面受热,炉内温度均匀,设备价格高,能连续大规模生产	易使元器件移位,注意升温速率和风量大小	中高档产品,能满足大规模生产,能适于插装元器件回流焊
气化潜热式(汽相焊)	F 类溶剂蒸汽凝聚时放热	加热均匀并且升温快,温度控制准确	焊接缺陷多,成本昂贵,大量推广难	军用、航天、电子产品的焊接
激光式	CO_2、YAG 激光转为热能	局部加热,热应力小,印制电路板受损小、耗能小、精度高	设备昂贵,推广较难	特种产品焊接
工具焊式	热风或热棒加热	局部焊接及维修	慢,不能批量生产	局部焊接及维修应用

8.4　波峰焊技术

波峰焊是借助于电动泵或电磁泵的作用,使焊料槽内熔化的液态焊料形成特定形状的焊料波;将安装有电子元器件的印制电路板放置于传送带上,以某一特定的角度匀速穿过焊料波峰,从而实现元器件焊端或引脚与印制电路板焊盘之间的机械与电气连接的软钎焊方法。元器件在进行波峰焊时,元器件的引脚接触到高温焊料,在助焊剂的作用下,润湿力使焊料沿引线往上爬,并润湿整个焊盘,从而得到良好的焊接效果。波峰焊用于印制电路板组装已有20多年的历史,现已成为一种非常成熟的电子组装工艺技术,主要用于插装组件和采用混合组装方式的焊接任务。

8.4.1　波峰焊机

波峰焊机通常由以下 5 个部分组成。

（1）传送带部分。装载、传送待焊接的印制电路板。

（2）助焊剂部分。在印制电路板上涂敷助焊剂，常用的方法有发泡、浸渍、涂刷和喷雾等。

（3）预热部分。预热印制电路板和焊点，活化助焊剂。

（4）焊接部分。印制电路板经过波峰时完成焊接，并附加热风刀，去除桥接，减轻组件的热应力。

（5）冷却部分。冷却产品，减轻热滞留带来的损坏。

波峰焊机有单波峰和双波峰之分。单波峰焊用于表面贴装技术时，焊料容易出现漏焊、桥接和焊缝不充实等缺陷，双波峰焊则可大大减少这些缺陷。目前在表面贴装技术中广泛采用的是双波峰焊工艺和设备，双波峰焊机示意图如图 8-5 所示。

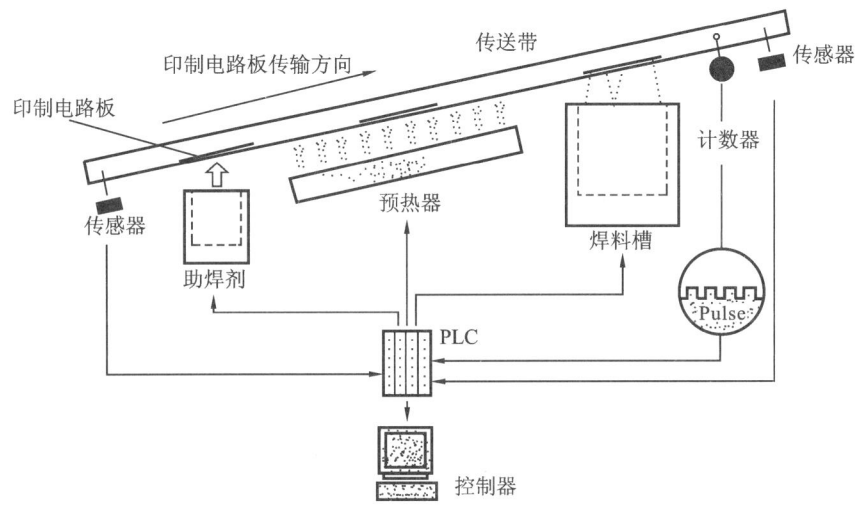

图 8-5　双波峰焊机示意图

图 8-5 中，当完成丝印（或点胶）、贴装、胶固化、插装通孔元器件的印制电路板从波峰焊机的入口端随传送带向前运行，通过焊剂发泡（或喷雾）槽时，印制电路板下表面的焊盘、所有元器件端头和引脚表面被均匀地涂敷上一层薄薄的助焊剂。随着传送带运行，印制电路板进入预热区，焊剂中的溶剂被挥发掉，而松香和活性剂开始分解和活化，印制电路板焊盘、元器件端头和引脚表面的氧化膜及其他污染物被清除；同时，印制电路板和元器件得到充分预热。印制电路板继续向前运行，印制电路板的底面首先通过第一个熔融的焊料波。第一个焊料波是乱波（振动波或紊流波），将焊料打到印制电路板的底面所有的焊盘、元器件焊端和引脚上。熔融的焊料在经过焊剂净化的金属表面上进行浸润和扩散。之后，印制电路板的底面通过第二个熔融的焊料波。第二个焊料波是平滑波，平滑波将引脚及焊端之间的连桥分开，并除去拉尖（冰柱）等焊接缺陷。

8.4.2　波峰焊工艺流程

总的工艺流程是：将插装有元器件的印制电路板放置在传送带上，经过助焊剂涂敷后，预加热到 90～100 ℃;接着进行波峰焊,温度为 220～240 ℃;最后切除多余引脚并检查焊接质量。预加热和波峰焊的温度根据具体的印制电路板和元器件而定。

波峰焊工艺流程有单台波峰焊机完成焊接的单机式和完整生产线的联机式两类,其工艺流程分述如下。

1)单机式波峰焊工艺流程

流程 A:元器件引脚成形—印制电路板贴阻焊胶带—插装元器件—印制电路板装入焊机夹具—涂敷助焊剂—预热—波峰焊—冷却—取下印制电路板—撕掉阻焊胶带—检验—清洗—检验—放入专用运输箱。

流程 B:印制电路板贴阻焊胶带—装入模板—插装元器件—吸塑—切脚—从模板上取下印制电路板—印制电路板装焊机夹具—涂敷助焊剂—预热—波峰焊—冷却—取下印制电路板—撕掉吸塑薄膜和阻焊胶带—检验—补焊—清洗—检验—放入专用运输箱。

2)联机式波峰焊工艺流程

将印制电路板装在焊机的夹具上—人工插装元器件—涂敷助焊剂—预热—浸焊—冷却—切脚—切脚屑—喷涂助焊剂—预热—波峰焊—冷却—清洗—印制电路板脱离焊机—检验—补焊—清洗—检验—放入专用运输箱。

8.4.3　波峰焊工艺参数

波峰焊工艺参数受许多复杂因素影响,这不仅取决于机器型号,而且取决于被焊产品的设计要求,很难具体规定。波峰焊工艺参数主要有时间、温度与波峰高度。

1. 时间

波峰焊过程及时间分配如图 8-6 所示。

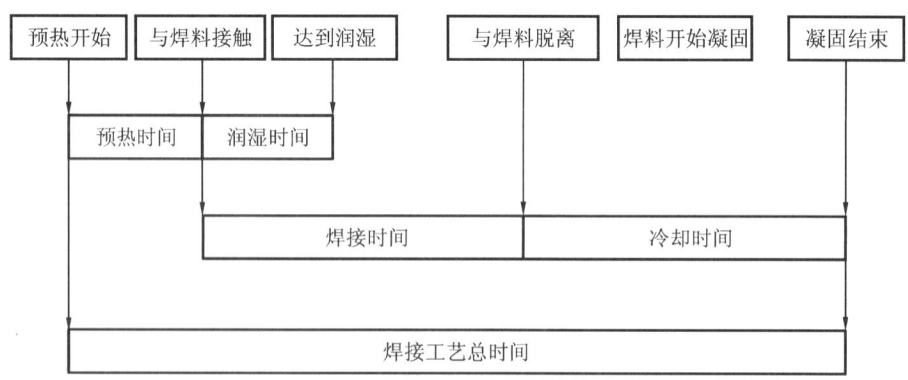

图 8-6　波峰焊过程及时间分配图

图 8-6 中,预热时间是指印制电路板涂敷助焊剂后进入预热区到与焊料波峰相接触前的时间。预热时间长有利于印制电路板板面温度均匀。通常,大型波峰焊机预热时间较长,有利于焊接,同时产量也高;小型波峰焊机预热时间较短,但难保证印制电路板板面温度的均匀性。

润湿时间是指焊点与焊料波峰相接触后开始润湿的那一段时间,该时间仅在理论上存在,实际中无法计量。

焊接时间又称停留时间,是指印制电路板上某一个焊点从接触波峰开始到离开波峰的时间,取决于波峰宽度和传送带行进速度。通常波峰面宽度为 4～5 cm,若速度为 1.2 m/min,即 2 cm/s,则焊接时间为 2～2.5 s。波峰焊的导热是依靠流动焊料与印制电路板焊盘接触来实现的,考虑到不同元器件的热容量,通常接触时间不能太短,否则焊盘将达不到必要的润湿温度,一般焊接时间控制在 3～4 s。

波峰焊机在安装时除了要使机器水平外,还应调节传送装置的倾角,高档波峰焊机倾斜角通常控制在 3°～7°。通过倾斜角的调节,可以调控印制电路板与波峰面的焊接时间。适当的倾角有利于焊料液与印制电路板更快地剥离,使之返回锡锅中。

2. 温度

焊接温度是非常重要的焊接参数,通常高于焊料熔点(183 ℃)50～60 ℃,大多数情况下是指焊锡锅的温度。它通过流动的焊料向焊盘供热,是达到润湿温度的根本保证。适当高的焊料温度可保证焊料有较好的流动性。焊接温度在波峰焊机开通时应定期、定时检查,尤其是焊接缺陷增多时,更应该首先检查锡锅的温度。波峰焊温度调节取决于焊点形成合金层需要的温度,其温度一般为(250±10) ℃。

3. 波峰高度

波峰高度是指波峰焊中印制电路板的吃锡深度,其数值通常控制在印制电路板板厚的 1/2～2/3,过大会导致熔化焊料流到印制电路板表面,出现桥接。此外,印制电路板浸入焊料面越深,其挡流作用越明显,再加上元器件引脚的作用,就会扰乱焊料的流动分布,不能保证印制电路板与焊料流的相对零速运动。对幅面过大和超重的印制电路板,通常用增加挡锡条或在波峰焊机的锡锅中架设钢丝的办法来解决。一般波峰焊机波峰高度可以在 0 到 10 mm 之间进行调整,最佳波峰高度宜控制在7～8 mm。

波峰焊机的带速、预热温度、焊接时间和倾斜角度等工艺参数之间需要互相协调,反复调节,其中带速影响生产量。在大规模生产中希望有较高的生产能力,所以各种参数协调的原则是,以焊接时间为基础,协调倾斜角度与带速。焊接时间一般为 2～3 s,它可以通过波峰面的宽度与带速来计算。波峰面的宽度则可以由一块带刻度的耐高温的玻璃板经过波峰面来测得。反复调节带速、倾斜角度及预热温度,就可以得到满意的波峰焊温度。

8.4.4　波峰焊焊料

1. 焊料

波峰焊使用的焊料为锡铅共晶合金,一般锡的质量分数为 63%。对焊料要定期取样分析,合金含量或杂质超标时应及时调整或更换。焊料杂质的允许范围如表 8-4 所示。

表 8-4　焊料杂质的允许范围

杂　　质	最高允许质量分数/(%)	杂质超标时对焊点性能的影响
铜	0.300	焊料硬而脆,流动性差
金	0.200	焊料呈颗粒状

续表

杂　　质	最高允许质量分数/(%)	杂质超标时对焊点性能的影响
镉	0.005	焊料疏松易碎
锌	0.005	焊料粗糙和呈颗粒状,起霜,为多孔的树枝结构
铝	0.006	焊料黏滞,起霜,多孔
锑	0.500	焊料硬脆
铁	0.020	焊料熔点升高,流动性差
砷	0.030	小气孔,脆性增加
铋	0.250	熔点降低,变脆
银	0.100	失去自然光泽,出现白色颗粒状物
镍	0.010	起泡,形成硬的不溶解化合物

2. 助焊剂

波峰焊使用的助焊剂通常有松香助焊剂、水溶性助焊剂和免清洗助焊剂等。

助焊剂密度是指助焊剂的黏稠度。为保证有效的助焊作用,在印制电路板的焊接面上涂敷助焊剂,必须严格控制密度。工艺要求 3 种常用助焊剂的密度应控制在如下范围:松香助焊剂的密度为 $0.82 \sim 0.84$ g/cm^3;水溶性助焊剂的密度为 $0.82 \sim 0.86$ g/cm^3;免清洗助焊剂及有特殊要求的助焊剂密度应控制在规定的技术条件内。

焊剂发泡高度应达到印制电路板厚度的 3/4。

印制电路板涂敷助焊剂后要进行预热,其预热温度是指印制电路板与波峰面接触前所达到的温度,应根据焊接的产品来确定,具体要求如表 8-5 所示。

表 8-5　印制电路板预热温度与焊接产品的关系

印制电路板类型	元器件类型	预热温度/(℃)
单面板	插装元器件与混装	$90 \sim 100$
双面板	插装元器件与混装	$100 \sim 110$
多层板	插装元器件与混装	$115 \sim 125$

8.4.5　波峰焊缺陷分析

波峰焊完成后,可能产生多种焊接质量缺陷,应进行仔细检查。本节对各种波峰焊缺陷及形成的原因进行具体分析。

1. 沾锡不良

焊点上只有部分沾锡,这是不可接受的缺陷,其原因与改善方法如下。

(1)外界污染物,如油、脂、蜡等。此类污染物有时是在印刷阻焊剂时沾上的,通常可用溶剂清洗。

(2)常因贮存状况不良或基板制造上的问题发生氧化,而助焊剂无法去除。过二次锡可解决此问题。

（3）涂助焊剂方式不正确。助焊剂发泡气压不稳定或不足,致使泡沫高度不稳或不均匀而使基板部分没有涂到助焊剂。通过调节助焊剂发泡气压可解决此问题。

（4）焊接时间不足或焊锡温度不够。因为熔锡需要足够的温度及时间,所以通常焊锡温度应高于熔点温度,沾锡总时间约为 3 s。

2. 冷焊或焊点不亮

焊点看似碎裂、不平,其原因主要是元器件在焊锡正要冷却形成焊点时振动而造成的。注意锡炉输送是否有异常振动。

3. 焊点破裂

这一情形通常是焊锡、基板、导插针及元器件引脚之间膨胀系数未配合好而造成的,应在基板材质、元器件材料及设计上设法改善。

4. 焊点锡量太大

锡炉输送角度不正确会造成焊点过大。这可通过降低倾斜角度、提高锡槽温度、加长焊锡时间,使多余的焊锡回流到锡槽。

5. 锡尖

此问题通常发生在 DIP 芯片的焊接过程中,在元器件引脚顶端或焊点上发现有冰尖般的锡。其原因与改善方法如下。

（1）基板的可焊性差,通常伴随着发生沾锡不良现象。应从基板的可焊性去解决,可尝试提升助焊剂比重来改善。

（2）锡槽温度不足,沾锡时间太短。可通过提高锡槽温度、加长焊锡时间来解决此问题。

（3）走出波峰后,冷却风角度不对。冷却风不可朝锡槽方向吹,那样会造成锡点急速凝固,多余焊锡无法流回锡槽。

6. 阻焊绿漆上留有残锡

（1）基板制作时残留有某些与助焊剂不能兼容的物质,因而在波峰加热后产生锡丝。可用氯化烯类等溶剂来清洗。

（2）锡渣被打入锡槽内再喷流出来,造成基板面沾上锡渣。需要对锡炉进行维护,确定锡槽正确的锡面高度。

7. 白色残留物

在焊接或溶剂清洗后,发现有白色残留物在基板上(通常是松香的残留物)。这类物质对产品无影响。

解决方法:欲避免此种现象,可试用另一种助焊剂;助焊剂因暴露在空气中吸收水蒸气劣化,应每一至两周更新;基板贮存时间不能过长;尽量缩短焊锡后进行清洗的时间;清洗基板的溶剂的水分含量过高,也会产生白斑,应更新溶剂。

8. 深色残余物及浸蚀痕迹

通常黑色残余物均发生在焊点的底部或顶端,此问题通常是不正确地使用助焊剂或清洗造成的。

9. 绿色物质

绿色物质通常是腐蚀造成的,但并非完全如此。因为很难分辨到底是绿锈还是其他化学产品,但通常来说发现绿色物质应警惕,必须立刻查明原因。通常可用清洗来改善。

10. 白色腐蚀物

引脚及金属上的白色腐蚀物,尤其是含铅成分较多的金属上较易生成此类残余物。这主要是因为氯离子易与铅形成氯化铅,再与二氧化碳形成碳酸铅(白色腐蚀物)。在使用松香类助焊剂时,因松香不溶于水,会将含氯活性剂包着而不致腐蚀。但如使用不当溶剂,只能清洗松香,无法去除含氯离子,如此一来反而加速腐蚀。

11. 针孔及气孔

针孔是在焊点上发现的小孔,气孔则是焊点上较大的孔,可看到内部。针孔内部通常是空的,气孔则是内部空气完全喷出而造成的大孔。其形成原因是焊锡在气体尚未完全排除时即已凝固。

解决方法:基板可能有湿气,将基板放在烤箱中,将烤箱温度设置为 120 ℃烤 2 h 后再焊接;制作基板选择电镀液时,应改用含光亮剂较少的电镀液。

12. 焊点灰暗

焊点灰暗有两种情况,一是焊锡过后一段时间(约半年至一年),焊点颜色转暗;二是制造出来的成品焊点即是灰暗的。

产生原因:焊锡内有杂质;某些有机酸类助焊剂留在焊点上过久;焊锡合金中,锡含量低者(如 40/60 焊锡),其焊点也较灰暗。

13. 焊点表面粗糙

焊点表面呈砂状突出表面。其原因可能是金属杂质的结晶,必须每三个月定期检验焊锡内的金属成分;焊锡内含有锡渣;有外来物质如毛边、绝缘材料等藏在零件引脚中。

14. 黄色焊点

黄色焊点是焊锡温度过高造成的。此时应查看锡温及温控器是否有故障。

15. 短路

过大的焊点造成两焊点相接短路。

产生原因:基板吃锡时间不够,预热不足;助焊剂不良;基板行进方向与锡波配合不良;线路设计不良,线路或接点间太过接近(应有 0.6 mm 以上间距);锡槽内的焊锡积聚过多的氧化物。

8.5　人工贴片焊接与返修技术

8.5.1　人工贴片焊接工具

贴片焊接工具的选择与传统插装元器件焊接所选工具基本相同,主要差异在于贴片元器件所需要的工具精度高、功率小。另外,贴片元器件焊接还需要一些辅助工具,例如,钢网、酒精、棉签、镊子、吸锡线、助焊剂、小刷子、防静电手腕等。

图 8-7　热风枪外形

一种适合贴片元器件焊接与拆卸的工具称为热风枪,简称风枪,又称焊风枪,外形如图 8-7 所示,主要用于返修时吹焊拆卸元器件。目前有多种智能化的热风枪,具有恒温、恒风,风压温度可调,智能待机、关机等功能,可根据实际情况进行选择。热风枪主要由气泵、线性电路板、气流稳定器、外壳、手柄等组成,其手柄有的采用特种耐高温的高级工程塑料制造,耐温等级高达 300 ℃;鼓风机部分有的采用了寿命 3 万小时以上的强力无噪声鼓风机,满足大功率螺旋鼓风输出;热风筒常采用螺旋式的拆卸结构;发热丝采用可拆卸的更换式发热芯。

热风枪吹出空气流的热度达到高温 200～480 ℃,可以熔化焊锡。另外,为了用于不同的工作环境,达到测控、稳定温度的目的,有的还通过安装在热风枪手柄里面的方向传感器来确认手柄的工作位置,以确定热风枪处于不同的工作状态——工作、待机、关机。

热风枪的正确使用,直接关系到吹焊效果与安全。在使用时需注意以下事项:

(1)热风枪放置时,风嘴前方 15 cm 不得放置任何物体,尤其是可燃气体;

(2)焊接普通的有铅焊锡时,一般温度设定为 300～350 ℃,风压为 60～80 级;

(3)根据实际焊接部位大小来安装相应的风嘴,具体内容如表 8-6 所示;

(4)根据实际焊接环境来选择相应的风压,具体内容如表 8-7 所示。

表 8-6　焊接对象所对应的风嘴尺寸

焊接元器件类型	风嘴规格
表面贴装阻容元器件、SOJ 封装的 IC	φ 4 mm
SOP 封装、TO 封装、小于 10 mm×10 mm 以下的 FBGA 封装的 IC	φ 8 mm
12 mm×12 mm 以上的 FBGA 封装的 IC、面积较大的 PLCC 封装的 IC	φ 10 mm

表 8-7　根据焊接环境所选择的风压

应用环境	风压	说明
小型元器件	风压不要太高	风压太高会因强风吹走元器件,也可能因高温影响元器件
中型元器件	高风压	高风压可以补偿散热面积大的热量损失

热风枪的使用方法是,一手拿镊子等夹具夹住元器件,另一手用热风枪来回吹元器件所有

引脚,引脚焊锡熔化时,即可将贴片元器件取下。

热风枪的使用经验如下:

(1)热风枪的风力、温度调节可以通过在热风枪喷头前10 cm处放置一张纸条,通过纸条摆动的程度来判断热风枪的风力情况,通过纸条受热的程度来判断热风枪的温度情况;

(2)热风枪电源开关刚关时,热风枪将继续向外喷气,因此,要在喷气结束后才能将热风枪的电源插头拔下;

(3)在实际工作中热风枪应与电烙铁配合使用,热风枪用于拆卸和焊接元器件,电烙铁用于焊接与补焊元器件、清理余锡;

(4)拆卸BGA芯片最好选择有数控恒温功能的热风枪,以便掌握温度,并且可以去掉风嘴直接吹焊。

焊接时要求佩戴防静电手腕,其主要作用是保护元器件免被静电击穿。防静电手腕一般是由导电纤维制成的环状松紧带,使用时一定要接好地线;否则,防静电手腕形同虚设不起作用。电子产品制造中防静电技术要求如表8-8所示。

表8-8   电子产品制造中防静电技术要求

项　　目	要　　求	项　　目	要　　求
防静电地板接地电阻	电阻值小于10 Ω	腕带连接电缆	电阻值为1 MΩ 佩戴腕带时电阻值为1～10 MΩ
地面或地垫	电阻值为10^5～10^{10} Ω 摩擦电压小于100 V	物流车台面车轮系统	电阻值为10^6～10^9 Ω
墙壁	电阻值为10^6～10^9 Ω	材料盒、印制电路板架等物流传递器具的表面	电阻值为10^3～10^8 Ω 摩擦电压小于100 V
工作台面	电阻值为10^6～10^9 Ω 摩擦电压小于100 V 对地系统电阻值为10^6～10^8 Ω	包装袋、盒	摩擦电压小于100 V
工作椅面对脚轮	电阻值为10^6～10^8 Ω	人体综合电阻	电阻值为10^6～10^8 Ω
工作服、帽、手套、鞋	摩擦电压小于300 V 鞋底摩擦电压小于100 V		

8.5.2　人工贴片焊接方法

人工贴片焊接的具体方法如图8-8所示。先将焊锡熔化于焊盘上(见图8-8(a)),再将元器件放在熔有焊锡的焊盘上(见图8-8(b)),用电烙铁加热焊锡(见图8-8(c)),接着熔化部分焊锡于焊盘上(见图8-8(d)),冷却后元器件固定(见图8-8(e))。

由于贴片元器件在人工焊接时最容易受热损坏,因此,焊接温度与时间一定要掌握好。一般选择小于30 W的电烙铁,焊头不超过3 mm,焊温不超过280 ℃,焊接时间不超过5 s,并且应先对芯片、基板进行预热,达到150 ℃左右。在操作中,电烙铁头不得与贴片元器件的瓷体接触,以免因局部受热使之炸裂。贴片元器件焊接完成后,在室温下一般保持降温梯度不大于

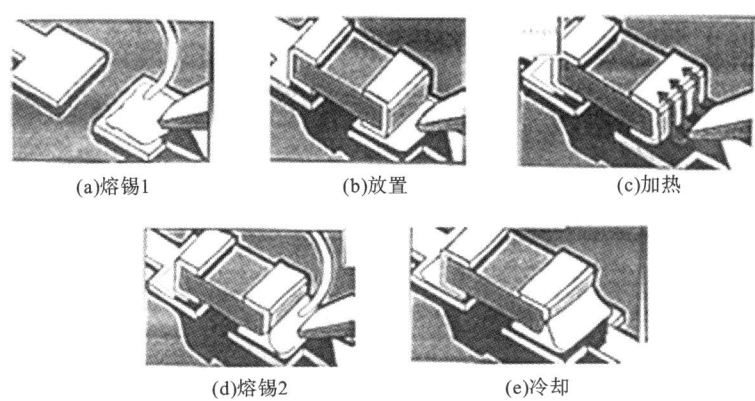

(a)熔锡1　　　　　(b)放置　　　　　(c)加热

(d)熔锡2　　　　　(e)冷却

图 8-8　人工贴片焊接步骤

2 ℃/s。

在人工焊接 IC 元器件时,特别要注意元器件的极性并整理好引脚。对每个引脚而言,要加足够的焊料,且所有引脚的焊料需一样多。焊接时先固定元器件对角线焊点。焊点要光亮,不能让旁边的焊孔和焊盘黏锡。合格与缺陷焊点如图 8-9 所示。

(a)合格焊点　　　　　　　　　　　(b)缺陷焊点

图 8-9　合格与缺陷焊点

8.5.3　返修技术

由于电子产品的生产合格率不可能达到百分之百,总会有些元器件在最终测试中不合格,这时就需要进行返修。返修通常是为了更换损坏的元器件或排列错误的元器件,因此要采用安全而有效的方法和合适的工具,进行拆焊与补焊。所谓安全,是指返修过程中,不会损坏返修部分的元器件和相邻的元器件,同时对操作人员也无损伤。

拆卸和补焊贴片元器件时应注意以下几点。

(1)热风枪的使用。用热风枪吹焊元器件时,风嘴一般要垂直对准元器件,高度距元器件一般在 5 mm 左右,并且要沿着 IC 引脚的位置,以 10~30 mm/s 的速度来回转圈,以确保元器件、印制电路板受热均匀。IC 中间部分应尽量少加热,以免高温损伤。吹焊完成后,要及时把热风枪移开,以免元器件、印制电路板因过热而损坏。

(2)清除氧化物。贴片焊盘有较大空间,在焊锡完全熔化的情况下可以适当地来回移动元器件,以便把引脚与焊锡间的氧化物清除,保证焊接质量。

(3)拆焊。拆卸贴片元器件时,需要设定加热温度的上、下限,使拆卸温度达到最佳状态。同时在拆卸元器件时要均匀加热,并且等焊锡完全熔化后才能够轻轻地用镊子将元器件取下,以免将印制电路板的焊盘一起撕下来,造成损坏。

(4)更大焊接面积的元器件可以拆下风嘴直接进行拆焊,并且可以适当调高温度、风压等级。

8.6 焊接质量分析

8.6.1 焊接质量检测方法

1. 目测检验

被焊接产品能正常工作的最基本要求是电气连接正确、完整;元器件不错焊、不漏焊;焊接点无虚焊、无桥接。

在 SMT 生产中,人们通过肉眼或用放大镜、显微镜辅助检测,基本上能满足对除 BGA 以外元器件焊点的观察、检验。人工目测检验简便直观,是检验、评定焊点外观质量的主要方法。检验时可以手持细长工具,在焊点上以适宜的力量和速度划过,依靠目视和手的感觉,可基本判断焊点质量状况。

2. 在线检测

在线检测是对焊点质量进行间接评定的方法。在组装过程中,对印制电路板上的每个元器件分别进行电性能的检测,将测试用输入信号陆续加到相关节点上,测量其输出反应值,以判定特定元器件及其与电路基板之间的焊点是否有缺陷。

3. 其他检验

必要时,可采用破坏性抽检,如金相组织分析检验。如果有条件,也可采用 X 射线检验、三维光学摄像检验、红外热象检验等方法。

8.6.2 焊接质量的要求与评定

焊接质量最主要的是焊点质量,焊点质量的总体要求如下。

(1)焊点应外形光滑,焊料适量,最多不得超过焊盘外缘,最少不应少于焊盘面积的 80%,金属化孔的焊点焊料最少时,其透锡面凹进量不允许大于板厚的 25%,引线末端清晰可见。

(2)焊点表面光洁,结晶细密,无针孔、气孔,无麻点,无焊料瘤。

(3)焊料边缘与焊件表面形成的湿润角应小于 30°。

(4)焊点引线露出高度为 0.5～1 mm。

(5)焊点不允许出现拉尖、桥接、引线(或焊盘)与焊料脱开或焊盘翘起,以及虚焊、漏焊现象。

(6)波峰焊后允许存在少量疵点(如漏焊、连焊、虚焊),对检查出的疵点要返修。但单块板疵点率不应超过 2%,如超过应则采取有效措施。

(7)焊点经振动试验和高、低温试验后,机电性能仍应符合产品技术要求。

无论用何种焊接工艺焊出的焊点,对不同的表面贴装元器件,焊点的位置、焊料量、润湿情况允许有所不同。本书 9.5 节丝印质量分析和 11.5 节焊接质量分析做了详细介绍,此处不予赘述。

思　考　题

8-1　什么是表面贴装技术,与传统安装技术相比有哪些特点?

8-2　根据不同的组装方式,表面贴装技术有哪些对应的工艺类型?

8-3　表面贴装技术包括哪些工艺设备?请分别介绍。

8-4　表面贴装所使用的焊膏与传统的焊锡有何区别?

8-5　试解释丝印、贴装、回流焊、波峰焊等概念。

8-6　按照加热方法不同,回流焊技术通常可分为几大类?各有哪些特点?

8-7　波峰焊技术中的工艺参数有哪些内容?

8-8　简述波峰焊缺陷及解决方法。

8-9　人工焊接贴装元器件的步骤分为哪几步?

8-10　简述焊接质量的检测方法。

❸

设 备 篇

本篇介绍现代表面贴装工艺的典型教学实验设备。

现代电子生产工艺的工装设备有许多,包括完成印制电路板设计、制造的设备,进行电路板焊接、安装的设备,元器件的测试设备和电子产品装配完成后的调试、检验设备。其中印制电路板制造设备,元器件测试设备和产品调试、检验设备往往都是一些专用设备和仪器,读者可以通过参观工厂生产线或在专业实验室实习了解,印制电路板焊接、安装设备则是进行工艺实习时需要重点学习并实际操作的工艺设备。

采用表面贴装技术的印制电路板焊接、安装工业设备都是大型的成套设备,自动化程度高,运行速度快,价格昂贵,而且维护成本也很高。另外,这些设备往往都是封闭式的,面对这些设备也难以学习、理解焊接、安装的工作原理。因此,用于实践教学应选择适当的教学实验设备。通过实际的实训操作,既可学习、理解表面贴装技术,又能从原理上获得深刻的把握。

国内专业公司生产的 T1200D 高精度半自动丝印机、BGA 3000 SMT 视频对位贴片系统、T300 全热风回流焊机和 TB680 型台式数显波峰焊机结合起来,即可构成一条小型的 SMT 生产线。本篇以这四台设备为例,分别介绍它们的工作原理和操作方法,并对丝印和焊接质量进行分析。

第 9 章　贴片丝印机

丝印的作用是将锡膏或贴片胶漏印在印制电路板对应的焊盘上。丝印是印制电路板表面贴装焊接的第一道工序,所用设备称为丝网印刷机或丝印机,位于 SMT 生产线的最前端。

9.1　T1200D 高精度半自动丝印机概述

T1200D 高精度半自动丝印机是国内研制生产的专用丝印设备。利用丝网印刷,将锡膏漏印在印制电路板对应的焊盘上。工作时,印制电路板固定在蜂窝式固定工作台上,其位置的调整、工作台的移动、刮刀的升降,都由精密的线性方形导轨进行引导,并且配合双频电动机传动,以确保准确的运动精度和极高的重复精度。

图 9-1　T1200D 高精度半自动丝印机外形

T1200D 高精度半自动丝印机采用双刮刀配合两级升降设计,不仅提高生产效率,而且节省锡膏的使用量。同时该设备还采用触摸式液晶屏操作菜单,使人机交互界面更直观,操作更方便,能很容易地进行工作过程演示,将印刷工艺的控制变得更清晰。此设备比较适合于高精度的小批量丝印生产或样板制作。机器外形如图9-1 所示。

9.1.1　主要特点

(1)机器配备不锈钢刮刀,在印刷过程中可同时驱动左、右刮刀分别工作,使印刷过程平稳,不锈钢刮刀如图 9-2 所示。

(2)通过气压控制刮刀的压力和升降速度,从而避免在印刷过程中造成刮刀及丝印网板的损伤,使其使用寿命更长,印刷可靠性更高。

(3)采用日制精密双频电动机及线性方形导轨,使工作平台的移动、刮刀的升降更加稳定,确保准确的运动精度与极高的重复精度。

(4)刮刀座可向上旋转 30°固定,便于丝网网板及刮刀的清洗和更换。

(5)丝印网板采用手动印制电路板蜂窝式固定台进行水平、垂直校正调整。

(6)印制电路板蜂窝式固定台(见图 9-3)上的顶针圆棒用于固定印制电路板,顶针圆棒的具体放置位置根据印制电路板实际大小来确定。

(7)伸缩自如的手臂钢板座可对丝印网板进行宽度调整,适用于 450 mm 以内的丝印网板的放置。

（8）操作菜单采用触摸式液晶屏,使人机交互界面直观,操作方便,并可进行工作过程演示。

（9）具有自动计数功能,方便统计产量。

图 9-2　不锈钢刮刀

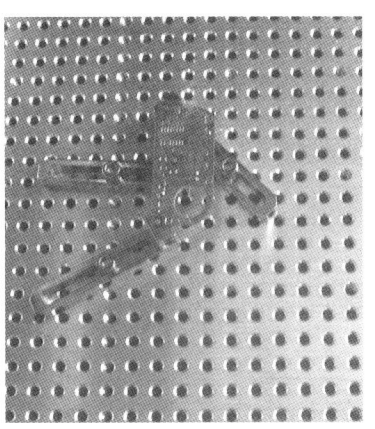

图 9-3　印制电路板蜂窝式固定台

9.1.2　主要技术指标

T1200D 高精度半自动丝印机的主要技术指标如表 9-1 所示。

表 9-1　T1200D 高精度半自动丝印机的主要技术指标

参 数 名 称	规　　　格
丝印网板尺寸	450 mm×350 mm
最大印刷面积	320 mm×200 mm
最大印制电路板尺寸	320 mm×240 mm
线路板厚度	0.2～2.0 mm
蜂窝式固定台微调	X 轴±10 mm / Y 轴±10 mm
印刷精度	±0.05 mm
定位重复精度	±0.02 mm
印刷最小间距	0.35 mm
电源	单相 220 V,100 W
气压供应	0.4～1.0 MPa
机器体积($L×W×H$)	900 mm×900 mm×1 650 mm
质量	约 253 kg

注:气压单位转换关系 1 atm(大气压)＝ 1 千克力＝ 0.1 MPa＝ 1 bar＝ 14.5 psi(英制单位)。

9.2　丝印机工作原理

T1200D 高精度半自动丝印机系统原理如图 9-4 所示。工作时将丝印机和空气压缩机的电源接通,先打开空气压缩机的启动手柄。约 5 min,贮气罐的压强达到 4.4×10^5 Pa 左右,此时打开排气阀,贮气罐里的压缩空气进入丝印机的大气缸,丝印机的手臂钢板座将上升,达到上极限位置停止。然后开启丝印机的电源开关,触摸式液晶屏开始工作。通过触摸方式对印刷参数进行设定,此后丝印机便可进行自动或手动工作。

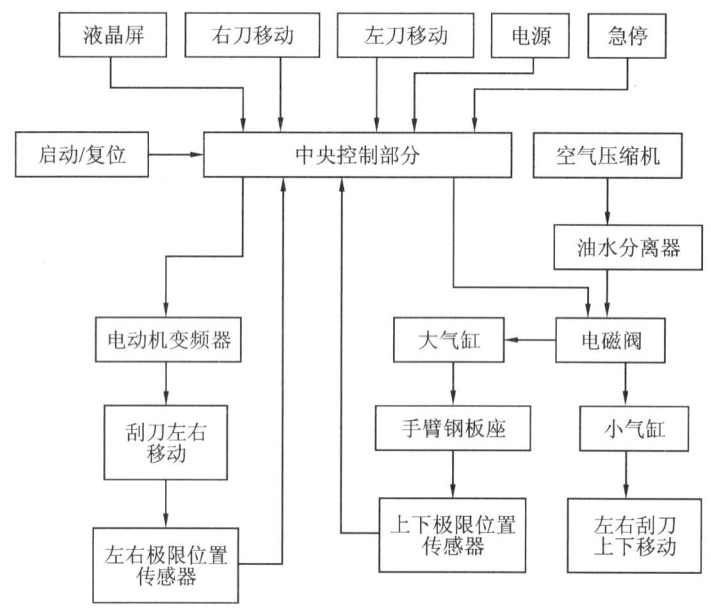

图 9-4 T1200D 高精度半自动丝印机系统原理

丝印机在自动工作方式下,所设定的参数将被存入中央控制部分,中央控制部分再根据其参数来控制电磁阀和变频电动机。此时压缩空气将被送到控制手臂钢板座和刮刀移动的大气缸和小气缸内。大气缸控制手臂钢板座的上下移动,其移动的位置根据安装在大气缸上的上下极限位置传感器来确定。小气缸控制左右刮刀上下移动。刮刀左右移动由变频电动机控制,变频电动机按照中央控制部分发出的信号进行工作,通过左右极限位置传感器来控制刮刀左右移动范围。

中央控制部分是机器的控制核心。它由 PLC 控制器(FX-1S-14MR001)、继电器、电动机变频器(VFD002L21A)、控制保险、电磁阀等组成。PLC 控制器根据液晶屏设置的参数发出控制信号,控制电磁阀和继电器工作,以实现刮刀各种印刷动作;电动机变频器控制电动机的运行速度,使电动机能够平滑匀速运行,保证刮刀印刷动作的稳定性,使锡膏能够按规定要求漏印在印制电路板上;控制保险主要对电动机变频器和 PLC 控制器进行保护,防止负载过重损坏电动机变频器和 PLC 控制器。PLC 控制器通过电磁阀不仅可以控制压缩空气的输出量,还可以根据上下、左右极限位置传感器所提供的反馈信号控制电磁阀和继电器,以实现刮刀印刷动作的连续性和移动范围,保证印刷质量。

丝印机在手动工作方式下,可通过触摸液晶屏上的命令,手动控制手臂钢板座上下移动和左右刮刀运动方向等。

9.3 丝印机系统组成及操作面板

9.3.1 系统组成

1. T1200D 高精度半自动丝印机

丝印机主要包括中央控制部分、操作面板、手臂钢板座、左右刮刀、印制电路板蜂窝式固定台、变频电动机等。T1200D 高精度半自动丝印机组成结构如图 9-5 所示。

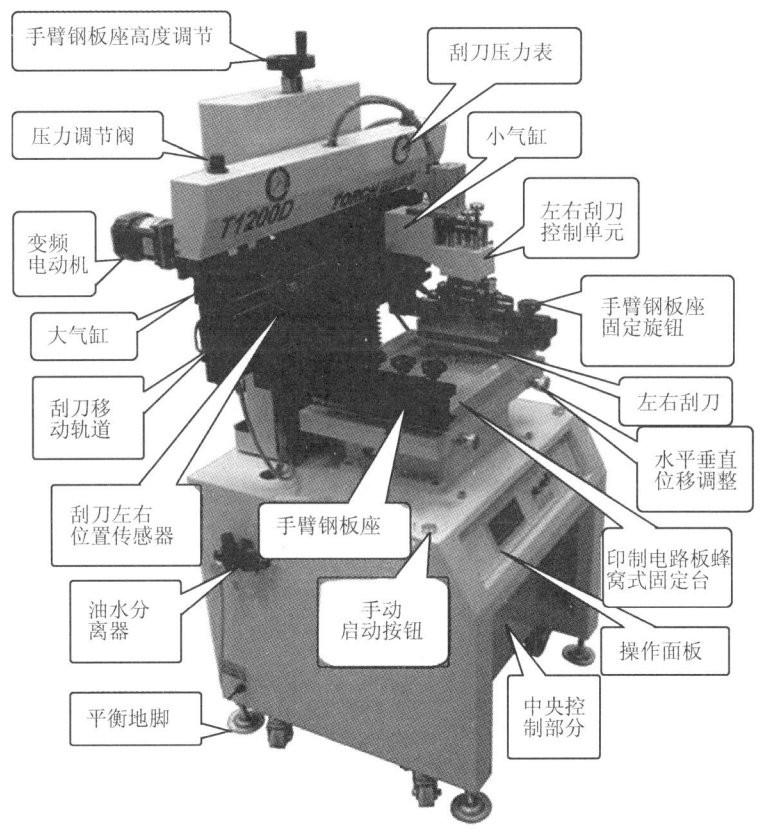

图 9-5 T1200D 高精度半自动丝印机组成结构

中央控制部分由 PLC 控制器(FX-1S-14MR001)、继电器、电动机变频器(VFD002L21A)、控制保险、电磁阀等组成,是机器的控制核心。

小气缸通过中央控制部分的电磁阀来控制刮刀上下移动。

刮刀架可以向上抬起 30°并固定,方便清洗。

刮刀压力表显示刮刀压在丝印网板上的压强大小,其值应在 3.0×10^5 Pa 左右,可以通过压力调节阀调到所需的压强大小。

刮刀移动轨道和刮刀左右位置传感器保证刮刀平稳地在设定行程内水平移动,可以通过移动左右位置传感器的位置,调节刮刀的印刷范围。

印制电路板蜂窝式固定台可以固定最大为 320 mm×240 mm 的印制电路板,通过顶针圆棒方便地固定。

手臂钢板座和紧固旋钮用来固定丝印网板。

手臂钢板座高度调节旋钮是一个形同方向盘的部件,用于调节丝印网板到位后与蜂窝式固定台上印制电路板之间的距离。距离的大小决定了刮上印制电路板的锡膏的多少,要调节合适。旋钮顺时针旋转使距离增大,锡膏刮多;反时针旋转使距离减小,锡膏刮少。

油水分离器将空气压缩机送来的空气进行过滤,滤出气体中的油和水分,使进入气缸的气体洁净,延长气缸的使用寿命。

手动启动按钮有左、右两个。当一切准备就绪,要进行丝印时,左、右手同时按下两个按钮,机器即自动进行丝印工作。左、右手同时按键是保证操作人员人身安全的重要措施。

2. 空气压缩机

空气压缩机(见图 9-6),简称空压机。空气压缩机主要包括压缩机、贮气罐、减压阀、压力表、空气过滤器和操作手柄等。

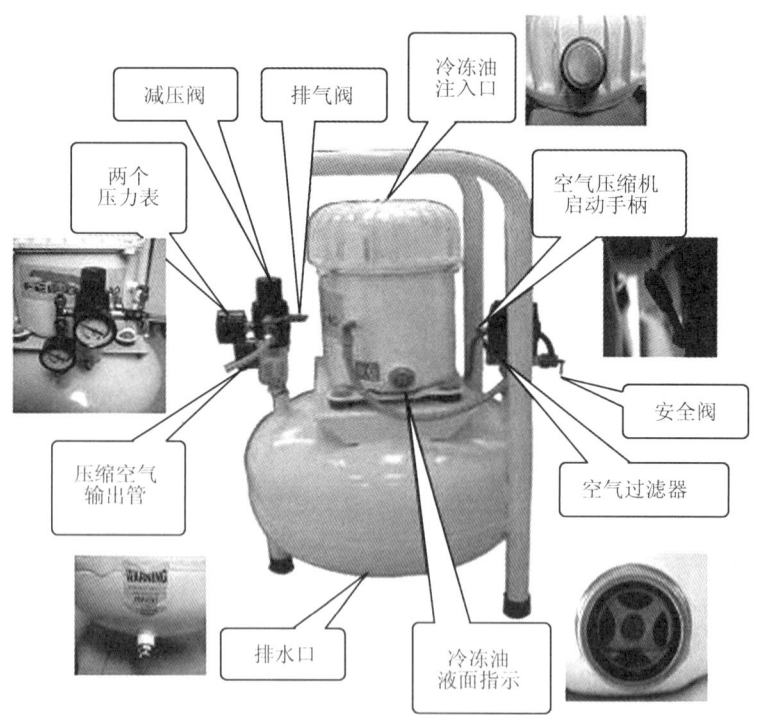

图 9-6　空气压缩机

压缩机是机器的核心,将空气压缩到贮气罐,气压最大可达到 1.0 MPa。两个压力表分别显示贮气罐内和减压阀减压输出的气压,正常情况下应在 $4.5×10^5$ Pa 左右。

空气过滤器上的空气压缩机启动手柄是压缩机的启动开关,处于垂直方向为关闭状态,置于水平方向为启动状态。每次启动之前需注意观察冷冻油液面指示,检查是否低于最低显示标志。若油位靠近下限位置,则需立即加注冷冻油,冷冻油注入口在压缩机的上盖上。

开启排气阀手柄后,经过过滤的压缩空气即由丝印机中央控制部分的电磁阀控制,将压缩空气分别送到丝印机大气缸和小气缸中。减压阀上有压力调节旋钮,可以调节输出气压。

9.3.2 操作面板

丝印机操作面板如图 9-7 所示,面板上设有电源键,急停开关,左、右刀移动旋钮和触摸式液晶屏。各键钮功能如下。

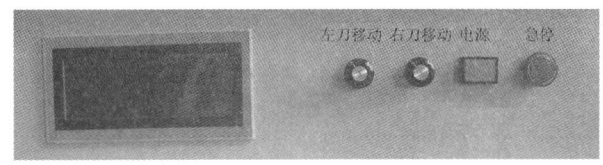

图 9-7 丝印机操作面板

电源键:按下则开启电源,整机通电,触摸式液晶屏开始显示。

急停开关:按下时丝印机紧急停止当前工作状态,并使手臂钢板座上升至上极限位置。要解除紧急停机状态,将急停开关右旋弹起即可。

左、右刀移动旋钮:控制左、右刮刀的移动印刷速度。根据焊膏的性状和刮印焊盘的印刷质量,进行适当调节。

触摸式液晶屏:具有功能菜单操作和参数设置的人机界面。设有全自动、实际生产、点动、设定四项命令,可控制刮刀进行手动或自动印刷。

液晶屏的显示信息和菜单操作过程如下。

(1)按下电源键后,液晶屏显示该产品信息。依次触摸"↓",直至出现主菜单为止。主菜单有全自动、实际生产、点动、设定四项命令,如图 9-8 所示。

图 9-8 主菜单

(2)设定参数。触摸选择主菜单中的"设定"后,可以设置左、右刮刀印刷时间,如图 9-9 所示。当需要修改时间时,触摸数字即可出现修改页面,如图 9-10 所示。修改完毕,触摸"ENT",返回图 9-9 所示界面。

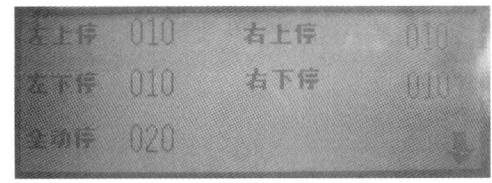

图 9-9 设定界面

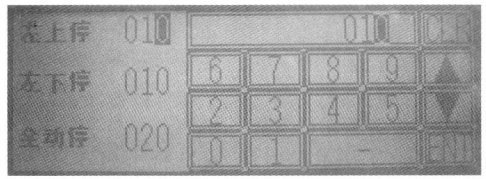

图 9-10 参数修改

(3)在图 9-9 所示页面中触摸"↓"即进入图 9-11 所示页面。该页面用于设定印刷生产计划总数量,并可以选择是否打开计数控制以自动累计实际生产数量。其数量修改方法也是对所需修改数字进行触摸修改。若要打开计数控制,只需触摸"计数控制"的"OFF",即改为

"ON"。参数设置完毕后,选择"↓"返回主菜单(见图9-8)。

(4)全自动工作模式。若选择主菜单中的"全自动"功能,则出现图9-12所示界面,进入自动印刷状态。页面上显示的四个圆圈分别表示手臂钢板座所处的上、下位置和刮刀的左、右位置。页面的上、左圆圈出现阴影,表示手臂钢板座处于上极限位置,刮刀位于最左端,丝印机准备就绪,可以进行印刷工作;当页面的圆圈阴影不是上、左圆圈时,选择"复位",丝印机可自行复位到就绪状态。在丝印机准备就绪的情况下,触摸"启动",丝印机则根据"设定"页面中所设置的参数进行全自动印刷工作。选择"停止",即可返回主菜单。

图 9-11　设定生产数量

图 9-12　全自动生产

全自动工作模式主要用于机器运行的教学演示。

(5)手动印刷模式。若选择主菜单中的"实际生产",则进入手动印刷状态,如图9-13所示。当页面的圆圈阴影不是上、左圆圈时,选择"复位",丝印机可自行复位到就绪状态;当页面上、左圆圈出现阴影时,表示丝印机准备就绪,此时双手同时按下机器上左、右两个手动启动按钮(见图9-14),丝印机开始印刷工作。完成一次印刷后,丝印机自动恢复到就绪状态。选择"↑"即可返回主菜单。

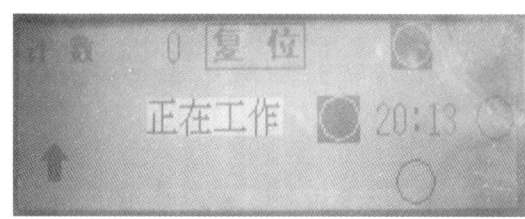

图 9-13　实际生产

图 9-14　手动启动

手动印刷模式是本机采用的主要工作方式。

(6)点动模式。选择主菜单中"点动"后,如图9-15所示,可以点动控制手臂钢板座的上升、下降及刮刀运动方向。选择"↑"即可返回主菜单。

触摸"左刀"或"右刀",可使左刀或右刀上升一次或下降一次。手臂钢板座处于上方时,触摸"下降",或手臂钢板座处于下方时,触摸"上升",则使手臂钢板座下降或上升一次。触摸"印

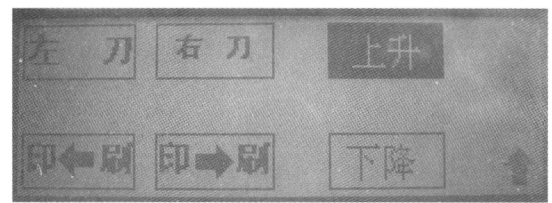

图 9-15 点动界面

➡刷",则使刮刀右行一步,触摸"印 ⬅ 刷",则使刮刀左行一步;持续按住"印 ➡ 刷"或"印 ⬅ 刷",则可使刮刀连续向右或向左行走到达左、右极限位置。

点动模式主要用于机器工作面上、下、左、右位置的调整。

9.4 机器的操作和维护

9.4.1 系统操作步骤

9.3 节详细介绍了丝印机触摸液晶屏的菜单信息和操作命令,下面介绍整个丝印系统的操作步骤,实习中必须严格执行。

(1)将丝印机和空气压缩机的电源接通,打开空气压缩机启动手柄,如图 9-16 所示。手柄处于垂直方向时为关闭状态,手柄置于水平方向时为打开状态。

(2)启动后 3 min 左右,待储气罐的压强达到 4.0×10^5 Pa(压缩机气压表上标注为 bar),即可打开空气压缩机排气阀(见图 9-17)。此阀柄垂直于输气管时为关闭状态,平行于输气管时为开启状态。在压缩空气驱动下,丝印机的手臂钢板座将上升到上极限位置后停止。

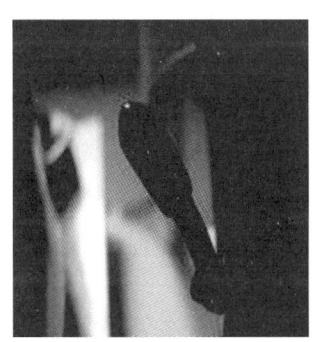

图 9-16 空气压缩机启动手柄

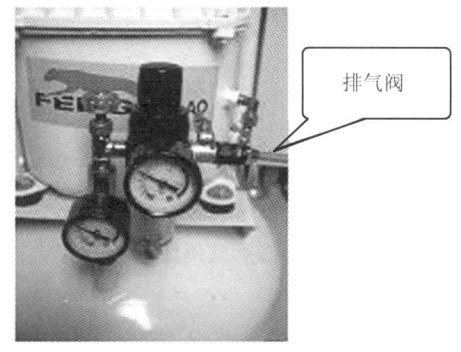

排气阀

图 9-17 空气压缩机排气阀

(3)开启丝印机操作面板上的电源开关,触摸式液晶屏开始工作。同时将丝印网板放入手臂钢板座内,并用旋钮轻微固定,便于丝印网板的后续调整。

(4)选择主菜单中"点动"功能,选择"下降"(见图 9-15),手臂钢板座下降到印制电路板蜂窝式固定台上方停止,此时根据丝印网板上焊盘位置,确认蜂窝式固定台上印制电路板的大致位置。

(5)在确定印制电路板的大致位置后,选中液晶屏显示页面(见图9-15)中的"上升",使手臂钢板座上升到上极限位置,然后利用顶针圆棒将印制电路板固定在蜂窝式固定台上。

(6)在印制电路板固定完毕后,选中液晶屏显示页面中的"下降",使手臂钢板座下降到印制电路板蜂窝式固定台上停止,核对丝印网板焊盘开口与印制电路板焊盘是否基本对位。对丝印网板进行手动调整,使它们大致对齐后,旋紧手臂钢板座上的紧固旋钮,紧固丝印网板。最后通过调整印制电路板蜂窝式固定台旁的水平、垂直旋钮来精确对准丝印网板焊盘开口与印制电路板焊盘的位置。

(7)在精确定位完成后,利用液晶屏显示页面中的"上升"、"下降",进行多次的上升、下降移动,反复检查丝印网板开口与印制电路板焊盘定位是否准确,保证刮刀印刷的顺利进行。

(8)利用液晶屏显示页面中的"左刀"、"右刀"功能键,先使左刀下降,手动调整刮刀架上方的手动螺旋(见图9-18),调节刮刀的下压距离,使刮刀正好压在丝印模板上。再用同样方法将右刀调整好。注意刮刀的下压力量不能过大,以免刮膏时过重压迫印制电路板。

(9)利用液晶屏显示页面中的"印◄刷"和"印►刷"功能 ,确定左、右刮刀的印刷范围。其范围可以通过移动刮刀运动轨道上的左、右极限位置传感器进行调整,如图9-19所示。其原则是左、右刮刀均应在印制电路板焊盘外侧3 cm左右,使焊膏有一个足够的刮印距离。

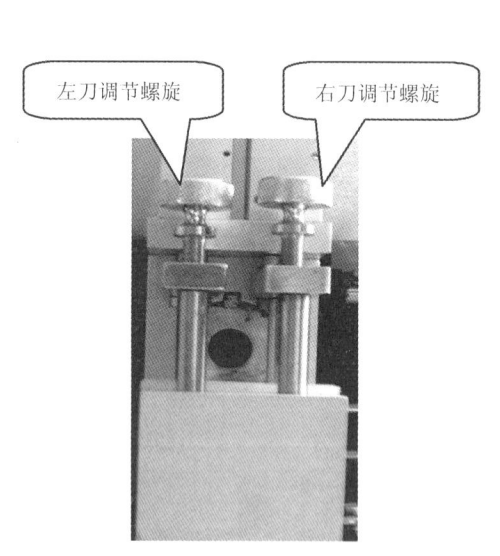

图 9-18　刮刀调整螺旋

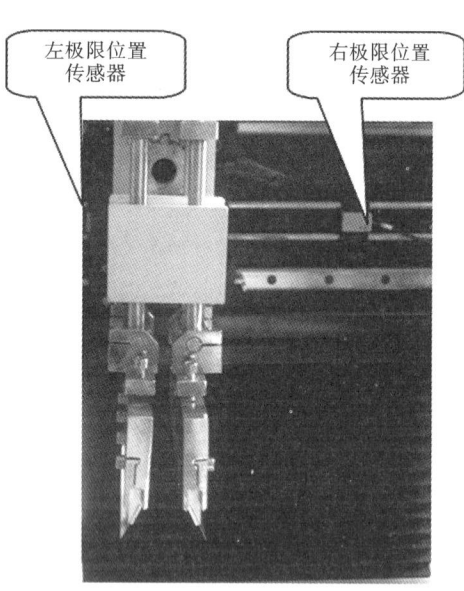

图 9-19　左、右极限位置传感器

(10)将锡膏涂抹在丝印网板的印制电路板焊盘外侧 2 cm 左右处,呈条状。

(11)返回主菜单(见图9-8),选中"实际生产",进入手动印刷工作模式(见图9-13)。先进行试刷,检查以上各项内容是否调整准确。

页面上所显示的四个圆圈表示手臂钢板座的上、下位置和刮刀的左、右方向。当页面上左圆圈出现阴影时,表示丝印机准备就绪;当页面的阴影圆圈不是上、左圆圈时,选择"复位",丝印机可自行复位到就绪状态。此时双手同时按下手动启动按钮(见图9-14),丝印机即进行一次印刷工作。印刷完毕后,丝印机会自动恢复到就绪状态。

如果试刷效果不理想,可再次重复调整上述各项内容,直到试刷效果理想为止。

（12）如果要进行小批量生产，可在试刷效果理想后，返回主菜单，选择"设定"，分别如图 9-9、图 9-10、图 9-11 所示，根据实际所需，对左、右刀印刷时间和印刷总量设置所需参数。参数设置完毕后，再返回主菜单，选中"全自动"，即可进入全自动印刷工作状态（见图 9-12）。然后触摸"启动"，此时丝印机即根据"设定"页面中所设置的参数进行全自动印刷工作。触摸"停止"，即可返回主菜单。

9.4.2 操作注意事项

（1）移动空气压缩机前，应将贮气罐内的气压排尽。

（2）空气压缩机运转时间应不大于 7 min，每次达到额定工作压强停机后到再次启动的时间应大于 15 min。

（3）当贮气罐内的气压超过 $9.0×10^5$ Pa 时，安全阀会叫响并排气泄压。出现安全阀叫响时需检修气压开关，使气压开关的工作压强不超过额定工作压强。

（4）根据丝印网板的实际宽度适当调整刮刀的前后位置。如果刮刀前后位置不合适，会造成印刷过程中损坏刮刀的事故。

（5）固定丝印网板的手臂钢板座，其范围不能小于印制电路板蜂窝式固定台的范围，否则，手臂钢板座下降受阻，无法进行正常的印刷工作。

（6）液晶屏上出现的四个圆圈分别表示手臂钢板座的上、下位置和刮刀的左、右位置。上、左的圆圈出现阴影，表示丝印机准备就绪，可以进行自动或手动印刷工作；当页面的圆圈阴影不是上、左圆圈时，要选择"复位"，使丝印机自行恢复到准备状态。

（7）丝印网板的焊盘开口与印制电路板焊盘的精确对齐，在整个印刷过程中最为重要。对于每一个印制电路板而言，都必须制造相应的丝印网板，才能进行印刷工作。

（8）刮刀压力的调节可以较小但不能过大。当进行印刷时，焊膏应在刮刀的前面滚动，在印刷完毕后，如果丝印网板上还留有一层焊锡膏就意味着刮刀的压力太小，需要对压力进行再次调节。压力较小可以调节，但压力过大可能会破坏丝印网板。

（9）印刷速度太快会导致丝印网板焊盘开口不完全漏印，尤其是当刮刀只向一个方向印刷时最为明显。这种情况可通过操作面板上的左、右刀移动旋钮对刮刀速度进行调节。

（10）焊膏被印刷后，应在 4 h 内进行回流焊；否则，放置时间太长，溶剂会蒸发，黏性会下降，导致焊接性能变差。

9.4.3 常见故障及机器维护

1. 常见故障及故障的排除

1）丝印机

丝印机在运转中如发生故障，约 20 s 后液晶屏会显示出故障号码。故障号码与故障原因如表 9-2 所示，可根据相应故障原因进行维修。

2）空气压缩机

空气压缩机的故障及排除方法如表 9-3 所示。

表 9-2　丝印机故障号码与故障原因

故障号码		故障现象	故障原因
5	1	丝印网板无法上升	①气压源未输入或气压不足(正常气压应保持在(4～6)× 10^5 Pa) ②上升传感器未感应或已损坏、断线 ③IC板故障
5	2	丝印网板无法下降	①下降传感器未感应或已损坏、断线 ②IC板故障
5	3	①刮刀无法向右印刷 ②刮刀向右印刷至右方极限位置时无法停止	①右方传感器未感应或已损坏、断线 ②右行印刷速度调整不良或右方传感器损坏 ③IC板故障
5	4	①刮刀无法向左印刷 ②刮刀向左印刷至左方极限位置时无法停止	①左方传感器未感应或已损坏、断线 ②左行印刷速度调整不良或左方传感器损坏 ③IC板故障
5	5	丝印网板下降未印刷就立即上升	左、右方传感器未感应或已损坏、断线
5	6	无电源输入	①电源断线 ②电源开关已损坏或不良 ③保险丝已烧毁 ④IC板故障
5	7	变频器无法启动或无法驱动电动机	①变频器参数设定错误 ②变频器损坏
5	8	刮刀无法上升或下降	①刮刀气缸驱动电磁阀故障 ②刮刀气缸调速阀不良或调整不当 ③IC板故障

表 9-3　空气压缩机的故障及排除方法

故障现象	故障原因	解决方法
空气压缩机不运转	①没有通电 ②保险丝熔断 ③启动手柄为开启 ④过载保护器在保护状态	①检查插头 ②更换保险丝 ③开启启动手柄 ④等待 15 min,电动机冷却后,会重新启动
电动机有电流声但不能运转或转速很慢	①电压过低 ②电动机线圈短路或开路	①检查电压,不能低于 200 V ②与客户服务中心联系进行维修
过载保护器反复切断电源	通风不良,温度太高	将空气压缩机放置于通风良好的地方
关闭启动手柄,压力迅速下降	①气路连接松动,有泄露现象 ②放水口打开	①检查漏气的地方,并将泄露处连接拧紧 ②关闭、拧紧放水口

故 障 现 象	故 障 原 因	解 决 方 法
排除的气体中含有大量水分	①贮气罐内有大量水分 ②湿度太高	①排尽贮气罐内的水分 ②将空气压缩机移至湿度低的地方使用,或使用油水分离器
空气压缩机不停地运转	①启动手柄损坏 ②气路连接松动,有泄露现象	①更换启动手柄 ②检查漏气的地方,并将泄露处连接拧紧
空气压缩机振动	①紧固螺栓松动 ②贮气罐橡胶脚垫损坏或丢失	①紧固螺栓 ②更换橡胶脚垫
输出气压比正常情况下的低	①放水口打开 ②进气滤芯堵塞 ③气路连接松动,有泄露现象 ④活塞环过度磨损	①关闭、拧紧放水口 ②清洁或更换进气滤芯 ③检查漏气的地方,并将泄露处连接拧紧 ④更换活塞环

2. 机器的日常维护

(1)所有维护都应切断电源并排尽贮气罐内气压后再进行;否则,极易造成伤害。

(2)保持丝印机和空气压缩机的清洁。

(3)贮气罐内的污水每周至少放尽一次,污水放水口在贮气罐的下方。

(4)经常检查安全阀是否灵敏。当贮气罐内气压达到$(5\sim7)\times10^5$ Pa 时,用手轻拉安全阀上的拉环,安全阀能轻松排气,合上阀杆可立即复位,说明安全阀状态良好;反之,则需更换安全阀。

(5)使用了 90 h 或 15 d 后,需检查压缩机冷冻油油位是否在合适的位置。若油位靠近下限,需立即加冷冻油。

(6)空气压缩机使用 500 h 后,需更换消音器滤芯。

(7)贮气罐每两年做一次耐压试验,每年检查内外表面一次。有严重锈蚀、碰伤或耐压试验不合格时,贮气罐应作报废处理。

(8)在印刷过程中使用的刮刀具有锋利刀刃,但由于在印刷过程中,刀刃在不断地磨损,因此需要对刮刀进行周期性的重新打磨矫正。

9.5　丝印质量分析

9.5.1　丝印质量

丝印机将焊膏漏印到待加工的印制电路板上,是表面贴装工艺的第一道工序,丝印质量是产品质量控制的第一道关口。

1. 焊膏印刷的要求

(1)在一般情况下,焊盘上的焊膏量应为 0.8 mg/mm² 左右。对小间距元器件,焊膏量应

为 $0.5\ \mathrm{mg/mm^2}$ 左右。

（2）印刷在基板上的焊膏覆盖每个焊盘的面积应在 75% 以上（见图 9-20）。

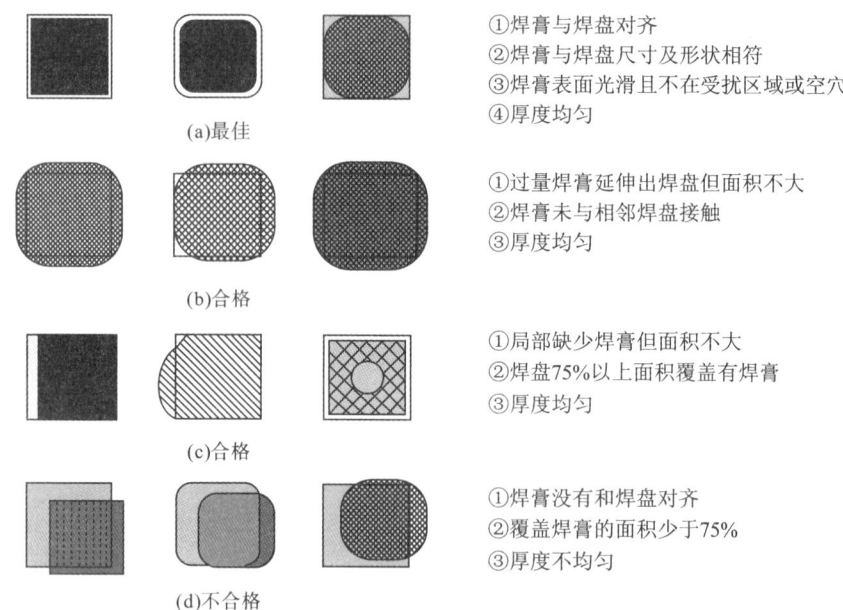

（a）最佳
①焊膏与焊盘对齐
②焊膏与焊盘尺寸及形状相符
③焊膏表面光滑且不在受扰区域或空穴
④厚度均匀

（b）合格
①过量焊膏延伸出焊盘但面积不大
②焊膏未与相邻焊盘接触
③厚度均匀

（c）合格
①局部缺少焊膏但面积不大
②焊盘75%以上面积覆盖有焊膏
③厚度均匀

（d）不合格
①焊膏没有和焊盘对齐
②覆盖焊膏的面积少于75%
③厚度不均匀

图 9-20　焊盘丝印质量

（3）焊膏印刷后，应无严重塌落，边缘整齐，错位不大于 $0.2\ \mathrm{mm}$。对小间距元器件焊盘，错位不大于 $0.1\ \mathrm{mm}$。基板不允许被焊膏污染，常见的焊膏印刷缺陷如图9-21所示。

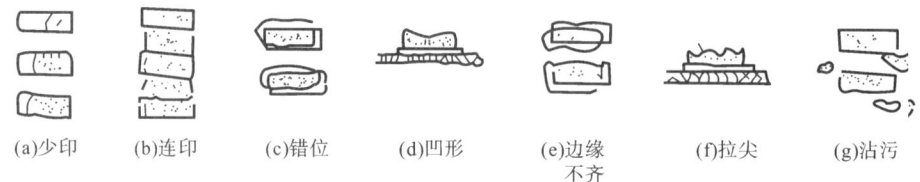

（a）少印　　（b）连印　　（c）错位　　（d）凹形　　（e）边缘　　（f）拉尖　　（g）沾污
　　　　　　　　　　　　　　　　　　　　　　　　　　不齐

图 9-21　常见的焊膏印刷缺陷

2. 工艺参数的要求

（1）刮刀硬度、刮印角度。印刷用刮刀的硬度可取 $60\sim90\ \mathrm{HS}$（肖氏硬度），一般多用 70 HS。刮刀形状可分为平形、菱形、角形。刮印角度一般为 $40°\sim75°$。

（2）印刷间隙。印刷时，网板与印制电路板焊盘表面的间隙应控制在 $0\sim2.5\ \mathrm{mm}$。

（3）印刷压强、速度。使刮刀接触网板或漏板。对网板，压强一般为 $0.35\ \mathrm{MPa}$；对漏板，压强一般为 $0.175\ \mathrm{MPa}$。印刷速度通常取 $10\sim25\ \mathrm{mm/s}$。

9.5.2　贴片胶滴涂质量

在完成丝印后，对于较大或贴装 IC 元器件较多、较密的印制电路板，为了防止在回流焊或波峰焊过程中 IC 元器件产生移动或翘起，还需要在印制电路板与 IC 元器件的对应位置滴涂贴片胶，使其贴装稳固。

滴涂贴片胶可分为手动和全自动两种方式。手动滴涂用于试验或小批量生产中;全自动滴涂用于大批量生产。全自动滴涂需要专门的全自动点胶设备,也有些全自动贴片机上配有点胶头,具备点胶和贴片两种功能。手动滴涂方法与焊膏滴涂的相同,只是要选择更细的针嘴,压力与时间参数的控制也有所不同。

无论采用自动还是手工滴涂方法,都应充分注意贴片胶对温度的敏感性,并且贴片胶应避免滴涂在焊盘上。

胶滴尺寸取决于被贴装的元器件类型(元器件与基板的间距、元器件结构与尺寸、元器件的引脚底部与元器件壳体之间离开的高度、元器件的重量)。胶滴不应对焊接过程和结果产生不利影响。

对小外形晶体管和矩形片状元器件,胶滴应处于元器件的两个或两个以上的焊盘中心位置,允许有一定偏差,但应避免与焊盘接触,如图 9-22 所示。

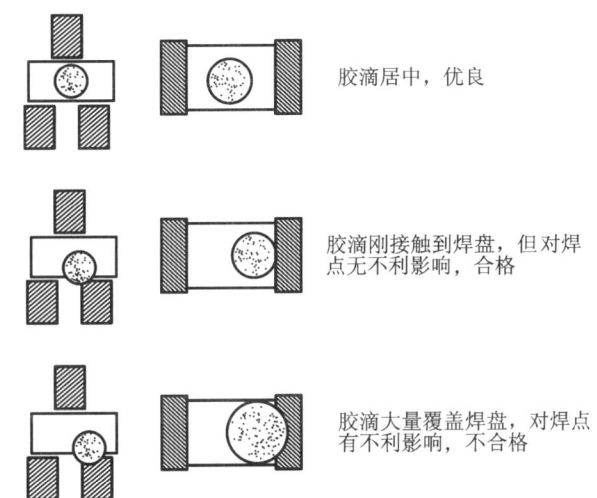

图 9-22 胶滴位置

对封装壳体较大的元器件,元器件上的胶滴直径应与贴装元器件之前涂敷到印制电路板基板上的胶滴的直径大致相当,但允许有一定偏差,如图 9-23 所示。

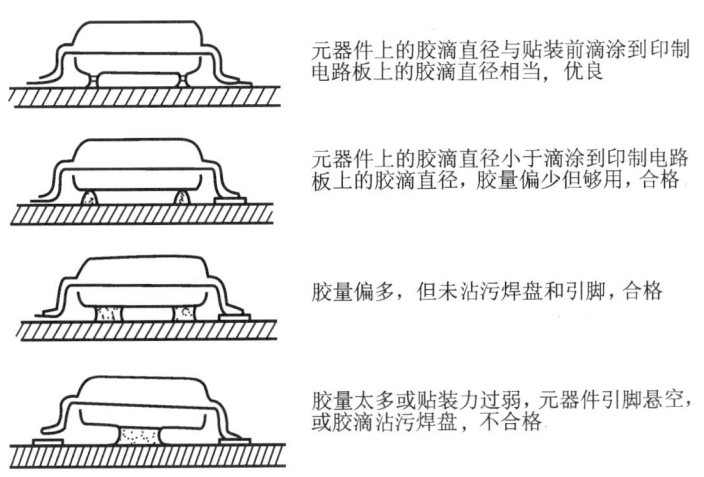

图 9-23 胶滴大小

思 考 题

9-1 丝印的目的是什么？对照图 9-20 和图 9-21,熟悉焊盘丝印质量的判断和常见的焊膏印刷缺陷。

9-2 空气压缩机用来干什么？注意空气压缩机贮气罐和大气缸、小气缸的工作压强。

9-3 掌握 T1200D 高精度半自动丝印机的结构和工作原理。

9-4 记住丝印机操作面板上各按键、旋钮及其功能,默写触摸式液晶屏上的各级功能菜单界面。

9-5 如何利用点动模式控制手臂钢板座的上升、下降及刮刀的向左、向右运动？

9-6 为了精确对准丝印网板焊盘开口与印制电路板焊盘的位置,要利用哪几个操作部件？

9-7 锡膏应涂抹在丝印网板的什么位置？

9-8 液晶屏上的上、下、左、右四个圆圈表示什么意义？正式操作时,若页面上、左圆圈不为阴影,应该怎么办？

9-9 严格按照系统操作步骤操作机器,并说出操作的注意事项。

9-10 焊膏被印刷后,应在多少时间内进行回流焊？

第 10 章 贴片 IC 定位系统

工业用贴片机采用多项高新技术,能自动或半自动地实现极小贴装元器件,甚至异型元器件的高精度高速贴装。如日产高速贴片机 KE-2070,采用激光识别技术对小型 IC 元器件进行高精度图像识别,拥有 6 个吸嘴,配置上下、旋转轴的灵活控制系统,吸嘴的上下移动(Z 轴)、旋转(Θ 轴)采用大约 26 万脉冲/圈的超小型编码器,X、Y 轴的定位分辨率达 1 μm,元器件贴装精度为 ±50 μm,贴装速率达 16 000 片/h。

在实习实训中,一般没有上述设备条件,选择适当的教学实验设备,更便于学习理解贴装的工艺过程。本章以 BGA3000 SMT 视频对位系统为例,介绍贴片元器件的对位和贴装。

10.1 BGA3000 SMT 视频对位系统概述

在表面贴装生产工艺中,由于元器件尺寸很小,元器件贴装位置很紧密,故贴装生产必须具备更快、更准贴装元器件的设备。

BGA3000 SMT 视频对位系统是国内研制生产的专业贴装设备。采用手工方式,利用真空吸嘴和导轨对表面贴装元器件实现拾取、位移、定位、释放等功能,在不损伤表面贴装元器件和印制电路板的情况下,实现表面贴装元器件快速而准确地贴装到印制电路板所指定的焊盘位置上,具有较好的灵活性和高精度性,比较适合研发及小批量产品的生产。

该设备采用亮度可任意调整的柔光双色光源照明系统,将表面贴装元器件引脚和印制电路板焊盘同时成像于高清晰度 CCD 上,其定位过程可通过监视器进行观察,并且利用其高精度直线导轨和转台实现表面贴装元器件 X、Y 方向和 θ 角度的任意调整,适用于 BGA、TQFP、PLCC 等表面贴装元器件的精密定位。

10.1.1 设备特点

(1)采用高精度直线导轨和转台,实现 X、Y 方向 13 mm 范围内 2 μm 分辨精度的位移和 30°范围内 2″分辨角度的精密调整,保证整个定位系统的高精度对位。

(2)采用红绿双色光源增强图像对比效果,使得表面贴装元器件引脚和印制电路板焊盘同时成像于 CCD 上,单波长棱镜组有效控制焊点表面的偏振光,提高了图像的清晰度。同时其光线强度可进行调控,真正实现任意区域、任意光照度的印制电路板照明。成像器如图 10-1 所示。

(3)专用吸嘴配合工业级膜片泵装置,给表面贴装元器件的拾取提供可靠、稳定的吸力。吸嘴如图 10-2 所示。

(4)高清晰度 CCD 提供 PAL 输出信号,可将对位过程成像于监视器上;同时 50 倍光学放大镜镜头使定位更轻松、准确。

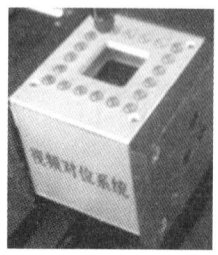

图 10-1 成像器

图 10-2 吸嘴

10.1.2 主要技术指标

芯片对准最大尺寸:17 mm×17 mm。

贴片精度:±10 μm。

吸嘴拾取力:1.0 N。

图像信号输出制式:PAL。

光源:采用柔光散射照明。其表面贴装元器件引脚部位采用红色 LED 照明,印制电路板焊盘采用绿色 LED 照明。

气源:采用工业级膜片泵,空气量大,能可靠吸附表面贴装元器件。

10.2 设备结构及系统安装

10.2.1 设备结构

本 BGA3000 SMT 视频对位系统主要由三大件组成,即定位系统、控制箱和监视器。定位系统是一台精密的机械/光学仪器,实现贴装元器件引脚与印制电路板焊盘的精确对位和贴装;监视器显示表面贴装元器件引脚与印制电路板焊盘的定位图像;BGA3000 控制箱用于控制定位系统光源亮度、气泵和摄像头的开启与关闭。

1. 定位系统

定位系统外形如图 10-3 所示。各部件作用如下。

吸嘴:利用真空吸嘴拾取表面贴装元器件。

气管:吸嘴的抽气管。机器开动后,工业级膜片泵启动,将吸嘴抽为真空,给拾取表面贴装元器件提供可靠稳定的吸力。

X 轴、Y 轴、θ 转角微调手柄:调节吸盘在 X 轴、Y 轴、θ 转角的方位,从而调整表面贴装元器件的准确位置,使其引脚能够快速、准确地与印制电路板上的焊盘位置相重合。

印制电路板固定夹台:用于固定印制电路板,便于表面贴装元器件的定位。印制电路板夹持牢固后,旋紧夹台固定手柄。

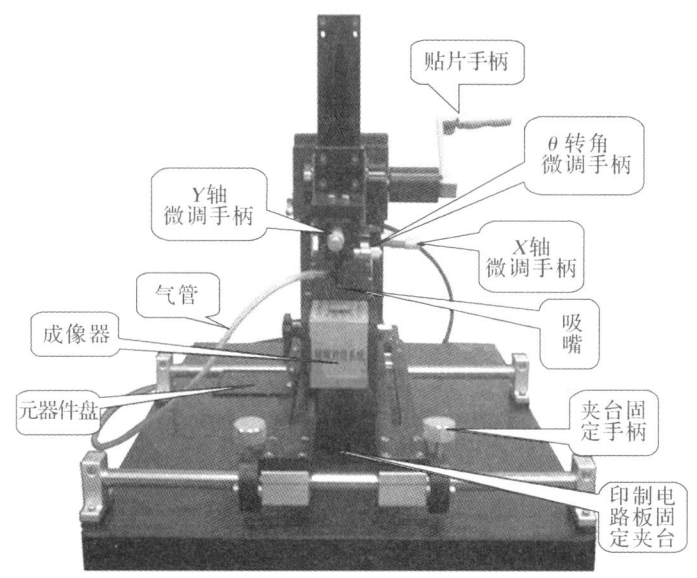

图 10-3　定位系统外形

成像器：内部装有 50 倍光学放大 CCD 镜头，用视频线将图像采集卡上的图像信息传输到监视器。

贴片手柄：表面贴装元器件引脚和印制电路板上的焊盘准确对位后，轻轻摇动贴片手柄，将表面贴装元器件准确贴装到已经刮上锡膏的印制电路板上。

元器件盘：用于放置表面贴装元器件，方便工作。

2. 控制箱

BGA3000 控制箱的电源总开关在控制箱后部。控制箱面板如图 10-4 所示。面板上"灯"、"气泵"、"摄像头"三个开关分别为两组 LED 照射灯（照亮吸嘴拾取的表面贴装元器件和印制电路板焊盘）、真空气泵和摄像头三个部件的电源开关。总开关打开后，应将面板上三个开关全部开启（置于"｜"位）。亮度调整左、右旋钮分别调整两组 LED 照射灯的亮度，"亮度调整左"旋钮调整朝上的红色 LED 照射灯（照射表面贴装元器件引脚）的灯光强度，"亮度调整右"旋钮调整朝下的绿色 LED 照射灯（照射印制电路板焊盘）的灯光强度。

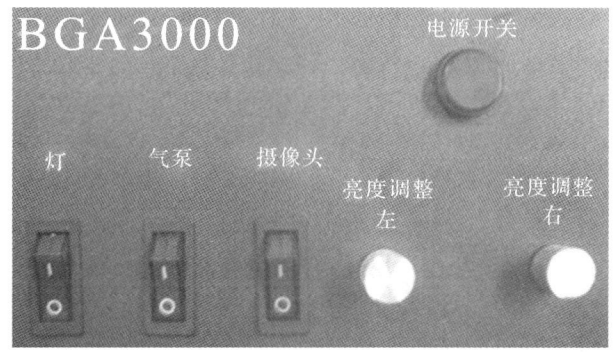

图 10-4　控制箱面板

10.2.2　系统安装

定位系统和控制箱的连接安装包括电路连接、气路连接和视频连接。

1. 电路连接

用两根同轴电缆将定位系统后面的双色光源与 BGA3000 控制箱后面对应的左灯、右灯端口相连。

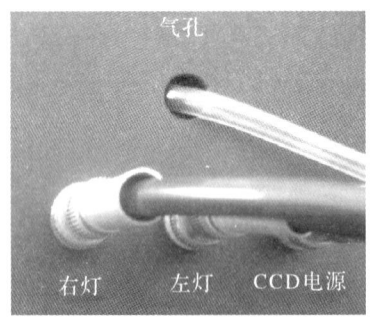

图 10-5　控制箱后视图

用同轴电缆将定位系统后面的电源与 BGA3000 控制箱后面对应的 CCD 电源端口相连(见图 10-5)。

2. 气路连接

将与 BGA3000 控制箱相连的气管接到定位系统的进气管上。

3. 视频连接

用视频线将定位系统后面的 CCD 图像采集卡连接到监视器的视频接口上。

连接完成后,接通电源,系统即可正常工作,显示出红色和绿色图像。

10.3　系统操作及维护

10.3.1　系统操作

1. 准备工作

检查系统各部分的连接是否正确。

开启 BGA3000 控制箱后端电源总开关;开启监视器开关。

开启 BGA3000 控制箱前面板的电源、摄像头、灯三个按键开关,同时将亮度调整左、右旋钮调整到合适的位置。

2. 定位印制电路板

将丝印好锡膏的印制电路板夹在印制电路板固定夹台的中部范围(见图 10-6),并将成像器拉出,使印制电路板处于成像器的正下方。此时印制电路板已成像于监视器上,调整控制箱"亮度调整右"旋钮使绿色影像亮度适中。这时调整印制电路板位置,使得印制电路板上待贴片的焊盘成像于监视器中央位置,最后拧紧固定手柄,将印制电路板固定。

3. 贴片元器件拾取

开启 BGA3000 控制箱气泵按键,控制箱内气泵开始工作,吸盘内被抽真空,处于待拾取状态。首先,通过抽拉手柄将成像器推后至初始位置;再将元器件盘(见图 10-7)移至吸盘下方,将待拾取贴片元器件放置于元器件盘中心位置上;然后,通过贴片手柄使吸盘垂直下移直至拾取到元器件为止;最后,再反转贴片手柄使吸盘上升至初始位置。

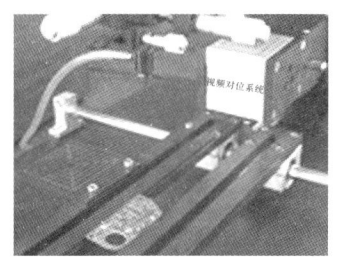
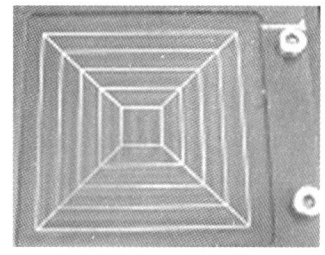

图 10-6　固定印制电路板　　　　　图 10-7　元器件盘

调整控制箱"亮度调整左"旋钮,使监视器显示贴片元器件引脚清晰的红色影像。

4. 元器件引脚和印制电路板焊盘准确对位

通过调节 BGA3000 控制箱上亮度调整左、右旋钮,观察监视器上元器件引脚和印制电路板焊盘的影像是否重合。当元器件引脚和印制电路板焊盘位置不重合时,通过调整 X 轴、Y 轴、θ 转角微调手柄,在水平面内调整元器件的位置和角度,直至元器件引脚与印制电路板焊盘位置全部重合。

5. 贴片

准确对位后,将成像器推回到初始位置,接着轻轻转动贴片手柄使元器件垂直下移至印制电路板,直至与印制电路板上焊盘贴合为止(见图10-8)。在不松开手柄的情况下,关闭 BGA3000 控制箱上气泵按键,气泵即停止工作,元器件被释放。最后转动贴片手柄,将吸盘上移至初始位置。

图 10-8　吸盘下移、贴片

6. 关机

在全部工作完成后,关闭 BGA3000 控制箱前面板电源、摄像头、灯三个按键开关,继而关闭控制箱后部的电源总开关和监视器开关。

10.3.2　操作注意事项

(1)该定位系统为精密仪器,请注意避免任何形式的物理碰撞和任何形式的拆卸;否则,会影响定位精度。

(2)定位系统成像镜头部分应随时保持清洁,万一不慎弄脏,请用气动吹尘枪清除灰尘,再用柔软干净的丝布轻轻擦拭干净。

(3)当使用吸嘴在元器件盘上拾取芯片时,应通过抽拉手柄将成像器推至最末端,防止元器件盘托架上的螺钉触碰成像器下方的光源灯,造成损坏。

(4)释放芯片时,应通过抽拉手柄将成像器推至最后;否则,释放芯片过程受阻碍。

(5)通过转动贴片手柄将元器件贴置于印制电路板上时,要关闭 BGA3000 控制箱上气泵按键,此时不要立即转动贴片手柄,应停留 1～2 s 之后再转动贴片手柄,使其转回到初始位置。

10.3.3 常见故障与解决方法

BGA3000 SMT 视频对位系统的常见故障与解决方法如表 10-1 所示。

表 10-1 BGA3000 SMT 视频对位系统的常见故障与解决方法

故 障 现 象	故 障 原 因	解 决 方 法
元器件吸取不牢固	吸嘴磨损、变形、堵塞而造成气压不足、漏气	清洁或更换吸嘴
	真空气管通道不顺畅,有杂物堵塞真空通道,或真空有泄漏,造成气压不足而拾取不起,或拾取之后在贴片的途中掉落	清洁气压管道,修复泄漏气路
元器件识别不清晰	镜头上有异物	保持镜头清洁

10.4 贴装质量分析

10.4.1 贴装位置

1．矩形片状元器件

矩形片状元器件主要有表贴式电阻、电容、电感、磁珠等,一般要求矩形片状元器件的焊端应全部贴于焊盘上,但允许有一定误差,如图 10-9 所示。

2．小外形晶体管

具有少量短引线的元器件,如 SOT -23、SOT -89,贴装时允许在 X 或 Y 方向有小的偏移及旋转,但必须使引脚(含脚址和脚跟)全部处于焊盘上,其贴装质量如图 10-10 所示。

3．小外形集成电路及网络电阻

小外形集成电路有 SOP、SOJ 等封装,只允许较小的贴装偏移,应保证包括引脚脚跟和脚趾在内的元器件引脚宽度的一半以上位于焊盘上,其贴装质量如图 10-11 所示。

四边扁平封装元器件(QFP)和超小型封装元器件也可以有一较小的贴装偏移,但均必须保证引脚宽度的一半以上处于焊盘上。若引脚脚趾部分有较小的伸出量,引脚必须有不小于四分之三的长度位于焊盘上。其贴装质量合格与否的判断与图 10-11 所示的类似。

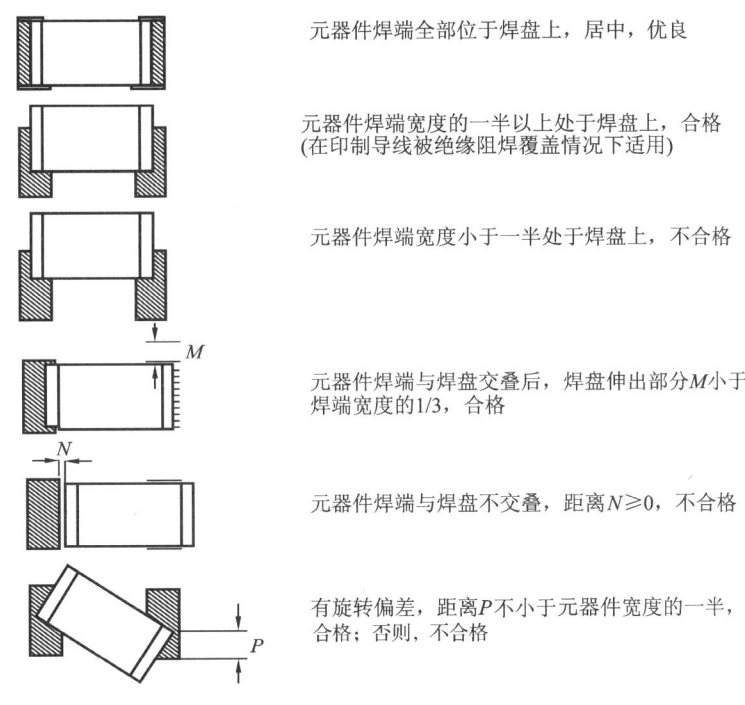

元器件焊端全部位于焊盘上，居中，优良

元器件焊端宽度的一半以上处于焊盘上，合格
(在印制导线被绝缘阻焊覆盖情况下适用)

元器件焊端宽度小于一半处于焊盘上，不合格

元器件焊端与焊盘交叠后，焊盘伸出部分M小于焊端宽度的1/3，合格

元器件焊端与焊盘不交叠，距离N≥0，不合格

有旋转偏差，距离P不小于元器件宽度的一半，合格；否则，不合格

图 10-9　矩形片状元器件的贴装质量

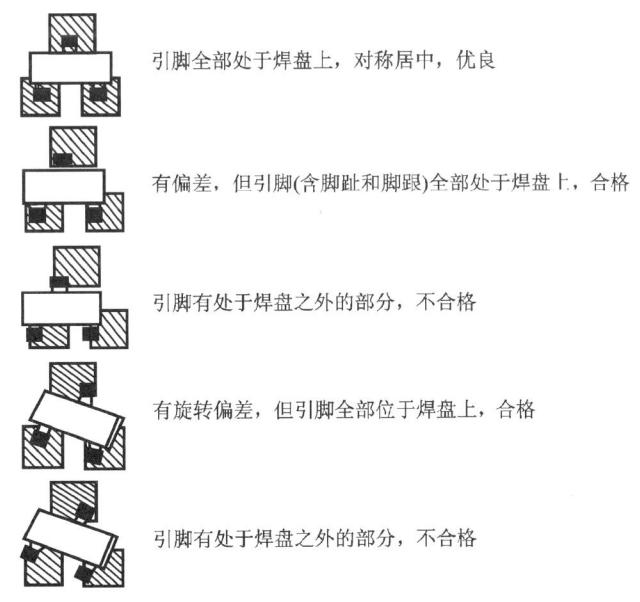

引脚全部处于焊盘上，对称居中，优良

有偏差，但引脚(含脚趾和脚跟)全部处于焊盘上，合格

引脚有处于焊盘之外的部分，不合格

有旋转偏差，但引脚全部位于焊盘上，合格

引脚有处于焊盘之外的部分，不合格

图 10-10　小外形晶体管的贴装质量

10.4.2　贴装压力和焊膏量

对有引线的表面组装元器件，一般每根引线所承受压强为 $10\sim40$ Pa，引线压入焊膏中的深度至少应为引脚厚度的一半。对矩形片状阻容元器件，一般压强为 $450\sim1\,000$ Pa。

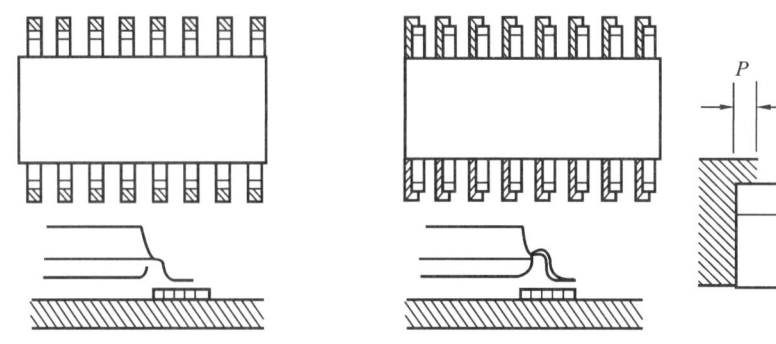

元器件引脚脚趾和脚跟全部位于焊盘上，
所有引脚对称居中，优良

P不小于引脚宽度的一半，引脚脚跟
和脚趾全部位于焊盘上，合格

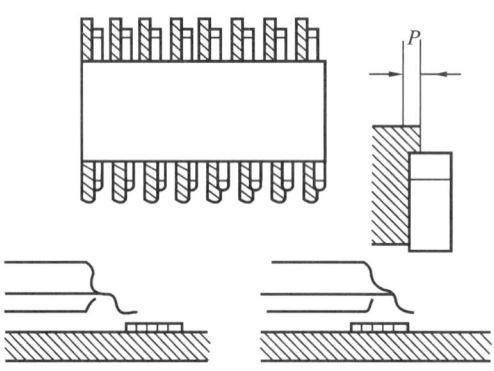

P小于引脚宽度的一半，元器件引脚脚趾或脚跟不在焊盘上，不合格

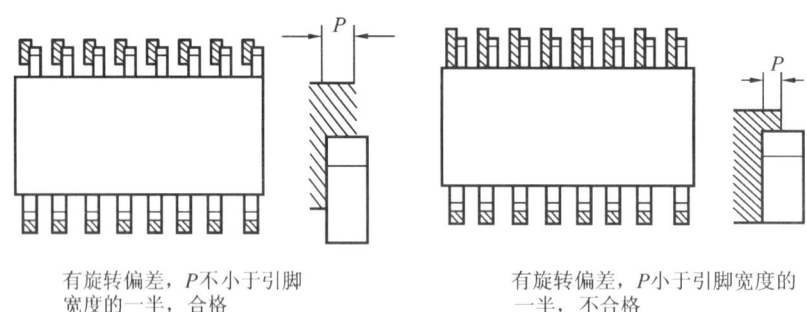

有旋转偏差，P不小于引脚
宽度的一半，合格

有旋转偏差，P小于引脚宽度的
一半，不合格

图 10-11 小外形集成电路的贴装质量

贴装时必须防止焊膏被大量挤出。对于普通元器件，一般要求焊盘之外挤出量（长度）应小于 0.2 mm；对于小间距元器件，挤出量（长度）应小于 0.1 mm。

思 考 题

10-1 BGA3000 SMT 视频对位系统有什么特点？其对位芯片的最大尺寸是多大？

10-2 监视器上能同时显示两个什么图像吗？如何调节使它们对准？

10-3 BGA3000 控制箱面板上的亮度调整左、右旋钮分别起什么作用？

10-4 叙述定位印制电路板、拾取贴片元器件、对位、贴片的整个操作过程及其注意事项。

10-5　如果元器件吸取不牢固,可能有什么原因?

10-6　释放元器件时,BGA3000 控制箱气泵应如何操作?

10-7　拾取或释放元器件时,抽拉手柄应放到什么地方?

10-8　贴装矩形片状元器件、小外形晶体管、小外形集成电路及网络电阻的质量标准分别有哪些规定?

第11章 回流焊机

回流焊机(又称再流焊机)是焊接表面组装元器件的设备,其主体是一个焊接炉,有红外焊炉、热风炉、红外加热风炉、蒸汽焊炉等。目前最流行的是全热风炉及红外加热风炉。

回流焊炉主要由炉体,上、下加热源,印制电路板传输装置,空气循环装置,冷却装置,排风装置,温度控制装置,以及计算机控制系统组成。热传导方式主要有辐射和对流两种方式。

11.1 T300 全热风回流焊机概述

T300 全热风回流焊机是一款小规模生产型表面贴装焊接设备,其外形如图 11-1 所示。该设备具有 6 个可控温区,可按需要设定焊接温度曲线;一个焊接温度警示灯,红灯亮表示有温区超温;下柜有操作面板和工具箱各一个,操作面板操作简便,使用方便;急停开关一个,遇到突发故障可按急停开关暂停工作。

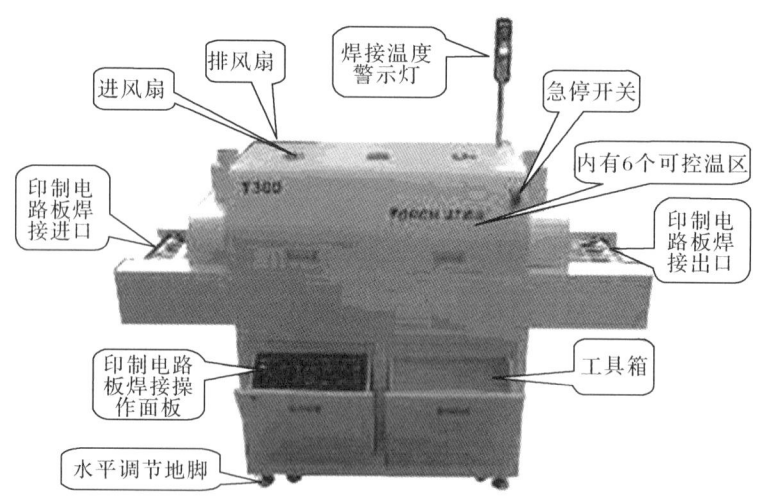

图 11-1 T300 全热风回流焊机外形

1. 回流焊机的主要技术指标

(1)温度控制精度(指传感器灵敏度),应达到±(0.1~ 0.2)℃。

(2)传输带横向温差,要求在±5 ℃以下。

(3)最高加热温度,一般为 300~350 ℃,如果考虑无铅焊料或金属基板,应选择350 ℃以上。

(4)加热区数量和长度。加热区数量越多、长度越长,越容易调整和控制温度曲线。一般中、小批量生产选择 4～5 个加热区,加热区长度为 1.8 m 左右即能满足要求。

(5)传送带宽度,应根据最大和最宽印制电路板尺寸确定。

2. T300 全热风回流焊机的具体技术性能

(1)工作电源:三相交流 380 V,50 Hz/60 Hz。

(2)最大功率:10 kW。

(3)工作功耗:4 kW。

(4)加热温区:6 个,上、下各 3 个。

(5)网带(传送带)宽度:300 mm。

(6)网带运输方向:左进右出。

(7)运输带速度:0～2 000 mm/min。

(8)过机时间:3～5 min。

(9)工作环境温度:5～40 ℃ ,远离电磁干扰。

(10)相对湿度:20%～95%。

(11)外形体积:2 300 mm×620 mm×1 440 mm。

(12)质量:500 kg。

11. 2 回流焊机工作原理

T300 全热风回流焊机的原理框图如图 11-2 所示。接通三相电源后按下启动开关,电源控制器开始工作,并向加热控制器、传送带速度控制器、鼓风电动机、排气电动机和冷却电动机供电。

机器的电源总启动开关(ON)设于控制面板上,加热控制器和传送带速度控制器都还有独立的启动开关供独立启动和关闭。加热控制器有 6 个,分别控制回流仓内 6 个加热区的温度,通过温度传感器反馈到控制器,使回流仓内的温度处于温度控制器的控制范围。传送带速度控制器控制传送电动机的转速,通过手动调节速度旋钮,使传送带满足不同产品焊接的需要。

工作完毕后按控制面板上的停止开关(OFF)。停止开关并不立即关闭电源,而是启动延时开关,等待回流仓的温度下降,一般延时 30 min 左右,然后再关闭电源。按停止开关后传送带也不会马上停止运行,以避免温度剧变造成传送带变形。在焊接过程中,遇到印制电路板脱离传送带或印制电路板上元器件脱落等现象,可以按急停开关,这时回流焊机的各个工作部件全部暂停工作,但并未断电。等待问题处理完毕再顺时针旋转急停开关,回流焊机重新开始工作。

鼓风电动机有 6 个,在加热过程中它们使回流仓内的热空气均匀分布。冷却电动机也有 6 个,3 个在设备的顶部,2 个在印制电路板出口处,1 个为电源控制器制冷。排气电动机有 2 个,向设备外排除有害气体。

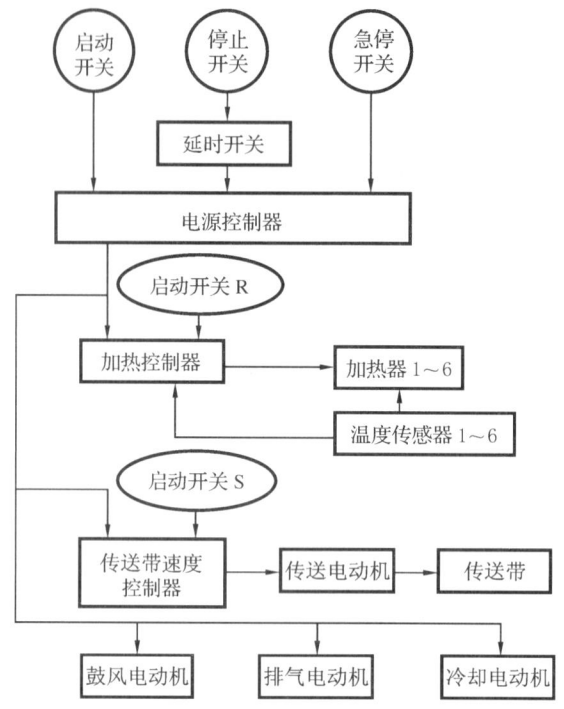

图 11-2　T300 全热风回流焊机的原理框图

11.3　机器的结构和功能

T300 全热风回流焊机的各部分结构及其功能介绍如下。

1. 控制面板

控制面板包含有 T300 电源启动开关(ON)、电源关闭开关(OFF)、各加热区温度的设定和传送带运行速度的控制器。它是回流焊机的控制中心,如图 11-3 所示。

图 11-3　T300 全热风回流焊机控制面板

面板左下角的绿色按钮为电源启动开关(ON),红色按钮为电源关闭开关(OFF)。开关上方为传送带运行速度的控制器,其中开关 S 按到"|",传送带运行(RUN);按到"○",停止运行(STOP)。速度调整旋钮顺时针旋转将提高传送带运行速度,反时针旋转则降低传送带运

行速度,速度大小视工艺需要而定,一般将旋钮调节在第 4 挡,使印制电路板工件从进入回流焊机到出口所经历的时间控制为 4 min 左右。控制面板上安装有 6 个相同的温度设置、显示、控制板,分别用于 6 个温区的温度设置、显示和控制。

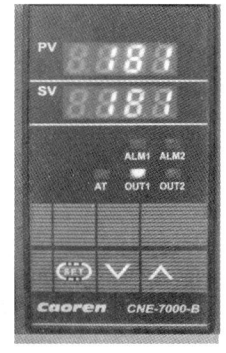

每个加热区的温度设置、显示、控制板如图 11-4 所示。图中第二行数字(SV)是设定温度值(如 220 ℃)。每次开机时将显示上次生产设定的温度。根据需要,按触摸键"SET"后,利用上升(∧)、下降(∨)键即可进行调节。面板上第一行数字(PV)是检测到的该加热区的实时温度(如 24 ℃),它将随着加热过程逐渐升高到设定温度。设置、显示、控制面板下方的开关是该加热区加热控制的启动开关 R。

回流仓内分为 6 个加热区,即上加热器 3 个区和下加热器 3 个区,可按需要设定焊接温度曲线,以保证焊接质量。每个加热区都有一个标准的热电偶检测该区的实时温度,对比设定温度,通过精密温度控制器驱动固态继电器(solid state relay,SSR)控制该区的温度,具有智能控制调节功能。若升温超过设定温度,指示灯(ALM)点亮报警。

图 11-4　温度设置、显示、控制板

2. 传送带

传送带由钢丝组成网带,如图 11-5 所示。印制电路板放在网带上,从进口处进入回流焊仓。通过中间热空气的回流,使印制电路板上贴片元器件的引脚焊点焊锡融化,与焊盘融为一体;从出口处出来时,将受到 2 个冷却电动机吹风冷却。网带启停由传送带运行开关 S 控制,运行速度由调速旋钮调节。

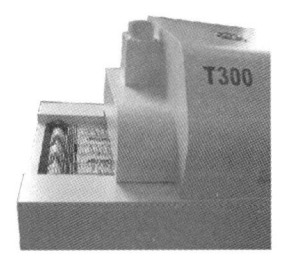
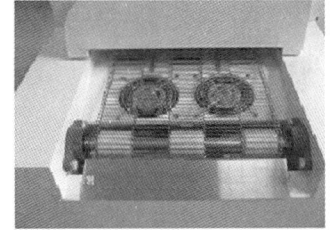

(a)进口　　　　　　　　　　　　(b)出口

图 11-5　传送带进口和出口

3. 急停开关

急停开关是位于上盖右侧的红色开关。当遇到紧急情况时,如在焊接过程中,出现印制电路板脱离传送带或印制电路板上元器件脱落等现象,可以按急停开关。这时回流焊机的各个工作部件全部暂停工作,但并未断电。等待问题处理完毕后,再顺时针旋转急停开关,回流焊机即可重新开始工作。

4. 焊接温度警示灯

焊接温度警示灯竖立在上盖的右侧上方(见图 11-1),分红、绿两种颜色,红色表示超温,绿色表示加热区处于加热工作中。当某个加热区的温度超过设定温度的规定值时,红色灯发亮,提示超温,需要检查调节。

5. 控制电路

电气控制电路安装在机器后面,包括交流接触器、加热电路上的保险控制器、时间继电器、固态继电器、冷却风扇、接线槽架等,如图 11-6 所示。

图 11-6　电气控制电路

按下启动开关时,交流接触器启动,接通三相交流电,向设备提供电源;三相电源通过保险控制器和固态继电器分配到 6 个加热控制器及传送带速度控制器上,同时向冷却电动机、鼓风电动机及排气电动机供电,风扇电动机开始工作。这时如果启动传送带速度控制器上的启动开关 S,就可以使传送电动机运行,带动网带从左向右传送工件,调节速度旋钮可以控制网带的传输速度。需要启动加热器时,可以启动加热控制器上的启动开关 R,通过加热控制器上的温度传感器自动控制加热温度。当某个加热区的温度超出设定温度时,用温度警示灯上的红色灯亮来提示超温,这时温度控制器会自动调节加热器,使该区温度降到设定温度,使红色灯熄灭。如果长时间超温,并观察到温度控制器上的温度指示一直上升,就需要停机检查,找出原因,排除故障。

11.4　机器的操作及维护

11.4.1　操作

1. 操作步骤

(1)接通三相供电电源(供电电源空气开关)。

(2)按下绿色启动按钮(ON)。这时进风和出风电动机、排气电动机和冷却电动机都开始工作,焊接温度警示灯绿灯亮。

(3)开启控制面板上传送带开关 S,如图 11-7 所示。这时传送带即由左向右运动。检查调速器旋钮指示刻度,观察传送带运行速度。为此可以放一块印制电路板到进口处,4～5 min 会到达出口。若速度过快或过慢,则可通过调速旋钮来调节。最好每次操作都有记录。

(4)打开 6 个加热区的温度控制器开关 R,按温度控制器下方的 SET 键使数据闪动,用 ∧ 和 ∨ 键选择更改数据,之后按 SET 键确认。其中红色显示的数字是加热的实际温度值,绿色显示的数字是设定温度值,如图 11-4 所示。

(5)正常开机 20～30 min 后,观察温度控制器上实际温度值与设定温度值是否一致,且 OUT1 灯开始闪动,即表示该区温度已经上升到设定温度值。

(6)将热电偶传感器贴附在与工作印制电路板相同或相似尺寸的废板上,以观察回流温度。方法是将印制电路板放入机器的传送带上,用带温度测量功能的数字式万用表作温度曲线图。条件不具备时这一步可以不做。

（7）根据第（6）步的结果，或根据实际经验，若温度曲线合适，则可以开始生产，即将已粘好表面贴装元器件的印制电路板放在网带进口处，随网带进入回流焊仓，完成回流焊。印制电路板从出口处出来经吹风冷却，即可手工卸下。

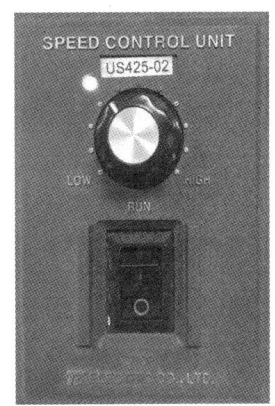

图 11-7　传送带开关

（8）仔细检查焊好的印制电路板，观察所有元器件是否焊接牢固，所有焊点是否焊接丰满，相邻焊点间有无粘连，元器件引脚与印制电路板焊盘是否对正，等等。若有问题，只能用热风拔台将相应元器件吹下，手工补焊。

（9）关机。在正常使用结束后，按红色关机按钮（OFF），延时继电器开始工作，此时机器仍在延时运行。这时要关闭温度控制器的启动开关，但不要关闭网带传输开关。待延时继电器延时动作，机器自动停止工作后，再关闭网带传输开关。最后关闭供电电源空气开关。

2. 注意事项

（1）开机前需检查交流电源电压是否处在安全范围，是否稳定，以保证机器正常工作。

（2）保持实验室内及设备外壳的清洁，并清除出风口处的残留物，保证传送通道畅通。

（3）机内风扇运转时搅动机内空气流动，同时会将机内各种灰尘粘在扇叶及电动机上，要求及时清洗，避免电动机损坏。

（4）经常检查机器外壳的漏电情况，保证设备安全用电。

（5）在紧急停机时，尽管断电器已经断开，但电路中仍然有电，要特别注意安全。在进行修理、维护机器之前，须断开墙上的电源开关，以确保机器不带电。

（6）在开始放入印制电路板或突然改变放入回流焊的印制电路板数量时，实际温度与设定温度可能有一定温差，这是正常现象。过一段时间再放入印制电路板，这个温差将减少到正常温差范围内。

（7）关机后延时继电器开始工作，此时机器仍在运行，这时要关闭温度控制器的启动开关，但不要关闭网带传输启动开关。等机器自动停止工作后，才能关闭网带传输开关。

11.4.2　日常维护和故障处理

1. 机器的日常维护

（1）每天上、下班时清洗机器外壳，以及出风口的残留物，以保证机器外观整洁、工件通道畅通。

（2）每周不少于 2 次定期给电动机传送轴承加注高温润滑油，以保持其运转灵活。每 2 个月定期用高温润滑油（二硫化钼）涂抹传送链条。

（3）传送带张紧滑轨上要保持清洁。

（4）传送带的松紧调整和更换：调节机器两端的松紧螺钉可以调节传送带的松紧，当用手下按时，不感到很吃力为好；欲更换传送带时，抽出传送带拼接头，如图 11-8 所示，传送带便可取出。

拼接头

图 11-8　更换传送带

(5)机内风扇要及时清洗,以免造成短路或烧坏风扇。

(6)机器使用三相四线制电源时,必须增加一条地线将机器同大地连接。开机前需要检查地线是否接通。

(7)焊炉发热管的更换方法:

①移去顶部盖板,露出有机玻璃盾;

②向上打开有机玻璃盾;

③从插夹器中拨出加热器两端引线;

④从机器后端加热器上夹钳端拿出金属引线;

⑤在机器后背的发热管上缠上 3～6 in(1 in＝2.54 cm,下同)线,用于推入新的发热管;

⑥从机器正面推出发热管,一旦旧管穿出就切断旧管上缠的线;

⑦将线缠在新管上,取下发热线夹钳端,将它推入机器;

⑧将线朝机器后背方向拉出,直至发热管推入正确位置为止;

⑨再连接上发热管的夹钳端,连接发热管引线到末端接线装置上,盖上有机玻璃盾和盖板。

2. 常见故障及处理

T300 全热风回流焊机的常见故障及处理方法如表 11-1 所示。

表 11-1　T300 全热风回流焊机的常见故障及处理方法

序号	故 障 现 象	处 理 方 法
1	机器不能运转	①检查墙上电源开关是否合上 ②检查控制电路断电器是否断开 ③检查保险丝是否烧坏
2	机器错误动作,无故停机	检查机器控制单元的电路是否工作正常
3	温度不上升	①检查 SSR 是否不正常,如果不正常,则重接或更换 SSR ②检查发热管接口是否脱开,如果脱开,则重新连接
4	传送带不转,ALARM 不闪	①检查紧固爪卡住链条是否不能正常运行 ②检查传送带是否过松,如果过松,紧固
5	风扇不转	①检查电源线是否脱落 ②检查风扇是否损坏
6	过热	①检查风扇是否损坏 ②检查温度控制器是否不工作,SSR 是否损坏,如果是,则重接或更换 SSR
7	红外线区在电力不足下动作不自如	检查是否短缺 SSR
8	电路断电器不能合上或被迫停在紧急停止位	检查选用的平头电路断电器是否不适合,如果不合适,则重新选用

11.5　焊接质量分析

中华人民共和国电子行业标准《表面组装组件的焊点质量评定》(SJ/T 10666—1995)和《电子元器件表面安装要求》(GJB 3243—1998)规定了表面组装元器件的焊点质量评定标准及 SMT 表面安装的技术要求,适用于机器焊接(通常指波峰焊或回流焊)和人工焊接的表面组装组件焊接工艺。

11.5.1　焊接质量的总体要求

1. 表面润湿程度

熔融焊料在被焊金属表面上应铺展,并形成完整、均匀、连续的焊料覆盖层,其接触角应不大于 90°。

2. 焊料量

焊料量应适中,避免过多或过少。

3. 焊点表面

焊点表面应完整、连续和圆滑,外形一般呈凹形弯月面,但不要求极光亮的外观。

4. 焊点位置

元器件的焊端或引脚在焊盘上的位置偏差,应在规定的范围内。

11.5.2　焊接缺陷分类

1. 不润湿

焊点上的焊料与被焊金属引脚表面形成的接触角大于 90°,如图 11-9(a)所示。

2. 脱焊

脱焊即开焊,包括焊接后焊盘与基板表面分离。

3. 吊桥

元器件的一端离开焊盘而向上方斜立或直立,如图 11-9(b)所示。产生这种缺陷的原因主要是焊接过程中有外力作用、基板跌落移动、基板材质不合适而受热翘曲等。

4. 桥接

两个或两个以上不应相连的焊点之间因焊料而连接,如图 11-9(c)所示,或焊点的焊料与相邻的导线相连。

5. 焊料球

焊接时，黏附在印制电路板、阻焊膜或导体上的焊料形成小圆球，如图 11-9(d) 所示，必须清洗。清洗不净，是不允许的。

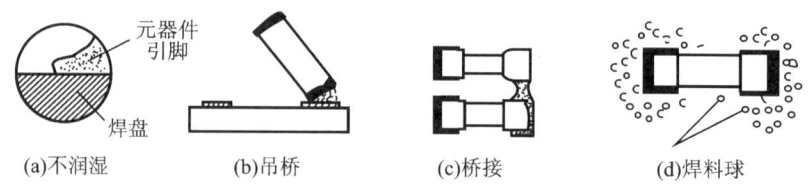

(a)不润湿　　　　(b)吊桥　　　　(c)桥接　　　　(d)焊料球

图 11-9　焊接缺陷

6. 虚焊

焊接后，焊端或引脚与焊盘之间，由于不润湿、焊接温度过低、有脏污、焊膏不良等原因，实际上并没有可靠融合，出现电隔离现象，是一种假焊。

7. 焊料过少

焊点上的焊料量低于最少需求量。

在焊接工艺中，以上 7 类缺陷都是不允许出现的。若存在这些现象，则视为不合格。

8. 拉尖

焊料有突出向外的毛刺，但可能没有与其他导体或焊点相接触，这种缺陷也是不允许的。

9. 孔洞

焊点孔洞如图 11-10 所示。这类缺陷允许部分存在，但孔洞最大直径不得大于焊点尺寸的 1/5，且同一焊点上的这类缺陷数目不得超过 2 个（肉眼观察）；或经 X 射线检查，焊点孔洞面积不应大于焊点总面积的 1/10。

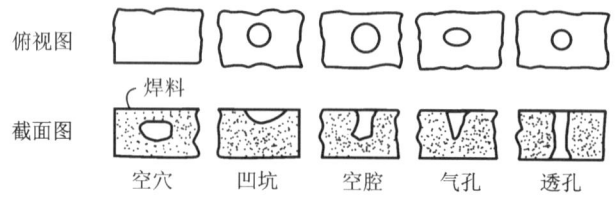

俯视图

截面图

空穴　　　凹坑　　　空腔　　　气孔　　　透孔

图 11-10　焊点孔洞

10. 位置偏移

位置偏移是指焊点在平面内横向、纵向或旋转方向偏离预定位置。在保证机电性能的前提下，允许存在有限的偏移。评判依据类似于 10.4.1 小节的分析。

11. 其他缺陷

其他缺陷是指偶然出现的表面粗糙、微裂纹、指纹、油污等缺陷。应注意将此类缺陷与虚焊区分开来,不允许有规律性地存在此类缺陷。

11.5.3　焊点质量要求

焊接完成并清洗后,焊端或引脚与焊盘之间的焊点应平滑、光亮、表面均匀、元器件引线及焊盘的润湿良好,引线在焊料下的轮廓清晰可辨,焊点外形一般呈凹形弯月面。

无论采取何种焊接方式,焊点的结构应满足如下要求。

焊点的每个面均被良好润湿,至少引脚的一侧被良好润湿。引脚脚跟底下的楔形空间被焊料填充,其弯月面的高度应等于引脚厚度。若引脚脚跟焊料弯月面高度低于引脚厚度的一半,则为不合格。引脚脚趾的前边缘虽不要求有焊料,但通常此部位可存在焊料弯月面。

若出现润湿不良、焊点表面或内部有针孔或空穴、焊点表面有晶状或疏松状结构、焊点内包留有焊剂、焊点有突出物或毛刺等现象,则视为不合格。

下面分别介绍几种典型表面贴装元器件的焊点质量要求。

1. 矩形片式元器件的焊点要求

矩形片式元器件焊点结构如图 11-11 所示。

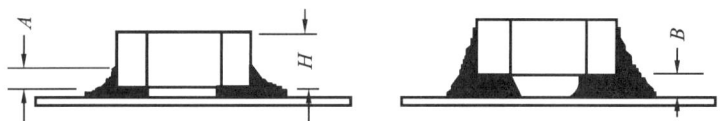

图 11-11　矩形片式元器件焊点结构

合格的焊点应满足:

(1)元器件焊端与焊盘的相对位置符合要求;

(2)焊点的宽度不小于焊盘或元器件焊端宽度的 75%;

(3)焊点弯月面的高度 A 大于元器件厚度 H 的三分之一;

(4)元器件焊端与焊盘间的焊料厚度 B 不大于 0.5 mm。

2. 金属电极无引线端面元器件的焊点要求

金属电极无引线端面(MELF)元器件焊点结构如图 11-12 所示。

合格的焊点应满足:

(1)元器件的焊端与焊盘的相对位置符合要求;

(2)焊点的宽度 A 大于元器件直径 D 的二分之一;

(3)焊端与焊盘间的焊料厚度 B 不大于 0.75 mm。

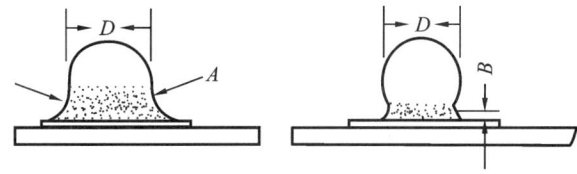

图 11-12　MELF 元器件焊点结构

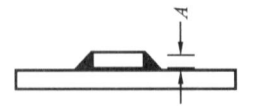

图 11-13   小外形晶体管焊点结构

3. 小外形晶体管的焊点要求

小外形晶体管(SOT)焊点结构如图 11-13 所示。

合格的焊点应满足:

(1)元器件的引线与焊盘的相对位置符合要求;

(2)焊点的高度 A 不小于引线的厚度;

(3)焊料应部分或完全覆盖元器件的引线,但覆盖厚度不大于引线厚度的两倍。

4. L 形引线小外形集成电路的焊点要求

L 形引线小外形集成电路(SOL)焊点结构如图 11-14 所示。

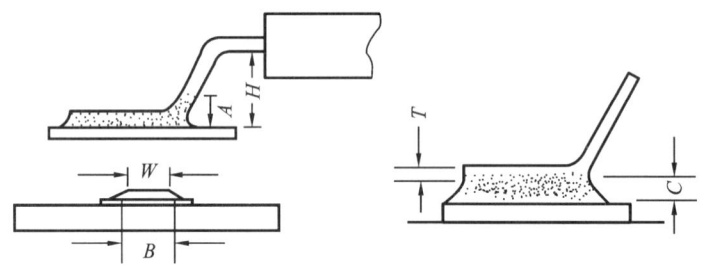

图 11-14   L 形引线小外形集成电路焊点结构

合格的焊点应满足:

(1)元器件的引线与焊盘的相对位置应符合相关要求;

(2)焊趾(toe joint)的宽度 B 不小于引线的宽度 W;

(3)焊料的爬升高度 A 不大于引线高度 H 的 1/2,不小于焊料厚度 C 与引线厚度 T 之和;

(4)引线与焊盘间的焊料厚度 C 不大于两倍引线厚度 T。

5. 塑料封装有引线芯片的焊点要求

塑料封装有引线芯片载体(PLCC)焊点结构如图 11-15 所示。

合格的焊点应满足:

(1)元器件引线与焊盘的相对位置符合要求;

(2)元器件引线与焊盘间的焊料厚度 A 不大于 0.75 mm;

(3)焊点的长度 L 与元器件引线宽度 W 的关系为 L 不小于 $2W$。

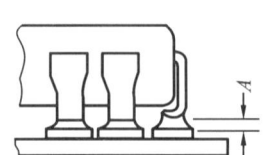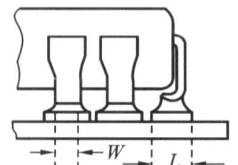

图 11-15   塑料封装有引线芯片载体焊点结构

方形扁平封装元器件(QFP)和 J 形引线小外形集成电路(SOJ)的焊点质量要求,不难从上述 5 类元器件的分析得出结论,详细标准可参阅前述《表面组装组件的焊点质量评定》(SJ/

T 10666—1995)和《电子元器件表面安装要求》(GJB 3243—1998)两个行业标准。

11.5.4　T300 全热风回流焊机常见焊接故障及排除

在利用 T300 全热风回流焊机进行回流焊时,常见的焊接故障及解决方法如表 11-2 所示。

表 11-2　T300 全热风回流焊机的常见焊接故障及解决方法

序号	故障现象	故障原因	解决方法
1	不完全回流	①没有充分加热 ②元器件阴影(顶加热方式下) ③机板中层铜箔的存在	①降低带速 ②增加底部热量 ③增加预热区
2	不充分润湿	①机板、元器件氧化,上锡不良 ②没有充分的润湿时间	①对元器件和机板预上锡 ②增加加热区 1、2、3 及 4 的温度
3	印制电路板翘曲	超过印制电路板上下温差限度	①减少预热部与底部加热区温差 ②增加带速
4	印制电路板变色或暗淡	①超过印制电路板上锡温度 ②超过温度梯度或加温速度	①提高带速,降低预设加热区 ②减带速或增加加热区 3、4 的温度
5	过多的细粒	①顶温超限 ②锡浆黏度过小或网板太厚	①降低顶部热量和增加底部加热区 3、4 的温度 ②检查焊膏黏度及减少网板厚度
6	焊料球	①干燥太快 ②印锡不合格或印制电路板重印 ③锡浆不良或氧化 ④锡浆有水分 ⑤锡浆过多	①降低带速和增加加热区 3、4 的温度 ②清洗、干燥印制电路板 ③增强活性或换锡浆 ④降低环境温度 ⑤调整印刷
7	助焊剂焦化	超温	提高带速或降低加热区 5 的温度
8	微型组件排错位	①放置不当 ②焊盘上锡不规则或不对称 ③干燥太快引起气流吹动组件	①检查放置位置 ②检查上锡形状与厚度 ③降低带速和增加加热区 3、4 的温度
9	桥接	①定位不适当或网板背面有锡 ②锡浆塌落 ③加热速度过快	①检查定位或清洗网板 ②调整印刷压力 ③增加金属成分或黏度 ④调整温度时间曲线
10	锡迁移或塌落	①润湿超时或环境温度过高 ②锡浆黏度小	①调整温度曲线或增加带速 ②控制环境温度或选择锡浆
11	组件竖立(吊桥)	①加热速度过快或不均匀 ②组件可焊性差 ③锡浆成分不稳定	①调整温度时间曲线 ②检查组件 ③选用可焊性好的锡浆
12	虚焊	①印刷参数不对而造成锡浆不足 ②焊盘上锡不均匀 ③组件不平,焊盘有阻焊膜或污物	①减少黏度或检查印刷压力角度及印刷速度 ②设法使焊盘上锡均匀 ③检查组件引脚平稳性

思　考　题

11-1　什么叫回流焊？回流是怎么形成的？T300 全热风回流焊机有几个控制温区？

11-2　T300 全热风回流焊机装配有电源总启动开关、加热控制器开关和传送带开关，这 3 个开关各控制什么？

11-3　按下控制面板上的停止开关，这时并不立即关闭电源，为什么？

11-4　每个加热区的温度控制板上显示有 2 个温度值，它们各表示什么意义？操作前如何设定和检验温度曲线？

11-5　叙述回流焊机的操作步骤及其注意事项。如果打开机器后，温度长时间升不上来，可能是什么原因？

11-6　焊接质量的总体要求怎样？常见的焊接缺陷有哪些？"润湿"是什么意思？

11-7　焊料球和桥接这类焊接缺陷是什么原因造成的？应如何防止？

11-8　虚焊是一种非常有害的焊接缺陷，说明其可能的产生原因和防止办法。

11-9　质量合格的焊点结构应满足哪些要求？想象对元器件引脚焊点的弯月面、引脚脚跟、引脚脚趾等非常形象的描述。

11-10　熟悉矩形片式元器件的焊点要求、小外形晶体管(SOT)的焊点要求、L 形引线小外形集成电路(SOL)的焊点要求及塑料封装有引线芯片载体(PLCC)的焊点要求。

11-11　如何使用回流焊机实现双面印制电路板的表面贴装焊接？

第12章 波峰焊机

波峰焊主要用于传统通孔插装印制电路板电装工艺,以及表面组装与通孔插装元器件的混装工艺,适用于波峰焊工艺的表面组装元器件有矩形和圆柱形片式元器件、SOT 及较小的 SOP 等元器件。之所以称为波峰焊,是因为在工作过程中,熔融的焊料在鼓峰泵的作用下形成理想的焊锡波峰,使印制电路板通过液态焊锡波峰时完成元器件的焊接。本章以 TB680 型台式数显波峰焊机为例进行讲解。

12.1 波峰焊机概述

TB680 型台式数显波峰焊机是国内研制生产的小型专业焊接设备,主要用于电子印制电路板插接元器件的焊接。该机采用往返式工作方式,结构合理,占用空间小,并具有功能全、高效节能、焊接可靠、效率高、操作灵活等优点,比较适合小批量生产和实验教学使用。机器外形如图 12-1 所示。

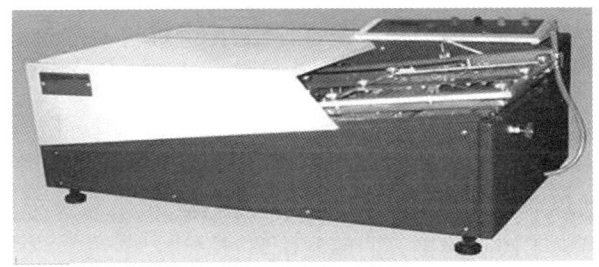

图 12-1 TB680 型台式数显波峰焊机外形

TB680 型台式数显波峰焊机的主要技术性能如下。

最大耗电量:3 kW。

焊锡槽容量:37 kg 焊锡。

被焊印制板尺寸:200 mm×270 mm(最大)。

焊锡温度可调范围:200～300 ℃ ,LED 数字显示。

预热温度:70～90 ℃ 。

波峰高度可调范围:5～12 mm。

熔锡时间:80 min 左右。

助焊剂喷涂方式:发泡式。

电源:220 V±22 V/50 Hz,设备必须接地。

传送带速度可调范围:0.5～3 m/min。

整机外形尺寸:850 mm×600 mm×330 mm。

净重:48 kg。

12.2　TB680 型台式数显波峰焊机工作原理

TB680 型台式数显波峰焊机由助焊剂、预热、焊接、链条传送、排气和电气控制等六个单元组成,工作原理如图 12-2 所示。

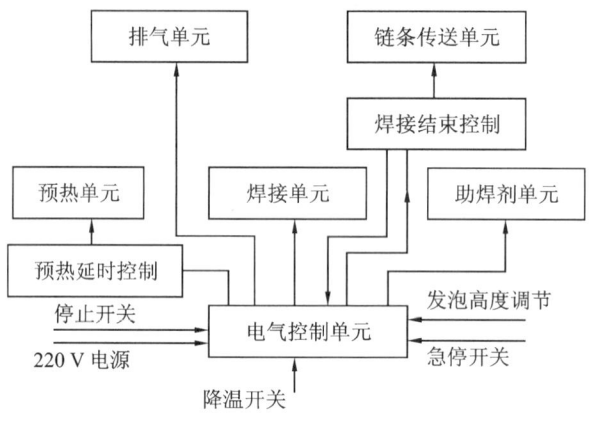

图 12-2　机器工作原理

当 TB680 型台式数显波峰焊机接通 220 V 电源,急停开关处于释放状态时,预热单元和焊接单元开始加热。经过大约 80 min 的预热,锡炉中的焊锡全部熔化成液态。将插装好元器件的印制电路板置于滑架上,按运行键"RUN",链条传送机构即带动滑架和印制电路板通过助焊剂波峰喷口,使印制电路板背面均匀黏附助焊剂,然后滑架继续前进。当滑架碰到预热位置开关时,发出到达命令,启动预热单元,对印制电路板进行预热。预热时间达到设定值后,滑架开始往回返(往返式工作方式),使印制电路板通过焊接单元的液态焊锡波峰,完成焊接。当印制电路板返回到助焊剂单元时,被另一个位置传感器识别,滑架停止运行,焊接过程自动结束。稍稍冷却后即可人工卸下焊接好的印制电路板。

重新放另外的印制电路板于滑架中,再按运行键"RUN"即可继续工作。

机器的排气单元用于排放焊接过程中产生的有害气体,保证操作人员和设备安全。

12.3　波峰焊机的组成结构及人机界面

12.3.1　组成结构

TB680 型台式数显波峰焊机结构如图 12-3 所示。

1. 助焊剂单元

助焊剂单元如图 12-4 所示,主要有气泵、空气软管、针型阀、发泡管和助焊剂盒。工作时

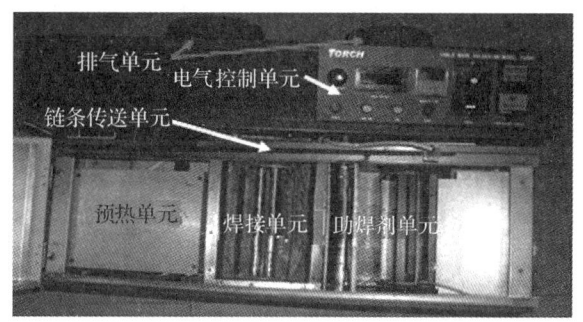

图 12-3 波峰焊机结构

气泵产生的空气通过空气软管射向针型阀,由针型阀调节进入发泡管的气流量,使助焊剂起泡。泡沫从助焊剂喷口输出而形成助焊剂波峰,印制电路板通过时,板面将均匀涂敷上一层助焊剂薄膜。

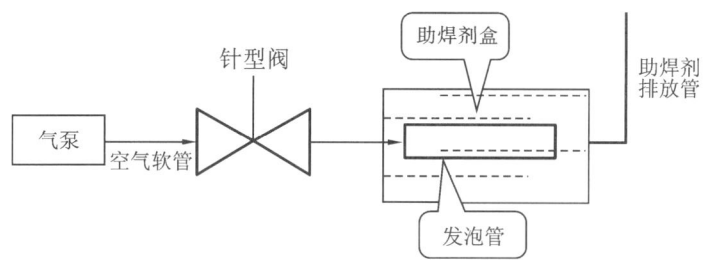

图 12-4 助焊剂单元

2. 预热单元

预热单元是一块内置电阻加热元器件的金属板,为涂敷了助焊剂的印制电路板进行焊接前的预热。预热时间可以设定,一般为 6～10 s。

只要电源启动,并且急停开关没有按下,预热单元就会一直工作,直到按急停开关或冷风开关才会停止加热。

3. 焊接单元

焊接单元主要由锡槽、中隔板、喷嘴、稳流器、鼓峰泵、涵道口、焊锡等组成,如图 12-5 所示。

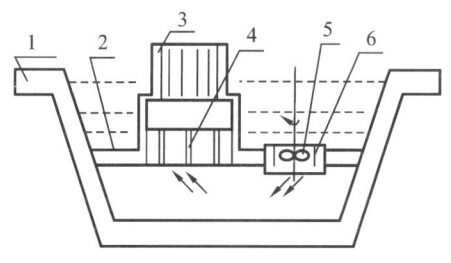

图 12-5 焊接单元

1—锡槽;2—中隔板;3—喷嘴;4—稳流器;5—鼓峰泵;6—涵道口

锡槽也是一个焊锡加热炉,开机后预热约 2 h,锡槽中的焊锡即可全部熔化成液态。中隔板将焊锡分为上、下两层,下层为高压层,上层为低压层。鼓峰泵由电动机带动旋转,将低压腔的液态焊料压入高压腔,进入高压腔的焊料不断地翻滚和旋转,经过稳流器后变成平稳的焊料流,从喷嘴溢出,形成理想的焊锡波峰,波峰高度可以调节。跃起的液态焊锡(波峰)在重力的作用下自由跌落,回到低压腔。

已预热的印制电路板在回程中通过焊接单元的液态焊锡波峰,完成焊接。

注意一定要等锡槽中的焊锡全部熔化成液态,才能进行焊接工作(特别是锡槽鼓峰泵电动机搅拌部分的焊锡一定要全部熔化成液态。可以用不锈钢条伸进去搅拌一下,即可知道焊锡的熔化状态)。

4. 链条传送单元

链条传送单元由链条、导轨、滑架、驱动机构等组成。驱动机构按照给定的时间、速度和程序将印制电路板传送到助焊剂单元、预热单元和焊接单元。传送速度应根据工件要求调节到适当大小。

5. 排气单元

排气单元由排风电动机、排风罩、排风管等组成,它将焊接单元所产生的废气全部排除。如果接上金属排风管和抽风电动机,效果更好。

6. 电气控制单元

电气控制单元采用模块式结构,可对焊锡温度、预热时间、传送速度、波峰高度等参数进行调节控制,电气控制单元功能方框图如图 12-6 所示,其控制过程不难理解。控制单元的控制、调节、操作方法见 12.3.2 小节的介绍。

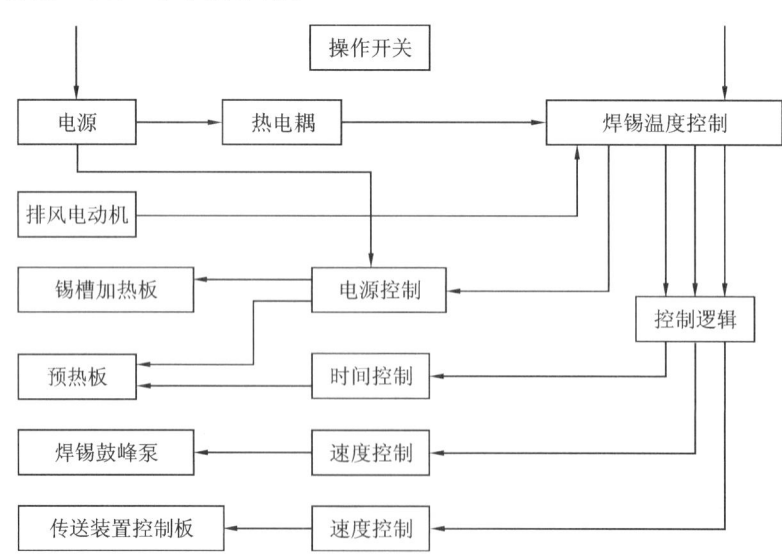

图 12-6　电气控制单元功能方框图

12.3.2　人机界面

TB680 型台式数显波峰焊机的控制面板如图 12-7 所示。

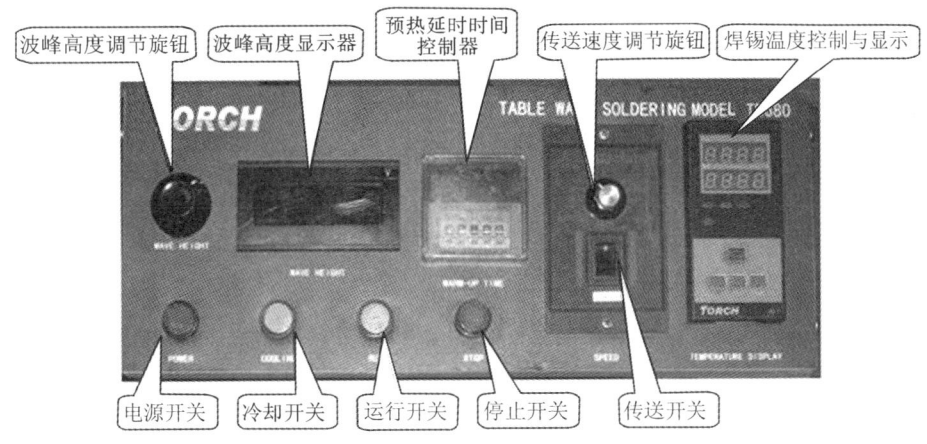

图 12-7　TB680 型台式数显波峰焊机的控制面板

全机的操作开关全部分布在控制面板上,主要有电源开关(POWER)、冷却开关(COOLING)、运行开关(RUN)、停止开关(STOP)、急停开关(EMERGENCY)和传送开关。控制面板上的调节部件有波峰高度调节(WAVE HEIGHT)及显示、印制电路板预热时间设置(WARM-UP TIME)、传送速度调节(SPEED CONTROL)及焊锡温度的控制与显示(TEMPERATURE DISPLAY)。

1. 电源开关

按下电源开关,控制逻辑电路发出命令,接通焊接单元锡槽加热电源和预热单元的电源,同时进风电动机和出风电动机启动,排气系统工作,波峰高度和锡槽温度窗口显示原设定参数。

锡槽温度加热的实时值显示在焊锡温度显示器的第一行,用红色 LED 显示,第二行的绿色 LED 显示的是温度设定值,同时 AL1 和 OUT 指示灯亮。随着锡槽温度的升高,加热的温度值逐渐上升,达到设定温度时 OUT 指示灯开始闪亮,加热自动停止。预热单元的工作没有温度显示,只有一块电热板通电加热,温度为 70～90℃,没有控制电路。

2. 冷却开关

按下冷却开关,则通过控制逻辑电路,切断锡槽加热板和预热板的供电,停止传送机构和焊锡鼓峰泵的工作,但排气单元继续工作。待锡槽加热板和预热板的温度降低,时间继电器的延时时间一到,再切断波峰焊机的总电源。

3. 运行开关

在按下运行开关之前,滑车位置应该在发泡单元的上方。按下运行开关后,传送装置驱动电动机带动链条旋转,从而携带小滑车向预热单元方向行驶。这时发泡单元开始工作,滑车经过助焊剂单元时会在印制电路板的焊接面均匀地涂敷一层助焊剂。滑车继续下行,经过焊接单元时,由于焊接单元波峰控制电路没有收到信号,所以没有波峰,不进行焊接。滑车继续下行直至碰到预热位置开关并使开关闭合,发出到位信号,传送链条和滑车则停止运转,预热延时电路开始计时。当预热延时显示设定值时,滑车开始上行运动进而返回,焊锡鼓峰泵也开始工作。当滑车经过焊接单元的波峰时,焊接面上的焊点就被焊锡波峰均匀地焊上焊锡。滑车继续上行直到被助焊剂单元旁的位置传感器识别,滑车才停止运行,完成焊接。

4. 停止开关

停止开关为滑车暂停工作开关。按下停止开关时使处于运行的滑车暂停运行,可以处理滑车出轨等故障,其他单元并不切断电源,继续处于工作状态。它与急停开关的区别是停止开关只停止滑车的工作,而急停开关则关断所有单元的工作电源,使焊接设备处于关机状态。

5. 传送开关及传送速度调节旋钮

接通链条传送开关(ON),滑车开始运行。在滑车处于运行状态时,断开传送开关(OFF),滑车就停止运行。该开关主要在滑车运行出现故障时使用。传送开关及传送速度调节旋钮在控制面板的中右侧,如图 12-8 所示。

传送速度调节旋钮用于链条传送速度的调节。旋钮周围有速度高低的刻度值,根据工件大小和焊接质量的要求可以调节链条运行速度的快慢。当焊锡温度不高,不能达到焊接要求时,可以将链条速度调慢些(逆时针旋转),使滑车在焊锡波峰上面停留的时间长一些。一般将传送速度调节旋钮设置为 30～40。

6. 波峰高度调节旋钮及波峰高度显示器

顺时针旋转波峰高度调节旋钮(见图 12-9),显示屏上的数字增大,对应于锡槽焊锡波峰的高度升高,反之则降低。使用时可根据实际要求调节,使其达到焊接质量的要求。

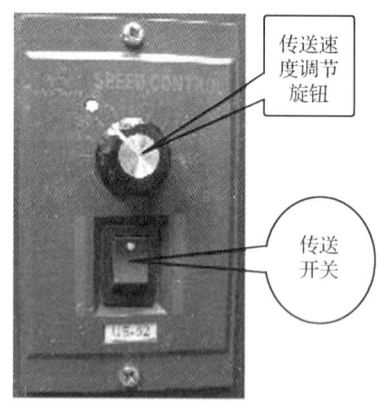

图 12-8　传送开关及传送速度调节旋钮

图 12-9　波峰高度调节旋钮及波峰高度显示器

7. 预热延时时间控制器

预热延时时间控制器的作用是用来控制滑车携带印制电路板在预热单元停留的时间,调节的范围在 100 h 以内,以秒、分、时为单位,每按一次图 12-10 下部中间的按键,其时间单位将在秒、分、时之间循环切换,分别以 S、M、H 表示,其设定最大值分别是 99.99 秒、99.99 分和

99.99 小时,可根据要求设置。

在滑车下行至预热单元后,传送链条和滑车停止运行,预热延时电路启动,从 0 开始计时。到达设定值时,则由延时控制器发出信号,驱动传送电动机继续运行,滑车开始上行返回,印制电路板结束预热。直到印制电路板完成波峰焊,滑车结束运行,预热延时时间控制器上的时间显示器方关闭。

一般环氧板预热时间为 10 s 左右。延时的时间由预热延时时间控制器控制。

8. 焊锡温度的控制与显示

焊锡温度控制器是锡槽温度控制的中心。要设定温度时,首先按锡槽设定参数键(见图 12-11),进入温度设定模式;再根据印制电路板的材质要求,按锡槽数据改变键设定温度值;设定好后,再按锡槽设定参数键退出设定模式。

图 12-10　预热延时时间设置

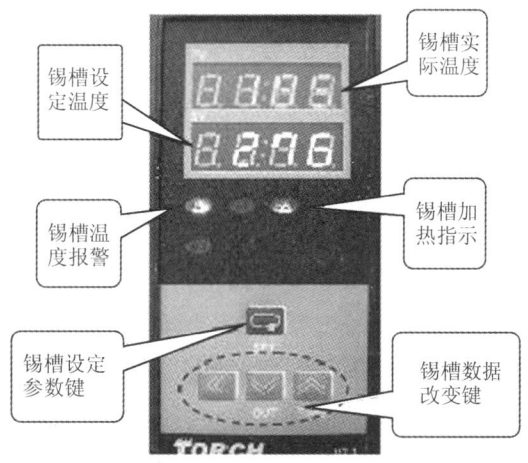

图 12-11　锡槽温度的设定与显示

工作时,随着锡槽温度的升高,显示的实际温度值逐渐上升,直到达到设定温度时 OUT 指示灯才开始闪亮,加热自动停止。锡槽温度报警指示灯在加热温度超过设定温度限值时发光报警。

9. 急停开关

在运行过程中可能遇到故障,如小滑车脱轨、印制电路板从滑车上脱落、助焊剂释放管脱落造成助焊剂外流、助焊剂燃烧等,这时需要紧急停止运行。可以按下急停开关,使机器停运。急停开关如图 12-12 所示,装置在机器右边侧面。

按下急停开关时,波峰焊机的所有正在执行的动作均被停止,各控制开关全部闭锁。待事故处理完毕,需要重启波峰焊机时,顺时针旋转急停开关后,各控制开关才能重新操作。

10. 助焊剂发泡高度开关

助焊剂发泡高度开关也位于机器右边侧面,如图 12-13 所示。调节此开关,可以控制气泵气流大小,从而调整助焊剂的发泡高度(助焊剂波峰),使滑车上的印制电路板可靠地涂敷上助焊剂。

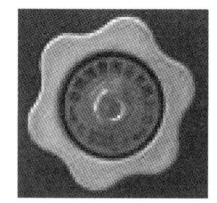

图 12-12　急停开关　　　　　图 12-13　助焊剂发泡高度开关

12.4　波峰焊机的操作及维护

12.4.1　操作步骤

（1）检查机器初始状态,清除异物。检查助焊剂和焊锡,助焊剂应加注到发泡管以上、助焊剂容器上端边缘以下 30 mm 处,锡槽的焊锡要加到锡槽上端以下 10～20 mm 处。

（2）打开电源开关（急停开关不按下）,预热单元和锡炉开始加热。同时进风电动机和出风电动机启动。

（3）等待锡槽中的焊锡全部融化为液态,加热时间约 2 h。判断方法:用不锈钢棒（或用长把旋具代替）伸到鼓峰泵的下面,直到锡炉的底部,检查这里的焊锡是否熔化为液态。只有熔为液态才能开始运行,否则鼓峰泵不能工作,甚至造成其损坏。

（4）放一块印制电路板试运行,检查预热延时开关和起始位置传感器是否正常,助焊剂单元的发泡高度、锡槽的波峰高度、预热延时时间是否正确,小滑车能否自动往返工作一次,观察印制电路板的试焊结果。根据试焊结果调整相关参数:延时时间、波峰高度、锡槽温度、助焊剂发泡高度和小滑车的运行速度等。

（5）将插好元器件的印制电路板放入滑车,正式焊接生产。

波峰焊时,注意印制电路板应按元器件引线能充分暴露在波峰中的方位取向,如图 12-14 所示。

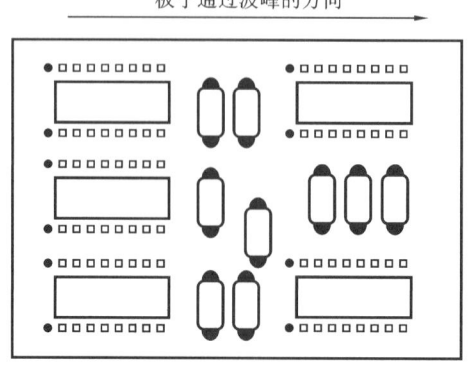

板子通过波峰的方向

图 12-14　印制电路板波峰焊取向

（6）焊接工作完成后,按冷却开关,等待排风机停止工作,30 min 左右,然后关闭波峰焊机的电源总开关。

(7)工作过程中出现小滑车脱落或其他情况需要紧急停车处理时,视情况按停止键"STOP"或急停开关。

12.4.2　注意事项

(1)波峰焊机必须水平放置,可调节 4 个地脚螺钉,使焊锡液面和助焊剂液面水平。

(2)按下电源开关后,控制面板有温控数字显示、波峰高度显示及相应开关状态显示,但预热延时时间只有在小滑车到达预热位置时才显示。

(3)焊接前必须做经常性检查,看小滑车是否运行平稳,传送机构润滑是否正常,限位传感器是否正常工作,能否在预热区停留相应设定的时间,焊锡波峰能否保持一致等。

(4)为保证焊接质量,需要经常调节传送速度、波峰高度、发泡高度和预热延时时间。根据印制电路板板材类别的不同,温度、速度、预热时间等参数的设定值一般如表 12-1 所示。

表 12-1　不同印制电路板板材的参数设定

板 材 类 别	温度/(℃)	速度/(cm/s)	预热时间/s
环氧板	248～260	2～4	6～10
陶瓷基板	252～275	1～2	10～20
铝基板	260～280	1～2	15～30

(5)保持整机滑道、预热单元、助焊剂单元的清洁,清理锡槽里氧化的焊锡并集中存放。

(6)经常检查机器外壳的漏电情况,保证设备安全用电。

12.4.3　日常维护与常见故障及其排除

1. 日常维护

(1)每次工作结束后,当焊锡还是液态时,要用不锈钢勺在锡槽内加脱氧油,让锡槽表面保持大约 2 mm 厚的防氧化层。

(2)停机时间较长(3 d 以上),助焊剂应全部放出(防止挥发),并取出发泡管,将其浸泡在酒精或助焊剂稀释剂中,以免堵塞。

(3)保持导轨、加热板清洁、干净。

(4)定期检查气泵的软管有没有堵塞或污染,需要更换的应该立即更换。

(5)定期检查鼓峰泵与电动机之间皮带的松紧程度,不能太松。

(6)定期给电动机轴承、链条、张紧轮等运动部件加注润滑油,并保持各运动部件的清洁。

(7)连续使用一段时间(如 3 个月)后,若发现焊锡污染或有残渣剩余,致使波峰高度降低,应先捞出防氧化剂,把焊锡全部排放到不锈钢盆里,并清洗锡槽。

(8)当焊锡温度控制器出现 CODE 代码,并且控制按键失灵时,表示禁止操作,按键被锁定,需要解锁后才能继续工作。方法是按"SET"键的同时再按"TIME"键,直到显示"----",按"SET"键输入"8101",再按"SET"键即可解锁以重新设定温度值。"SET"键和"TIME"键都在控制面板上。

2. 常见故障及其排除

TB680 型台式数显波峰焊机的常见故障及其排除方法如表 12-2 所示。

表 12-2　TB680 型台式数显波峰焊机的常见故障及其排除方法

序号	故 障 现 象	检 查 方 法	故障原因及排除方法
1	工作时声音不正常	耳闻目检	螺钉有松动,安装不符合要求
2	波峰高度不够	用钢尺测量	锡槽泵皮带过松,应予以调整
3	熔锡时间过长	用万用表测量	加热板接线不好或压板没有压紧
4	焊锡温度失控	用万用表测量	热电耦接线不好
5	速度时快时慢	目测或用转速表测量	链条电动机转速不正常,链条过松
6	发泡高度不够,气泡过大	目测或用钢尺测量	检查助焊剂比重、供气量,发泡管不洁净
7	按下启动键后,链条传送带不启动	目测	若传送带速度调节单元上的红色发光管一直亮,而且传送电动机有响声,说明链条被卡住或传送单元失灵

思　考　题

12-1　波峰焊主要用于什么工艺?为什么叫波峰焊?

12-2　TB680 型台式数显波峰焊机由哪六个单元组成?说明它的工作原理。

12-3　将印制电路板涂敷一层助焊剂、预热、波峰焊是波峰焊过程的三部曲。其中预热起什么作用?一般预热多长时间?如何设置和控制?

12-4　TB680 型台式数显波峰焊机工作过程中先后出现助焊剂波峰和焊锡波峰共 2 个波峰,波峰高度要根据具体工艺要求进行调节。请问如何调节?

12-5　说明 TB680 型台式数显波峰焊机控制面板上各开关和控制部件的作用及其操作方法。

12-6　TB680 型台式数显波峰焊机的停止开关和急停开关的作用有何不同?在什么情况下操作?

12-7　说明 TB680 型台式数显波峰焊机的完整操作步骤及其注意事项。印制电路板焊接时的方位取向应如何确定?

12-8　如何结合波峰焊机和回流焊机,实现印制电路板的表面贴装和插装的混合焊接?

实训项目篇

本篇介绍贴片 IC FM 袖珍收音机、FLASH U 盘、MP3 播放器、数显多功能全波段收音机、声光控节能开关、智能循迹小车等 6 个适合作为学生实训的项目，分 6 章分别介绍它们的电路原理、安装与工艺要求及调试的具体方法。这 6 个项目中的前 2 个项目相对比较简单，建议作为基本的实训项目；后 4 个项目复杂一些，可作为实训的提高项目。

第 13 章　贴片 IC 袖珍 FM 收音机

贴片 IC FM 袖珍收音机采用表面贴装技术进行安装和调试,其安装和调试过程比较简单,装置小巧,工作量不大,是电子工艺实训中一个很好的基本项目。通过本款收音机的安装和调试,可使学生掌握基本的电子产品制造技术。

本书选择 ZX2013 调频收音机作为实训装置。该款收音机的特点是采用电调谐单片 FM 收音机专用集成电路,调谐方便、准确;接收频率为 87~108 MHz,灵敏度较高;外观小巧,便于携带,其尺寸是 55 cm×60 cm×20 cm;电源电压范围是 1.8~3.5 V;并且其内部设静噪电路,起到抑制调谐过程中的噪声的作用,音质优美。实习结束后,学生可将实习产品长期保存、使用,这对增加学生的学习成就感、提高学生的学习兴趣都有现实意义。

13.1　FM 收音机电路原理

ZX2013 调频收音机的原理电路如图 13-1 所示,其核心电路是收音机调频专用集成电路 CD9088。收音机采用特殊的低中频70 kHz技术,外围电路省去了中频变压器和陶瓷变压器,使得收音机具有电路简单、制作容易、调试方便、性价比高、音质好、体积小的优点。

CD9088 采用 16 引脚双列扁平封装形式,其各引脚的功能与外形如表 13-1 所示。

表 13-1　CD9088 外形与引脚功能表

引脚	功　　能	引脚	功　　能	外　　形
1	静噪输出	9	限幅放大器的中频输入	
2	音频输出	10	限幅放大器的低通电容器	
3	音频环路滤波	11	调频广播信号输入	
4	3 V 电源(VCC)	12	调频广播信号输入	
5	本振调谐电路	13	限幅器失调电压电容	
6	中频反馈	14	GND	
7	放大器的低通滤波	15	全通滤波电容/频率搜索输入	
8	中频输出	16	电调谐/AFC 输出	

参照图 13-1,ZX2013 调频收音机的工作原理介绍如下。

1. 调频信号输入

调频(FM)信号由耳机线馈入后经过 L_1、C_{14}、C_{15} 和 L_3 的输入电路,经 CD9088 集成块的

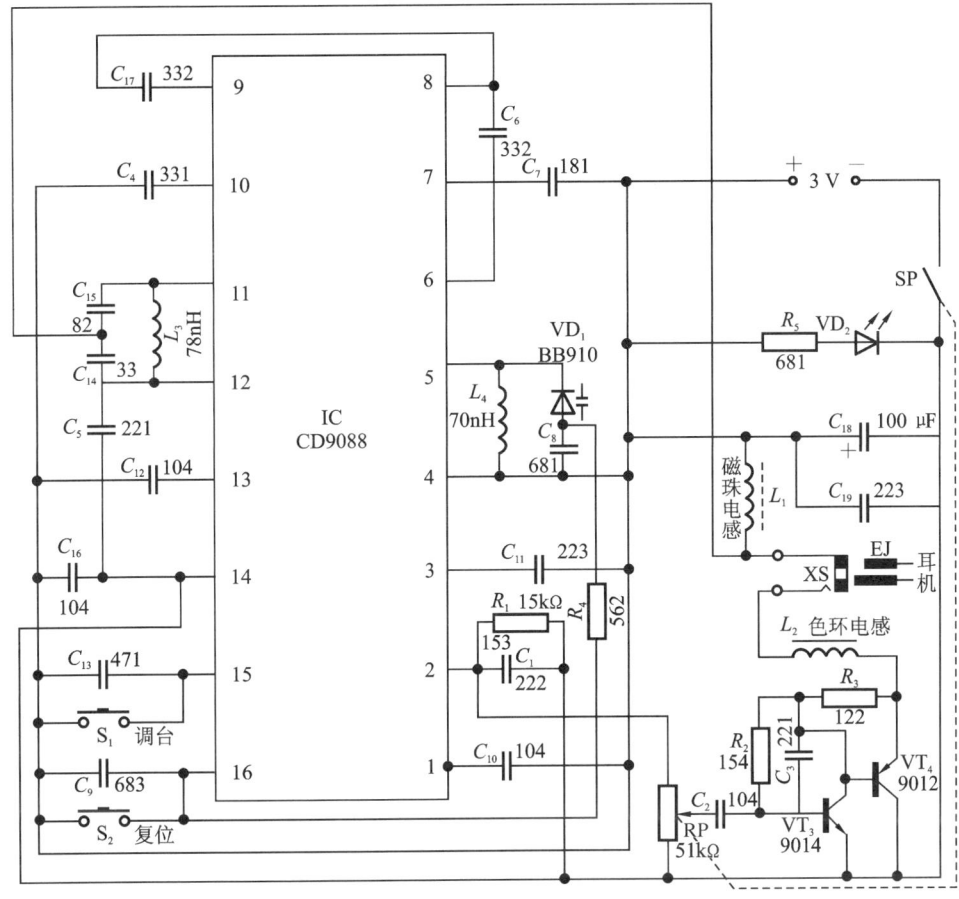

图 13-1 ZX2013 调频收音机原理电路图

引脚 11、12 进入混频电路。此处的 FM 信号是没有进行调谐的调频信号,即所有调频电台信号均可进入。

2. 本振调谐电路

调谐电路中的关键元器件是变容二极管 VD_1,它是利用 PN 结的结电容与偏压有关的特性制成的可变电容。在外加电压的控制下,变容二极管的电容量能随控制电压的变化而变化,从而改变调谐电路的谐振频率。变容二极管广泛应用于电调谐和扫频电路等场合。本机使用的变容二极管 VD_1 为 BB910,其电容量-端电压(C-U)特性如图 13-2 所示。

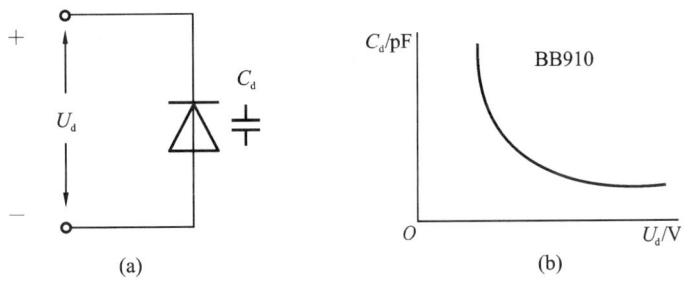

图 13-2 变容二极管 C-U 特性

调谐电路中变容二极管 VD_1 的控制电压由 CD9088 的引脚 16 提供。当按下搜索开关 S_1 时，引脚 15 得到一个高电平的频率搜索信号，CD9088 内部的 RS 触发器打开恒流源，由引脚 16 向电容 C_9 充电，使 C_9 两端电压不断上升，从而使 VD_1 的电容量不断变化。由 VD_1、C_8、L_4 构成的本振调谐电路的振荡频率则随 VD_1 电容量的不断变化而改变，实现调谐。当收到电台信号时，信号检测电路使 CD9088 内部的 RS 触发器翻转，恒流源停止对 C_9 充电，同时在 AFC 电路的作用下，锁住所接收的广播节目频率，从而可以稳定接收电台广播，直到再次按下 S_1 才开始新的搜索。如果按下复位开关 S_2，则使电容 C_9 放电，本振频率回到最低端。

3. 中频放大、限幅与鉴频

电路的中频放大、限幅及鉴频电路均在 CD9088 内。FM 广播信号和本振信号在 CD9088 内部混频器中混频，产生 70 kHz 的中频信号，经内部 1 dB 放大器、中频限幅器，送到鉴频器检出音频信号，最后经内部环路滤波，由引脚 2 输出。电路中 CD9088 引脚 1 的 C_{10} 为静噪电容，引脚 8 与引脚 9 之间的电容 C_{17} 为中频耦合电容，引脚 10 的 C_4 为限幅器的低通电容，引脚 13 的 C_{12} 为限幅器失调电压电容，C_{13} 为滤波电容。

4. 音频功率放大器

由于用耳机收听，所需放大器功率很小，本机采用了简单的三极管放大电路。CD9088 引脚 2 输出的音频信号经电位器 RP 调节音量后，由 VT_3、VT_4 组成复合管放大电路，再通过 L_2 送入耳机。R_1 和 C_1 组成音频输出负载，线圈 L_1 和 L_2 为射频与音频隔离线圈。

13.2　安装与工艺要求

本款收音机电路采用了表面贴装元器件与插针元器件，因此该产品的安装采用混合组装工艺。在安装前需按照材料清单清点元器件的品种规格及数量，如表 13-2 所示，并对印制电路板进行检查，查看图形是否完整，有无短接、断开等缺陷，同时还需了解表面贴装技术的工艺过程。该收音机安装流程图如图 13-3 所示。

表 13-2　ZX2013 调频收音机材料清单

序号	名称	型号规格	位号	数量	序号	名称	型号规格	位号	数量
1	贴片集成块	CD9088	IC	1个	15	插件电阻	681	R_5	1个
2	贴片三极管	9014 9012	VT_3 VT_4	各1个	16	插件电容	332 223	C_{17} C_{19}	各1个
3	二极管	BB910	VD_1	1个	17	电解电容	100 μF	C_{18}	1个
4	发光二极管	LED	VD_2	1个	18	电位器	51 kΩ	RP	1个
5	磁珠电感	4.7 μH	L_1	1个	19	贴片电容	104	C_2 C_{10} C_{12} C_{16}	4个

序号	名称	型 号 规 格	位号	数量	序号	名称	型 号 规 格	位号	数量
6	色环电感	4.7 μH	L_2	1 个	20	贴片电容	221 221	C_3 C_5	2 个
7	空心电感	78 nH,8 匝 70 nH,5 匝	L_3 L_4	各 1 个	21	贴片电容	222 331 332 181 681	C_1 C_4 C_6 C_7 C_8	各 1 个
8	贴片电阻	153 154 122 562	R_1 R_2 R_3 R_4	各 1 个	22	贴片电容	683 223 471 33 82	C_9 C_{11} C_{13} C_{14} C_{15}	各 1 个
9	耳机	32 Ω	EJ	1 个	23	导线	$\phi 0.8 \times 6$		2 根
10	电位器按钮	内、外		各 1 个	24	开关按钮	有缺口 无缺口	SCAN RESET	各 1 个
11	电池片	正、负连体片	3 片	1 个	25	印制电路板	55 mm×25 mm		1 个
12	轻触开关	6×6 二脚	S_1 S_2	各 2 个	26	耳机插座	$\phi 3.5$	XS	1 个
13	电位器螺钉	$\phi 1.6 \times 5$		1 个	27	自攻螺钉	$\phi 2 \times 5$		1 个
14	前盖后盖			各 1 个	28	自攻螺钉	$\phi 2 \times 8$		2 个

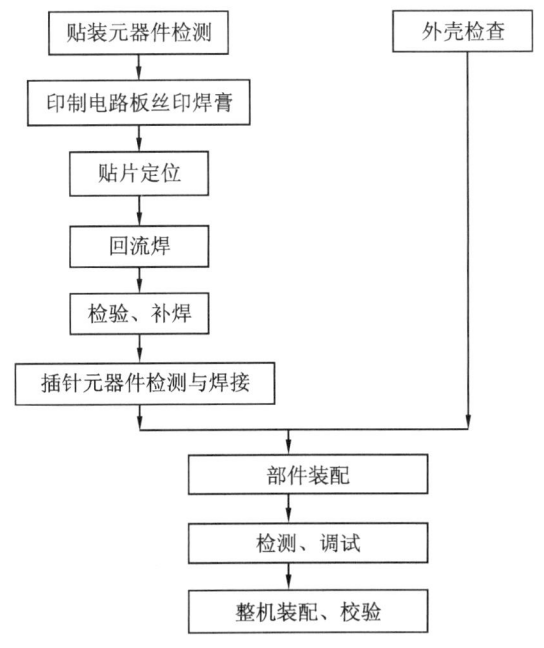

图 13-3　安装流程图

1．安装及要求

印制电路板的安装是产品安装过程中的重要组成部分，ZX2013 调频收音机的印制电路板如图 13-4 所示。

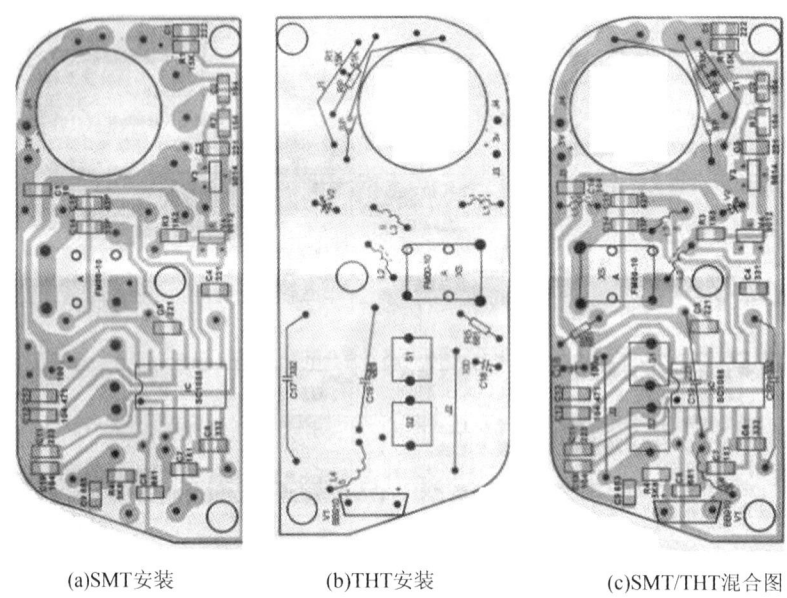

(a)SMT安装　　　　　(b)THT安装　　　　　(c)SMT/THT混合图

图 13-4　收音机的印制电路板

本款收音机的安装工序如下。

（1）利用丝印机对印制电路板漏印焊膏，并检查其焊膏丝印质量情况。

（2）贴装表面贴装元器件。

本款收音机共有贴片电容 16 个、贴片电阻 4 个、贴片三极管 2 个（VT_3、VT_4）和集成电路 CD9088 需要进行贴装。根据经验，宜按以下顺序贴装：C_1、R_1、C_2、R_2、C_3、VT_3、C_4、VT_4、C_5、R_3、C_6、CD9088、C_7、C_8、R_4、C_9、C_{10}、C_{11}、C_{12}、C_{13}、C_{14}、C_{15}、C_{16}。

贴装元器件时需注意：贴片电容表面没有标志，一定要保证准确、及时贴装到指定的位置；注意 CD9088 的引脚 1 位置；用镊子夹取贴片元器件时不允许夹元器件引脚，应夹取元器件壳体；贴装完成后一定先检查贴装元器件数量及安装位置是否正确，再进行回流焊；焊接后检查焊接质量，并对不合格焊接进行补焊。

本款收音机印制电路板贴装表面元器件后如图 13-4(a)所示。

（3）安装插针元器件。

根据本机特点，插针元器件全部手工焊接。根据经验，安装顺序如下。

①安装变容二极管 VD_1、贴片电阻 R_5、电解电容 C_{17} 与 C_{19}，注意有极性元器件的方向。

②安装电感线圈 $L_1 \sim L_4$。L_1 为磁环电感，焊接前应对其引脚进行预制；L_2 为色环电感，L_3 为 8 匝空心线圈，L_4 为 5 匝空心线圈。注意 L_3 与 L_4 在安装时应相互垂直。

③安装电解电容 C_{18}，应紧贴印制电路板，立式安装。

④安装发光二极管 VD_2，注意焊接高度与极性方向。

⑤安装并焊接电位器 RP，注意电位器应与印制电路板平行。

⑥安装耳机插座 XS，插座贴在印制电路板上，并根据需要适当扩孔。

　⑦安装轻触开关 S_1、S_2，安装应到位，与印制电路板紧贴焊接。

　⑧安装跨接线 J_1、J_2，可选用剪下的元器件引脚代替。

　⑨焊接电源连接线 J_3、J_4，注意正、负连线颜色。

　⑩焊接电池正、负极片。

插针元器件安装情况如图 13-4(b) 所示，图 13-4(c) 所示的为全部贴片和插针元器件安装完成的示意图。

13.3　调试与总装

安装完成后，应先进行整机调试，获得理想的性能后，再总装成形。

1. 初步检查与测量

1）目视检查

所有元器件焊接完成后先进行目视检查，主要检查元器件的型号、规格、数量及安装位置，方向是否与图纸符合；焊点是否有虚焊、漏焊、桥接、飞溅等缺陷。

2）测量总电流

目视检查无误后，将 3 V 直流稳压输出电源接到印制电路板的电源连接线上，J_3 接正极，J_4 接负极。在电位器开关断开的状态，插入耳机，用万用表 200 mA 挡跨接在电位器开关两端测量电流。万用表接入时，正常电流应为 7～30 mA，同时 LED 正常发光，耳机中可能有很轻微的噪声。如果电流为 0 或超过 35 mA，应再次仔细检查电路及元器件。电流测量方法如图 13-5 所示。

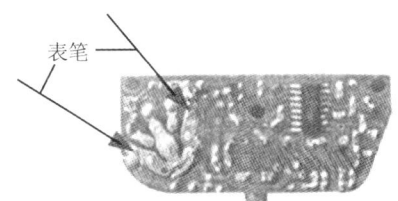

图 13-5　电流测量方法

2. 整机调试

1）搜索电台

如果电流在正常范围，可按 S_1 搜索电台广播。只要元器件质量完好，安装正确，焊接可靠，不用调试任何部分即可收到电台广播。

如果收不到广播则应仔细检查电路，特别要检查有无错装、虚焊、漏焊等缺陷。

2）调整接收频段

我国调频广播的频率范围为 87～108 MHz，调试时可找一个当地频率最低的调频电台。适当改变 L_4 的匝间距，使得每次按复位键后再按"SCAN"键就可收到这个当地频率最低的电台。由于 CD9088 集成度高，如果元器件一致性较好，一般收到低端电台后即可覆盖调频频段，因此可不用再调高端频率，不需要检查其余电台是否可以收到。进行接收性能的全面调试时，先在低端调试好，再进行高端的调试，使收音机覆盖调频广播的全部频率范围。例如，在武汉地区，将直流稳压输出电源调到 3 V，电源输出端并联一个多圈电位器，同时将电源的输出接到收音机的电源正、负极上。滑动电位器将 CD9088 的引脚 16 电压调到 2.9 V，收音机的音量调整到最大,缩小 L_4 的间距,调整电感量,使收音机收到湖北经济广播电台(频率为 99.8 MHz)的信号,低端就调好了。再将电位器滑动使 CD9088 的引脚 16 变为 1.8 V,稍稍拨开 L_4 的匝间距,使收音机收到武汉交通广播电台(频率为 107.8 MHz)的信号。反复仔细调整几次,频率覆盖就调好了。

3)调节灵敏度

ZX2013 调频收音机的灵敏度由电路及元器件决定,一般不用调整,调好频率覆盖后即可正常收听。也可在收听频段中间电台时适当调整 L_4 的匝间距,使得灵敏度最高,即耳机监听音量最大。

3. 整机装配

1)蜡封线圈

调试完成后将适量的泡沫塑料填入线圈 L_4,并滴入适量的蜡使得线圈固定,但要注意填充材料时不要改变线圈形状、位置及匝间距。

2)固定印制电路板及外壳装配

(1)将外壳面板平放于桌面上,不要划伤印制电路板面。

(2)将两个按键帽放入孔内,此时需要注意"SCAN"键帽上缺口,放置键帽时要对准机壳上的凸起处,"RESET"键帽上无缺口。

(3)将印制电路板对准位置放入壳内,注意发光二极管的位置需要对准,若有偏差可以轻轻掰动,但偏差过大就必须重焊。

(4)注意三个定位孔与外壳螺柱的配合。

(5)整理电源线,使其不妨碍机壳装配,固定中间螺钉。

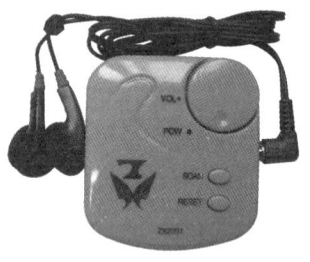

图 13-6　ZX2013 调频
收音机外形

(6)装电位器旋钮,用螺钉固定。注意旋钮上凹点位置。

(7)装入电池极片,装后盖,固定两边螺钉,装上挂钩用螺钉。

安装完成后,ZX2013 调频收音机外形如图 13-6 所示。

4. 整机检查

整机装配完毕后,装入电池,接入耳机,进行最后的"出厂"检查。合格产品应该满足电源开关手感良好、音量正常可调、搜台键"SCAN"和复位键"RESET"按动灵活、收音机能够正常收听本地区所有 FM 电台、音质清晰、外壳无损伤等要求。

思　考　题

13-1　熟记集成电路 CD9088 各引脚的功能。

13-2　变容二极管的工作原理如何? 在电路中起什么作用?

13-3　什么叫混频? ZX2013 调频收音机的中频信号频率是多少?

13-4　简述贴装元器件时的注意事项。

13-5　为什么用万用表电流挡跨接在电位器开关两端就可以测量收音机总电流？

13-6　说明调整接收频段的调试过程。

13-7　简述整机装配的工艺要求和检验方法。

13-8　在安装 ZX2013 调频收音机过程当中会遇到哪些问题？这些问题又是如何解决的？

13-9　对自己安装的 ZX2013 调频收音机进行质量评价，并与同学相互交流制作心得。

第 14 章　FLASH U 盘

　　FLASH U 盘采用表面贴装技术进行安装,其元器件数目少,安装和调试过程比较简单,只要细心操作,就容易安装成功,这也是电子工艺实训中一个很好的基本项目。学生通过制作 U 盘,可以了解最新的电子产品制造技术,掌握相关设备的使用方法。

　　本书选择金士顿 2G U 盘作为实训项目。该款 U 盘易组装、成功率高、外观小巧、易于携带,其尺寸为 72 mm×24 mm×10 mm,质量为 20 g,工作温度为 0～60 ℃,存储温度为－20～85℃ ,数据读写速率分别为读取 6 MB/s、写入 3 MB/s,同时具有保护性外壳,即插入端配有保护盖。该款 U 盘是一款具有很好实际使用价值的实习产品。

14.1　U 盘电路原理

　　U 盘电路原理很简单,计算机把待存储的文件通过 USB 适配接口,将其写入 E^2PROM 存储芯片的相应地址空间,实现数据的存储。金士顿 2G U 盘采用三星 K9GAG08U0M 芯片为 E^2PROM 数据存储器,这是一种闪速存储器(Flash),读写速度快,容量为 2 GB。OnFlash 5188B 是 USB 的控制芯片。这两块芯片的引脚封装如图 14-1 所示,其对应的引脚功能分别如表 14-1 和表 14-2 所示。

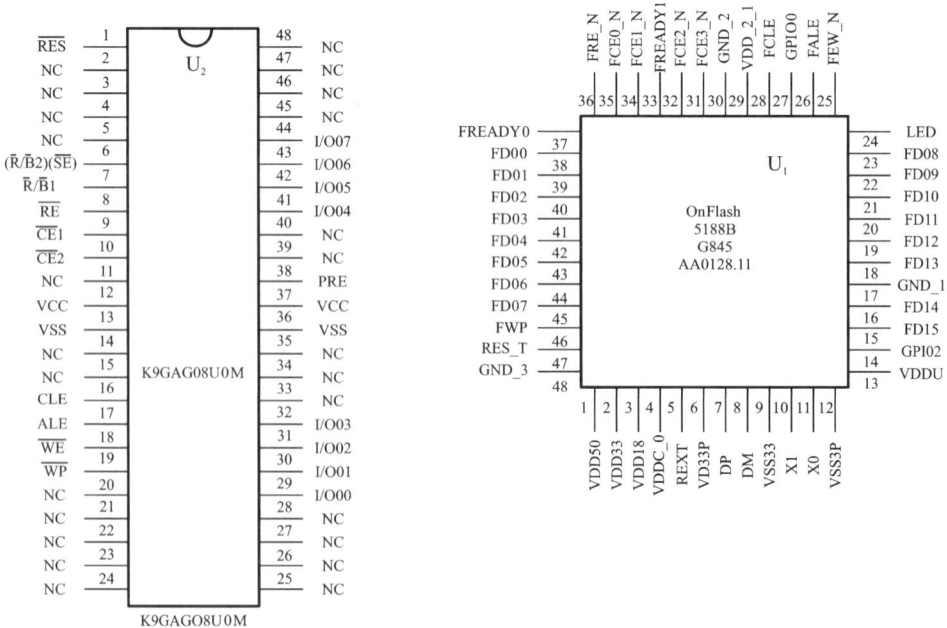

图 14-1　U 盘主要芯片的引脚封装

表 14-1　K9GAG08U0M 引脚功能表

引脚	名　称	功　能	引脚	名　称	功　能
1	$\overline{\text{RES}}$	复位信号	25	NC	空脚
2	NC	空脚	26	NC	空脚
3	NC	空脚	27	NC	空脚
4	NC	空脚	28	NC	空脚
5	NC	空脚	29	I/O00	输入/输出端口 00
6	$(\overline{\text{R}/\text{B}2})(\overline{\text{SE}})$	设备读准备信号 2	30	I/O01	输入/输出端口 01
7	$\overline{\text{R}/\text{B}1}$	设备读准备信号 1	31	I/O02	输入/输出端口 02
8	$\overline{\text{RE}}$	读信号	32	I/O03	输入/输出端口 03
9	$\overline{\text{CE}1}$	芯片选择端 1	33	NC	空脚
10	$\overline{\text{CE}2}$	芯片选择端 2	34	NC	空脚
11	NC	空脚	35	NC	空脚
12	VCC	电源端	36	VSS	电源地端
13	VSS	电源地端	37	VCC	电源端
14	NC	空脚	38	PRE	写保护端
15	NC	空脚	39	NC	空脚
16	CLE	清零信号	40	NC	空脚
17	ALE	地址锁存信号	41	I/O04	输入/输出端口 04
18	$\overline{\text{WE}}$	写信号	42	I/O05	输入/输出端口 05
19	$\overline{\text{WP}}$	写保护控制端	43	I/O06	输入/输出端口 06
20	NC	空脚	44	I/O07	输入/输出端口 07
21	NC	空脚	45	NC	空脚
22	NC	空脚	46	NC	空脚
23	NC	空脚	47	NC	空脚
24	NC	空脚	48	NC	空脚

表 14-2　OnFlash 5188B 引脚功能表

引脚	名　称	功　能	引脚	名　称	功　能
1	VDD50	输入电压 5 V	25	FEW_N	通用编程输入/输出端口
2	VDD33	输入电压 3.3 V	26	FALE	地址控制端
3	VDD18	输入电压 1.8 V	27	GPIO0	通用编程输入/输出端口
4	VDDC_0	电源	28	FCLE	命令控制端
5	REXT	外接电阻	29	VDD_2_1	VDD1、VDD2

引脚	名　称	功　能	引脚	名　称	功　能
6	VD33P	电压 3.3 V	30	GND_2	GND2
7	DP	数据输入/输出端口	31	FCE3_N	片选信号
8	DM	数据输入/输出端口	32	FCE2_N	片选信号
9	VSS33	地线 3.3 V	33	FREADY1	准备信号 1
10	X1	晶振输入	34	FCE1_N	片选信号
11	X0	晶振输入	35	FCE0_N	片选信号
12	VSS3P	地线 3.3 V	36	FRE_N	频率引脚
13	VDDU	电源	37	FREADY0	准备信号 0
14	GPI02	多用途接口	38	FD00	数据总线 00
15	FD15	数据总线 15	39	FD01	数据总线 01
16	FD14	数据总线 14	40	FD02	数据总线 02
17	GND_1	GND1	41	FD03	数据总线 03
18	FD13	数据总线 13	42	FD04	数据总线 04
19	FD12	数据总线 12	43	FD05	数据总线 05
20	FD11	数据总线 11	44	FD06	数据总线 06
21	FD10	数据总线 10	45	FD07	数据总线 07
22	FD09	数据总线 09	46	FWP	写保护端口
23	FD08	数据总线 08	47	RES_T	复位端
24	LED	数据传输显示端口	48	GND_3	GND 3

14.2　安装与工艺要求

　　该产品的元器件都为贴片元器件,在安装前需按照材料清单清点元器件的品种规格及数量,如表 14-3 所示。主要检查元器件品种、规格、数量是否与图纸吻合,元器件引脚有无损坏,引线有无氧化、锈蚀等。如果元器件引脚表面有杂质、氧化物等,需用工具把它清除。根据元器件清单表,清点元器件的数量并测量其参数,筛选出不合格的元器件,将其更换。

　　安装的步骤如下。

　　(1)先检查印制电路板有无导线短路、断开、焊盘缺孔、焊盘氧化等缺陷。如果只有几个焊盘氧化严重,则可用棉球蘸无水酒精擦拭。如果版面整个氧化严重,则建议不使用该印制电路板。如必须使用,可把该印制电路板放在酸性溶液中浸泡 10 min,取出清洗,烘干后涂上松香酒精助焊剂再使用。

　　(2)利用丝印机对印制电路板漏印焊膏,并检查其焊膏丝印质量情况。如果发现较多焊膏丝印位置不合格,可清洗后重新丝印。

　　(3)在集成电路 U_1 的丝印图中点一滴红胶。

　　(4)精确贴装集成电路 U_1,可借助视频定位系统。

表 14-3　U 盘材料清单

序号	名　称	规　格	数量	位　号	参　数	误差
1	贴片电容	0805	1 个	C_5	4.7 μF	±5%
2	贴片电容	0603	2 个	C_1、C_2	20 pF	±5%
3	贴片电容	0603	5 个	C_3、C_4 C_6、C_7、C_8	1 μF	±5%
4	贴片电阻	0603	1 个	R_2	330	±5%
5	贴片电阻	0603	1 个	R_5	0	±5%
6	贴片电阻	0603	1 个	R_7	1 M	±5%
7	LED	0603	1 个	VD_1	RED	±5%
8	USB IC	OnFlash 5188B	1 个	U_1		
9	USB IC	K9GAG08U0M	1 个	U_2		
10	贴片二极管		1 个	Y_2	12 M	
11	印制电路板	YS61-5188-V1.1	1 片			
12	USB 插座		1 个			
13	上下盖、保护盖		1 套			
14	中间衬体	绿色	1 个			
15	包装		1 个			
16	标牌		1 套			
17	驱动软件	光碟	1 张			

（5）其他元器件的贴装顺序为 VD_1（安装时注意灯的方向）、C_7、R_5、C_8、C_4、C_1、R_7、C_2、Y_2、C_3、R_2、C_5、C_6。各元器件在印制电路板上的具体位置如图 14-2 所示。

（6）贴装完成后，送入回流焊机进行印制电路板正面的回流焊。

（7）检验焊接质量。焊点不合要求的需要进行手工补焊。

（8）安装 USB 插头。

注意：安装 USB 插头时，需要将印制电路板的前端部分剪掉；靠近前端的焊盘如果焊锡太多，会影响 USB 插头的安装，必要时需进行处理，以便 USB 插头的顺利装入；USB 插头一定要装正，最后用尖嘴钳将该插头的两个固定脚向印制电路板方向压平并焊接好。

（9）插入计算机 USB 接口，看计算机能否识别 U 盘。如果可以识别，就进入第（10）步；否则，需仔细检查元器件的安装位置及焊接质量。

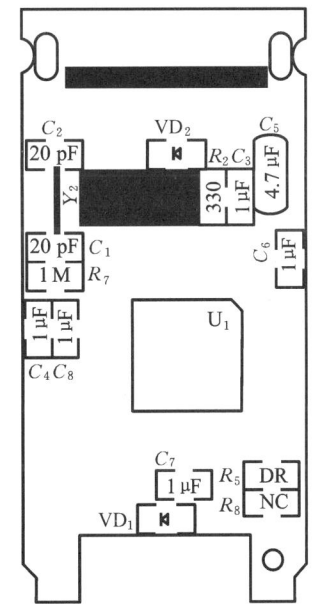

图 14-2　印制电路板（正面）元器件布局图

特别注意：只有计算机能够识别 U 盘之后，才能继续安装存储器芯片 U_2。

（10）利用丝印机对印制电路板反面漏印焊膏，并检查其焊膏丝印质量情况。

（11）在集成电路 U_2 的丝印图中点一滴红胶。

（12）借助视频定位系统精确贴装集成电路 U_2。

(13)按照双面回流焊工艺的技术要求,重新设置回流焊机的加热区温度。

(14)印制电路板反面朝上送入回流焊机,进行第二次回流焊。

(15)检查焊接质量,焊点不合要求的需要手工补焊。

14.3　U盘的识别与驱动

U盘全部安装完成后,需要用附带的驱动程序驱动,U盘才能正常使用。在驱动之前,该U盘必须被计算机识别,否则不可能驱动该U盘。

将5188USB软件光碟放入计算机光驱中,按如下步骤进行驱动。

(1)将装好的U盘插入计算机USB接口,计算机识别出有可移动磁盘连接计算机。

(2)运行5188USB软件,如果能识别出芯片的型号和容量,就可以单击"全部开始"按钮,如图14-3所示,其他参数选择默认值。

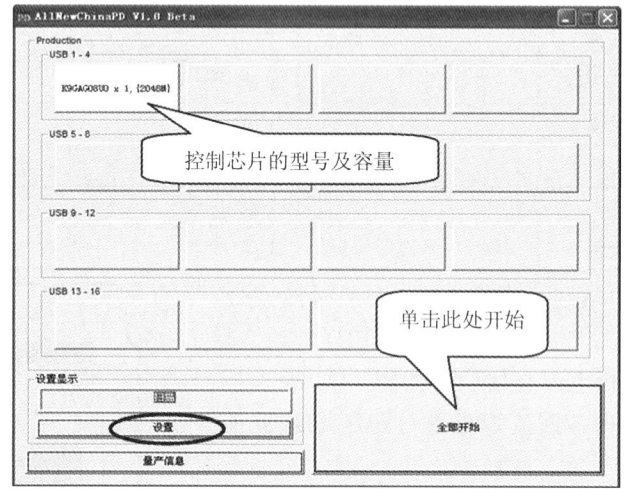

图14-3　U盘识别

如果没有识别出U盘的芯片型号和容量,就需要单击"设置"按钮,如图14-3所示,进入参数选择界面。具体设置过程及设置的参数分别如图14-4至图14-7所示。

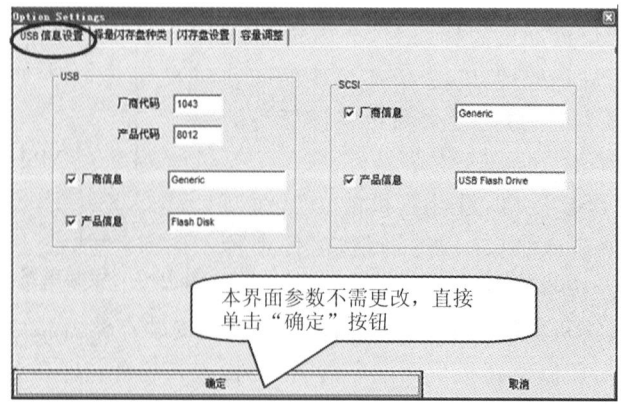

图14-4　USB信息设置

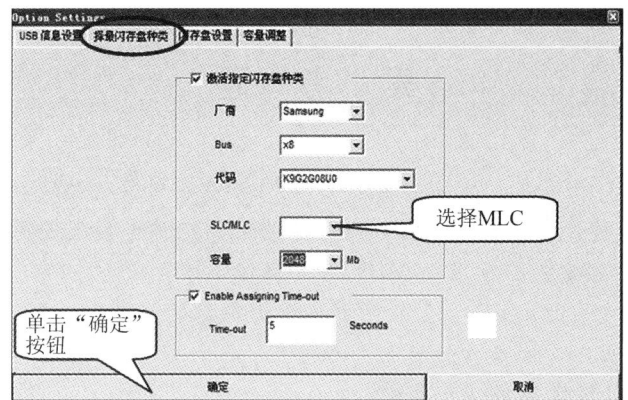

图 14-5　设置闪存种类

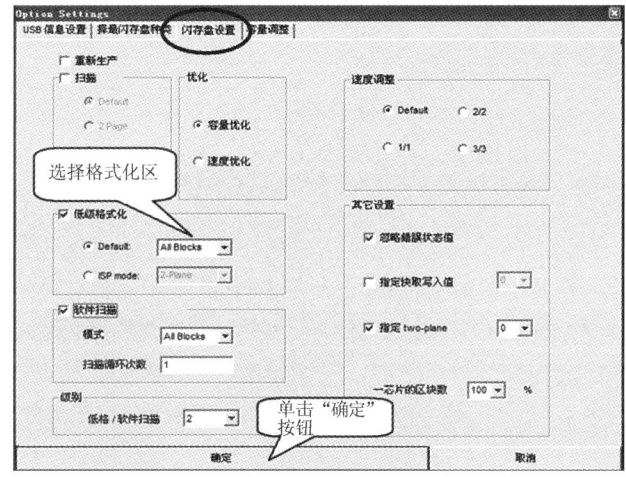

图 14-6　闪存其他设置

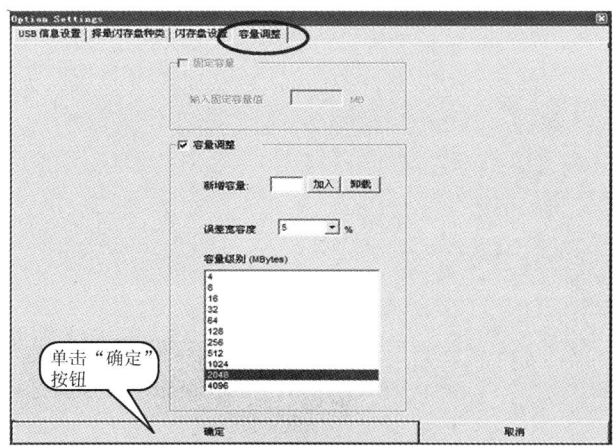

图 14-7　容量调整

安装完成后,退出 5188B 软件,U 盘就可以使用了。

最后,将调试好的 U 盘装入下盖,存储器 U_2 朝下。将中间绿色衬体放入上盖,并与下盖的定位孔对齐,使上盖与下盖在外力的作用下合拢,要求缝隙一致。全部完成后盖上保护盖,贴上标签。

思　考　题

14-1　熟悉集成电路 OnFlash 5188B 与 K9GAG08U0M 各引脚的功能。

14-2　E²PROM 是一种什么样的存储器？其存储的数据在掉电后还能保存吗？

14-3　2 GB 是多大的容量？等于多少 MB？等于多少 KB？

14-4　U 盘正面安装完成后，满足什么条件才能继续安装存储器芯片 U_2？

14-5　回顾双面回流焊工艺的操作过程。

14-6　在驱动 U 盘时，需要设置哪些参数？

14-7　在安装 U 盘时，会碰到哪些问题，应怎么解决？

第 15 章　MP3 播放器

　　MP3 播放器通过表面贴装技术进行安装,具有很好的实用性和趣味性,但电路比较复杂,安装难度也稍大,有条件的学校可将本实训项目作为选做内容。

　　选择 ZX2057 贴片式 MP3 作为实训项目,该款 MP3 播放器具有音质优美、内存大、稳定性好、电池工作时间长等优点,同时易组装、成功率高,其尺寸是 55 mm×30 mm×13 mm,外观小巧,便于携带。该 MP3 播放器主芯片选择 HY27UT088G 与 ATJ2063,芯片优越的性价比可充分胜任本设计的信号处理和价格定位。

15.1　MP3 电路原理

　　集成电路 IC_1(ATJ2063)为单独的数字处理和控制芯片,用于读取闪存内的数据并处理还原为音频信号。集成电路 IC_2(HY27UT088G)为数据存储器,用于存储音乐数据文件。IC_1 与 IC_2 的引脚功能分别如表 15-1 与表 15-2 所示,引脚分布图分别如图 15-1 与图 15-2 所示。IC_3 为液晶显示器 LCD,与 LED 背光片叠装在一起,由 IC_1 控制显示内容。IC_1、IC_2、IC_3 通过数据总线、控制总线相联系,构成一个完整的系统。ZX2057 贴片式 MP3 播放器的原理电路如图 15-3 所示。

表 15-1　ATJ2063 引脚功能表

引脚	名　称	功　能	引脚	名　称	功　能
1	OUT1	输出端口	33	NGND	N 地线
2	RET	复位信号	34	LXVCC	LX 电源
3	VCC	电源	35	KEYI2	按键扫描信号 2
4	USBD+A	USB 数据输入端口	36	CE3-0	选择信号 3
5	USBD−A	USB 数据输入端口	37	CE2-0	选择信号 2
6	US	同步数据通信	38	CE1-0	选择信号 1
7	PAVCC	功率放大器电源	39	VDD	电源
8	AOUTR	模拟右信号输出	40	GPIO_B4	输入/输出 B 端口
9	AOUTL	模拟左信号输出	41	KEYO10	按键扫描信号
10	PAGND	功率放大器地线	42	KEYO20	按键扫描信号
11	VRDA	数模滤波信号	43	LCM-CON	显示信号控制端
12	MICIN	话筒输入	44	NC	置空(不控制)

引脚	名 称	功 能	引脚	名 称	功 能
13	VMIC	视频话筒输入	45	NC	置空（不控制）
14	FMINL	调频左信道输入	46	ICEEN	ICE 使能
15	FMINR	调频右信道输入	47	ICERST	ICE 复位
16	AGND	模拟信号地线	48	VCC	电源
17	AVCC	模拟信号电源	49	NC	置空（不控制）
18	VREFI	电压参考输入	50	D7BI	数据 7
19	AVDD	模拟信号电源	51	D6BI	数据 6
20	VDDIO	电源输入/输出端	52	D5BI	数据 5
21	VP	电源引脚	53	D4BI	数据 4
22	LRADC	低分辨模数控制输入	54	D3BI	数据 3
23	HOSC1	时钟信号输入 1 通道	55	D2BI	数据 2
24	HOSC0	时钟信号输入 0 通道	56	D1BI	数据 1
25	BATSEL	电池	57	D0BI	数据 0
26	DCDIS	显示电源	58	MWR	写信号
27	KEYI0	按键扫描信号 0	59	MRD	读信号
28	GPIO	输入/输出端口	60	CLE	时钟输出
29	KEYI1	按键扫描信号 1	61	O/L	地址锁存信号
30	NC	置空（不控制）	62	NC	置空（不控制）
31	NC	置空（不控制）	63	NC	置空（不控制）
32	NC	置空（不控制）	64	VDD	电源

表 15-2　HY27UT088G 引脚功能表

引脚	名 称	功 能	引脚	名 称	功 能
1	NC	空脚	25	VSS	地线
2	NC	空脚	26	I/O0	输入/输出端口 0
3	NC	空脚	27	I/O8	输入/输出端口 8
4	NC	空脚	28	I/O1	输入/输出端口 1
5	NC	空脚	29	I/O9	输入/输出端口 9
6	NC	空脚	30	I/O2	输入/输出端口 2
7	$\overline{\text{R}/\text{B}}$	准备信号/读信号	31	I/O10	输入/输出端口 10
8	RE	读信号	32	I/O3	输入/输出端口 3
9	$\overline{\text{CE}}$	片选信号	33	NC	空脚
10	$\overline{\text{CE2}}$	片选信号 2	34	I/O11	输入/输出端口 11

续表

引脚	名　称	功　能	引脚	名　称	功　能
11	NC	空脚	35	NC	空脚
12	VCC	电源	36	NC	空脚
13	VSS	地线	37	VCC	电源
14	NC	空脚	38	PRE	预存
15	NC	空脚	39	NC	空脚
16	CLE	控制锁存信号	40	I/O4	输入/输出端口 4
17	ALE	地址锁存信号	41	I/O12	输入/输出端口 12
18	$\overline{WE}$	写信号	42	I/O5	输入/输出端口 5
19	$\overline{WP}$	写保护信号	43	I/O13	输入/输出端口 13
20	NC	空脚	44	I/O6	输入/输出端口 6
21	NC	空脚	45	I/O14	输入/输出端口 14
22	NC	空脚	46	I/O7	输入/输出端口 7
23	NC	空脚	47	I/O15	输入/输出端口 15
24	NC	空脚	48	VSS	地线

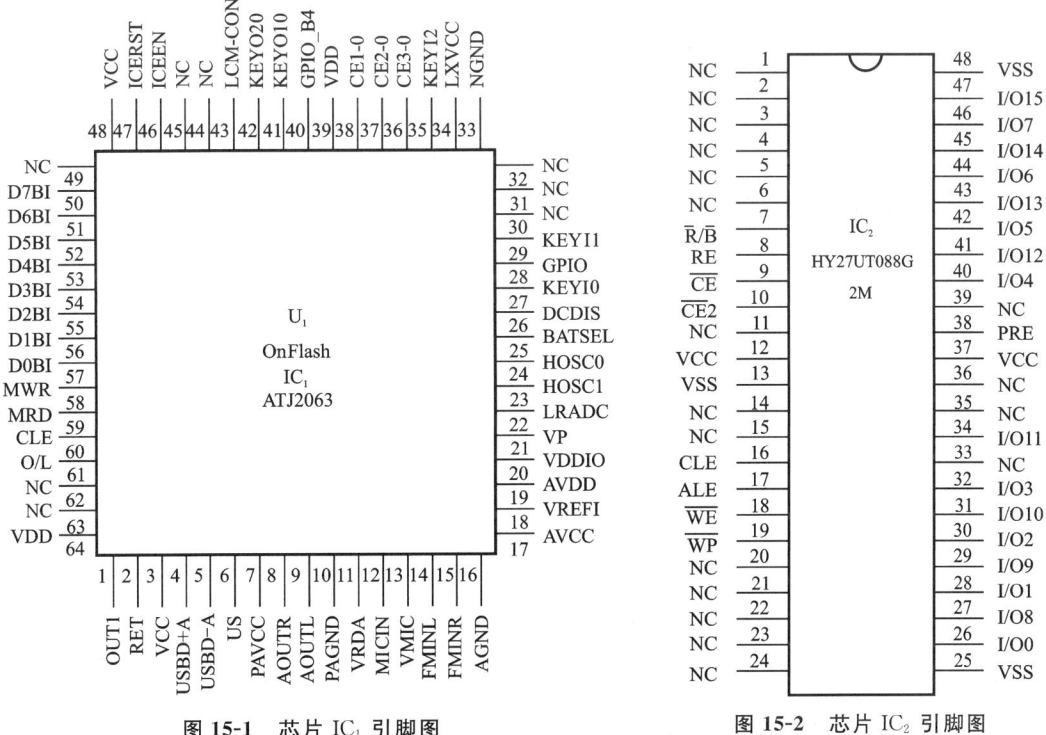

图 15-1　芯片 IC$_1$ 引脚图　　　　图 15-2　芯片 IC$_2$ 引脚图

稳压集成块 U$_1$(65Z5)为整机提供稳压电源,U$_2$(65EB)起局部电路稳压作用,三极管 U$_3$(W1P)控制 LED 背光。S$_1$~S$_6$ 共 6 个按钮开关是 MP3 播放的控制开关,K$_1$ 为电源总开关。USB 2.0 接口兼作充电器对内置锂电池的充电接口,充电时 K$_1$ 要打开。

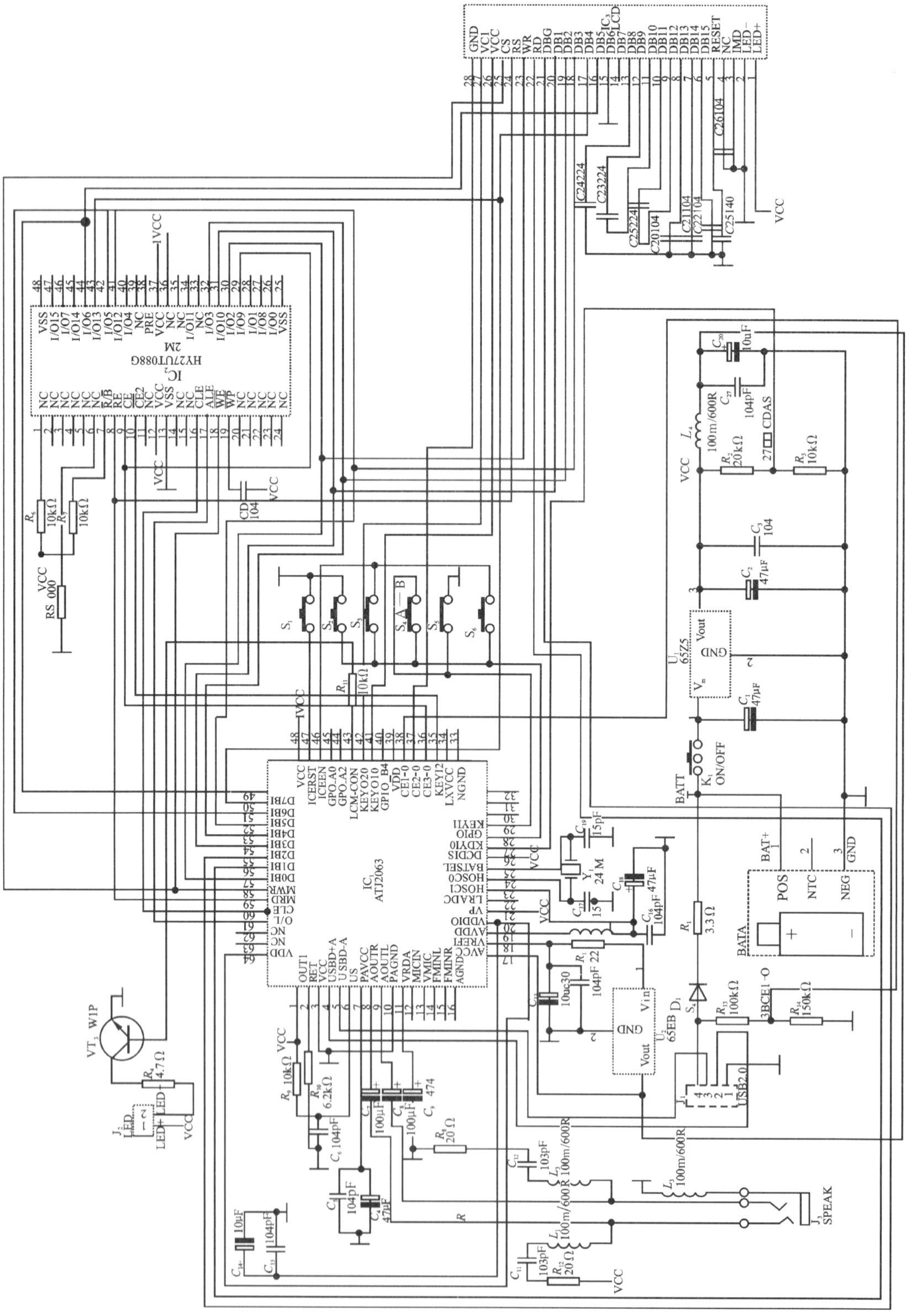

图 15-3　ZX2057贴片式MP3原理电路图

15.2　安装与工艺要求

　　MP3 的印制电路板元器件布局图如图 15-4 所示。该产品的元器件均为贴片元器件,材料清单如表 15-3 所示。在安装前需对照材料清单详细清点元器件的品种规格及数量,并对印制电路板进行检查,查看图形是否完整,有无短接、断开等缺陷。

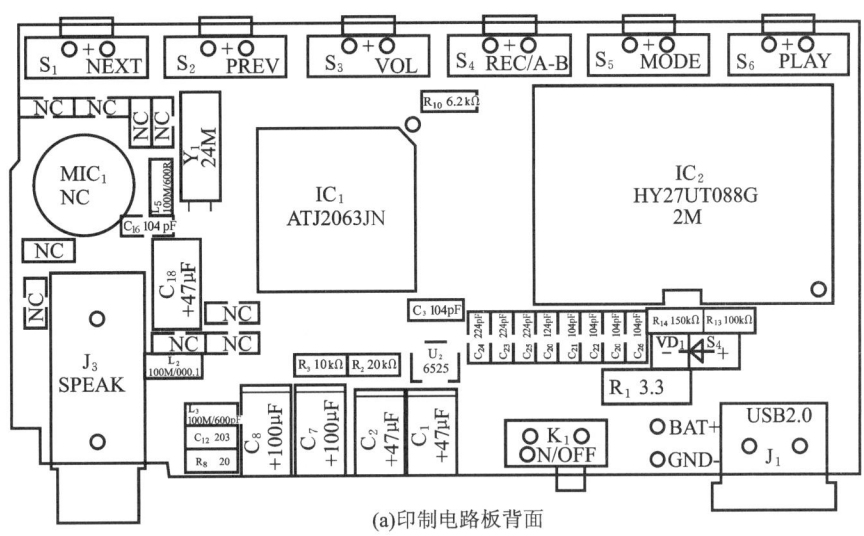

(a)印制电路板背面

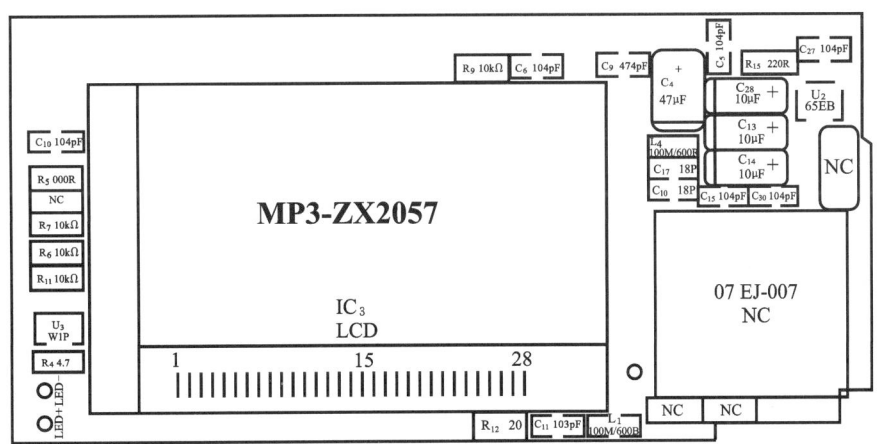

(b)印制电路板正面

图 15-4　印制电路板元器件布局图

1. 安装步骤

　　本 MP3 采用双面回流焊工艺,先贴装、焊接印制电路板背面,然后修改设置回流焊机加热区温度参数,再焊接印制电路板正面,调试成功后,最后总装。

1)印制电路板背面焊装

　　由图 15-4 可知,印制电路板背面包含电路的大部分元器件,按双面回流焊工艺的基本原则,

表 15-3　MP3 材料清单

序号	名 称	型 号 规 格	位号	数量	序号	名 称	型 号 规 格	位号	数量
1	集成块	ATJ2063N	IC_1	1 片	15	电解电容	10 μF	C_{13}、C_{14} C_{28}	3 只
2	集成块	HY27UT088G	IC_2	1 片	16	电解电容	47 μF	C_1、C_2 C_4、C_{18}	4 只
3	二极管	1N4001	VD_1	1 只	17	电解电容	100 μF	C_7、C_8	2 只
4	背光片	LED	J_2	1 块	18	瓷片电容	15 pF	C_{17}、C_{19}	2 只
5	三极管	W1P	VT_3	1 只	19	瓷片电容	103 pF	C_{11}、C_{12}	2 只
6	稳压 集成块	65Z5 65EB	U_1 U_2	各 1 个	20	瓷片电容	104 pF	C_3、C_{10} C_{16}、C_{20} C_{21}、C_{26} C_{27}、C_{30}	8 只
7	按钮	6×6	$S_1 \sim S_6$	6 个	21	瓷片电容	104 pF	C_5、C_6 C_{15}、C_{22} C_{29}	5 只
8	电阻	3.3 Ω 20 kΩ 4.7 Ω 0	R_1 R_2 R_4 R_5	各 1 只	22	瓷片电容	224 pF	C_{23}、C_{24} C_{25}	3 只
9	电阻	10 kΩ	R_3、R_6 R_7、R_9 R_{11}	5 只	23	瓷片电容	474 pF	C_9	1 只
10	电阻	6.2 kΩ 100 kΩ 150 kΩ 220 Ω	R_{10} R_{13} R_{14} R_{15}	各 1 只	24	电感	100 m/600 R	$L_1 \sim L_5$	5 只
11	电阻	20 Ω	R_8 R_{12}	2 只	25	晶振	24 MHz	Y_1	1 只
12	LCD 屏	LCD	IC_3	1 块	26	开关		K_1	1 个
13	USB 接口	USB2.0	J_1	1 个	27	耳机接口	SPEAK	J_3	1 个
14	锂电池			1 块	28	电路板			1 块
					29	外壳总成			1 套

应先行焊装。焊装步骤如下。

(1)利用丝印机对印制电路板背面丝印焊膏,并检查其焊膏丝印质量情况。

(2)按照以下顺序贴装贴片元器件:

贴片电阻→贴片二极管→瓷片电容→贴片电感→电解电容→稳压集成块 U_1→二极管 VD_1。

（3）贴装 IC_1、IC_2 两块芯片。贴装前要在印制电路板该芯片的中心位置点贴片胶。

（4）贴装印制电路板侧边的几个较大元器件，包括按键 $S_1 \sim S_6$，电源开关 K_1，USB 2.0 接口 J_1，耳机接口 SPEAK(J_3)。贴装前均要在印制电路板该元器件的中心位置点贴片胶。

（5）将印制电路板背面朝上，送入回流焊机，完成回流焊。

（6）认真检查印制电路板的元器件焊接质量，进行相应处理。

2）印制电路板正面焊装

由图 15-4 可知，印制电路板正面包含元器件较少，主要有液晶 LCD(IC_3)、稳压集成块 U_2（65EB）、三极管 VT_3 及少量 RLC 元器件。焊装步骤如下。

（1）利用丝印机对印制电路板正面丝印焊膏，并检查其焊膏丝印质量。若因为背面已焊接元器件而不便机器丝印，则只能人工点焊膏。

（2）按照以下顺序贴装贴片元器件：

贴片电阻→贴片电感→瓷片电容→电解电容→三极管 VT_3→稳压集成块 U_2。

（3）重新设置回流焊机的加热区参数，将印制电路板正面朝上送入回流焊机，完成回流焊。

（4）认真检查印制电路板的元器件焊接质量，进行相应处理。

3）MP3 总装

（1）人工补焊晶振 Y_1，麦克风 MIC_1。

（2）人工叠装、焊接 IC_3 液晶块与 LED 背光片。注意撕去液晶块和背光片上的护膜。

（3）在印制电路板背面安装、焊接锂电池。

（4）安装外壳一侧的吊带环。

（5）将按键 $S_1 \sim S_6$ 的金属联盖和金属套框装入外壳上端。

（6）将组装好的印制电路板连同锂电池装入外壳内，注意方位。

（7）将开关 K_1、USB 接口和耳机接口的金属联盖和金属套框，对准 3 个器件插入外壳下端。

（8）将开关 K_1 的拨钮安上。

（9）撕去液晶屏外盖的不干胶护膜，将其贴在外壳正面中央部位。

至此，总装完成。需仔细检查整机安装是否正确、牢固；按键是否灵活，电源开关能否拨动自如；USB 接口和耳机接口的位置是否准确，USB 下载数据线和耳机能否正常插入和拔出。

2. 元器件安装注意事项

（1）贴片电阻的电阻值均标识在元器件表面，在安装时应注意辨别。

（2）贴片电容与贴片电感表面都没有标识，因为标识在包装带上，一定要保证准确贴装到指定的位置。

（3）贴片电解电容的极性不能装反。

（4）贴片二极管在安装前要测试判断它的正、负极。

（5）贴装集成块时，应特别注意集成块引脚 1 的位置。印制电路板上 1 号位有一个圆点，集成块上 1 号位有一个凹点，二者要对应。

（6）LCD 的引脚位要与印制电路板上的一致，不能接反。

（7）用镊子夹取贴片元器件时不允许夹元器件引脚，只能夹取元器件壳体。

（8）锂电池安装时应看清楚正、负极的方向。

(9)安装按键 $S_1 \sim S_6$、开关 K_1、USB 接口和耳机接口等与外壳有关的元器件时,应尽量装低一点,以防盖子不能盖上。

(10)贴装完成后应先检查贴片元器件数量,是否装完,以及安装位置是否正确。正确无误后再进行回流焊。

15.3 调试与检验

1. 目视检查

目视检查主要是检查整机安装是否正确、牢固;外壳有无划伤;按键是否灵活,电源开关能否拨动自如;USB 下载数据线和耳机能否正常插入和拔出。

2. 识别与驱动

MP3 播放器安装无误后,打开开关,用 USB 下载数据线连接充电器和 MP3 的 USB 接口,充电 4 h 以上。

充好电后,打开开关 K_1,LCD 就会亮,显示开机字幕,进而显示模式选择画面,说明 MP3 工作基本正常。

先将 MP3 生产工具软件安装到计算机上。用 USB 下载数据线连接计算机和 MP3 的 USB 接口后,进入数据下载阶段,此时计算机应显示识别硬件的信息。然后安装 MP3 升级软件,安装好后在程序栏里找到飞机形状的快捷方式,单击该快捷方式,在升级界面载入 .bin 格式的升级程序。升级完成后重新开机,即可正常使用 MP3 播放器下载音乐文件。

3. 试听效果

卸掉 USB 数据线,插入耳机,打开 K_1 开关,选择音乐模式,即可欣赏存入的音乐。

为节省电池,本机 LCD 具有屏保功能,显示约 5 s 后即黑屏。这时按 $S_1 \sim S_6$ 中的任意键均可重新点亮显示。

长按播放/暂停键 S_1 2 s 以上,即可关机。

4. 整机出厂检验

检验的时候要从看、摸、试、听四个方面着手。

"看":看产品,表面没有划痕,整机美观。

"摸":摸产品,不要有扎手的感觉,整机的平面部分也不要有明显的凹凸感,摇动产品时内部不能有明显的活动感觉,机器结构一定要牢固。

"试":开机试验,首先看显示屏能否点亮,显示颜色是否正常,然后立即检查存储容量是否正确,一般的情况下会比标称的少,这是算法和机内软件所引起的,不是质量问题。还要试试按键的灵敏度,看各个按键是否灵活。

"听":接入耳机试听其能否正常播放音乐,音质如何,有无破音和噪声。音乐没有破音就属合格产品。

思 考 题

15-1　集成电路 IC$_1$（ATJ2063N）和 IC$_2$（HY27UT088G）的功能分别是什么？熟悉其引脚功能。

15-2　说出 S$_1$～S$_6$ 这 6 个按钮开关的作用。

15-3　本机的 USB 2.0 接口兼作两个功能接口，是哪两个功能？

15-4　本 MP3 采用双面回流焊工艺，应该先贴装、焊接印制电路板的哪一面？为什么？

15-5　有哪些元器件需要在回流焊完成后再进行人工补焊？

15-6　贴片元器件在进行贴装时的安装顺序与注意事项有哪些？

15-7　MP3 在进行整机检验时应从哪些方面着手？

15-8　说出 MP3 播放器的计算机识别与驱动过程。

第16章 数显多功能全波段收音机

全波段收音机的原理和结构均比较复杂。对全波段收音机进行安装和调试实训,可以使学生得到更为全面、严谨、细致、综合的训练,有条件的学校可将本实训项目作为选做内容。

本书选择 EDT-2902 全波段收音机作为实训项目。该款收音机拥有调频/调幅九个波段(调频 FM、调幅中波 MW、调幅短波 SW₁~SW₇),具有接收灵敏度高、选择性好、噪声低、失真小、输出功率大等技术特点,采用薄型结构,便于组装调试,具有较好的实用性,很适合作为电子工艺实训项目。

16.1 全波段收音机电路原理

EDT-2902 全波段收音机的原理电路如图 16-1 所示,电路图中部的集成电路 CXA1191 是电路的核心,完成射频信号的中频变换/放大、FM 信号的鉴频、AM 信号的检波、音频信号的放大等功能。CXA1191 是一片 28 引脚的集成电路,引脚图如图 16-2 所示。

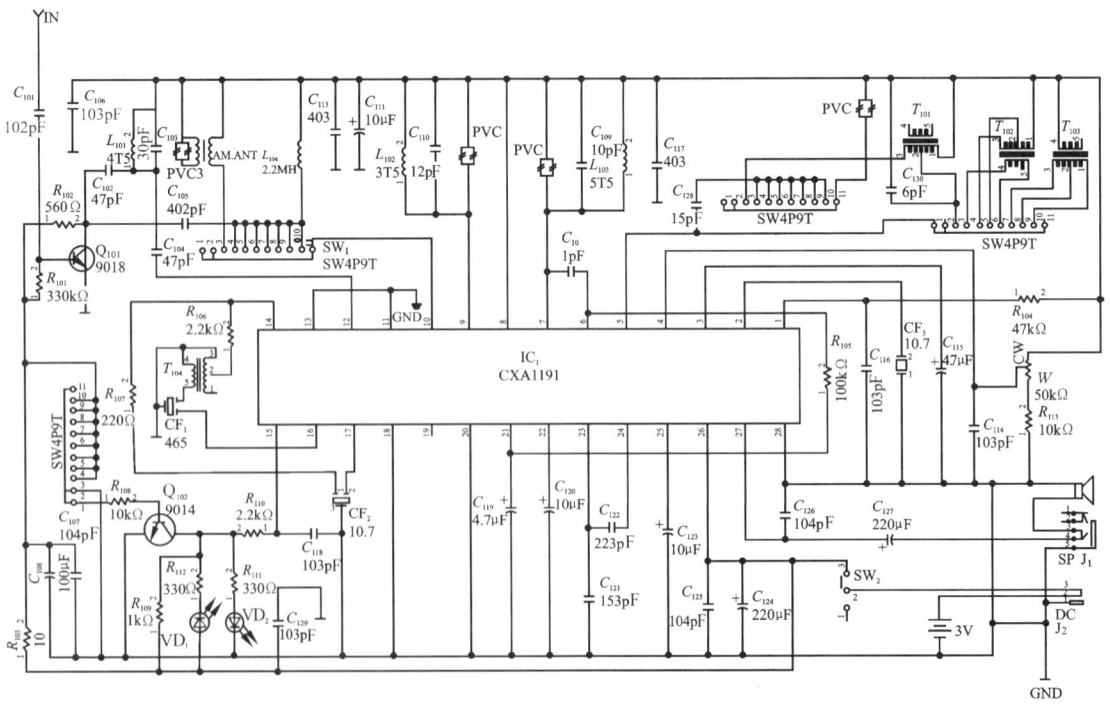

图 16-1 EDT-2902 全波段收音机原理电路图

图 16-2 CXA1191 引脚图

CXA1191 的 28 引脚功能分布如表 16-1 所示。

表 16-1 CXA1191 的引脚功能

引脚	功　能	引脚	功　能	引脚	功　能	引脚	功　能
1	消音	8	REG OUT	15	FM/AM 切换	22	同 21
2	FM 鉴频曲线控制	9	FM 选频放大	16	AM 中频输入	23	鉴频/检波输出
3	交流地	10	AM 射频信号	17	FM 中频输入	24	音频输入
4	音量控制	11	空脚,接地	18	空脚,接地	25	滤波
5	AM 本地振荡	12	FM 射频信号	19	测量	26	电源正
6	自动频率控制	13	地	20	地	27	音频放大输出
7	FM 本地振荡	14	中频输出	21	自动增益控制/自动频率控制	28	地

下面分析图 16-1 所示的收音机原理电路。SW_1（SW4P9T）是四刀十掷的 FM/MW/SW 波段切换开关,SW_2 为电源开关。

1. 调频接收

SW_1 置于 FM 挡。当打开 SW_2 接通电源时,Q_{102} 三极管截止,其集电极为高电平,VD_2 指示灯亮,IC_1（CXA1191）的引脚 15 为高电平,因而 IC_1 内部自动切换到调频（FM）接收模式。

从拉杆天线（IN）接收到的 FM 高频信号经 C_{101} 到 Q_{101} 放大后,经过带通滤波器（由 C_{102}、L_{101}、C_{103}、C_{104} 组成）滤波,选出 FM 信号送至 IC_1 的引脚 12。芯片内的选频放大器和外部的选频回路（由 PVC、C_{110}、L_{102} 组成）相配合,对 FM 信号进行选频放大。PVC 为一个四联可变电容器,联动的四个可变电容器分别处于中波调谐回路、FM 选频回路、FM 本地振荡电路和 AM 本地振荡电路。与此同时,由 C_{109}、L_{103}、PVC 组成的 FM 本地振荡电路产生的本振信号从 IC_1 的引脚 7 输入,与已经选频放大的 FM 信号在 IC_1 内部混频器混频得到 10.7 MHz 的 FM 中频信号,从 IC_1 的引脚 14 输出。

10.7 MHz 的 FM 中频信号经 R_{107} 送至陶瓷滤波器 CF_2,滤除中频信号以外的大部分杂波后,又从 IC_1 的引脚 17 输入 IC_1 内部的中频放大器放大,继而由内部鉴频电路鉴频得到音频信号,从 IC_1 的引脚 23 输出。鉴频电路的鉴频曲线由接在 IC_1 的引脚 2 的陶瓷滤波器 CF_3 决定。

引脚 23 输出的音频信号经 C_{122} 耦合到引脚 24，在 IC_1 内部做功率放大后，从 IC_1 的引脚 27 输出，经 C_{127} 推动扬声器或耳机发声。音量由电位器 W 控制。

2. 调幅中波接收

SW_1 置于 MW 挡。Q_{102} 三极管导通，其集电极为低电平，VD_1 指示灯亮，IC_1 的引脚 15 为低电平，因而 IC_1 内部自动切换到调幅（AM）接收模式。

从磁棒天线（AM. ANT）接收到的中波段调幅信号经 PVC3 选频，由波段开关 SW_1 接至 IC_1 的引脚 10。与此同时，由 T_{101}、PVC、C_{130} 组成的中波（MW）本地振荡电路产生的本地振荡信号从 IC_1 的引脚 5 输入，与已经选频放大的 MW 信号在 IC_1 内部混频器混频得到 455 kHz 的调幅中频信号，也从 IC_1 的引脚 14 输出。引脚 14 输出的调幅中频信号经 R_{106}、T_{104}、CF_1 选频，滤除 455 kHz 中频信号以外的大部分杂波后，从 IC_1 的引脚 16 输入 IC_1 内部的中频放大器，放大，检波，最后的音频信号仍从 IC_1 的引脚 23 输出。

引脚 23 输出的音频信号经 C_{122} 耦合到引脚 24，在 IC_1 内部做功率放大后，从 IC_1 的引脚 27 输出，经 C_{127} 推动扬声器或耳机发声。

3. 调幅短波接收

SW_1 置于 $SW_1 \sim SW_7$ 的任意挡。Q_{102} 三极管导通，VD_1 指示灯亮，IC_1 的引脚 15 为低电平，IC_1 自动切换到调幅（AM）接收模式。

从拉杆天线（IN）接收到的短波高频信号经 C_{101} 到 Q_{101} 放大后，经 C_{105} 耦合到波段开关 SW_1 接至 IC_1 的引脚 10。短波（SW）本地振荡电路由 T_{102}、T_{103}、PVC、C_{128} 等元器件组成，其产生的本振信号从 IC_1 的引脚 5 输入，与引脚 10 的短波高频信号在 IC_1 内部混频器混频，得到 455 kHz 的调幅中频信号，从 IC_1 的引脚 14 输出。以后的处理过程与中波接收的相同。

16.2 安装与工艺要求

在正式安装前，应先做好相关的准备工作：按材料清单清点、识别元器件、结构件及其他材料，并将其一一分类放置；准备热熔枪和热熔胶，8 mm 宽的单面胶纸、双面胶纸及万能胶等。

1. 印制电路板的装配

印制电路板是几乎所有电子产品的核心部分，印制电路板的焊装也是安装工序的主要工作。EDT-2902 全波段收音机的印制电路板如图 16-3 所示。

收音机印制电路板的装配工序如下。

(1) 焊接集成电路 CXA1191。可采用回流焊技术，若无条件，因该集成电路面积较大，引脚距离不是很小，则可以采用手工焊接。

(2) 装焊跨线、电阻、固定电感等元器件。装焊之前，应先按安装孔距离，将元器件引出线弯曲成形。

(3) 装焊瓷介电容。要求其引线尽量短。

(4) 装焊三极管 Q_{101} 和 Q_{102}。注意两三极管型号不同，不能混装。

(5) 装焊发光二极管 VD_1 和 VD_2。注意二极管极性不能装反。

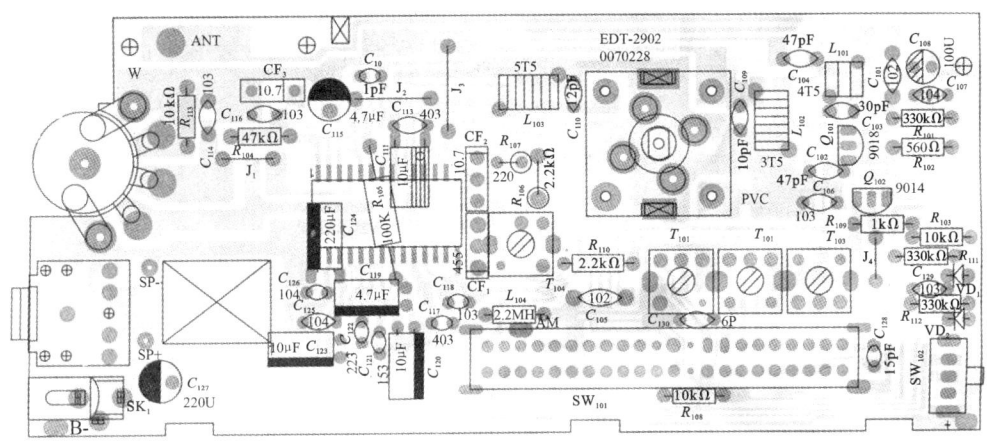

图 16-3　EDT-2902 **全波段收音机印制电路板**

（6）装焊陶瓷滤波器 CF_1、CF_2 及 CF_3。注意 CF_1 要倒卧安装，标识朝上。

（7）装焊空心线圈 L_{101}、L_{102}、L_{103}。

（8）装焊电解电容 C_{111}、C_{120}、C_{123}、C_{119}、C_{108}、C_{124}。注意全部倒卧安装。

（9）装焊中波振荡线圈 T_{101}，短波振荡线圈 T_{102}、T_{103}，中周 T_{104}。注意它们外貌相同，不能错乱。

（10）装焊电源开关 SW_{101}、波段开关 SW_{102}、耳机插座和电源插座。注意这些元器件底部均应平贴印制电路板。装焊时，应先焊准对角两个引脚定位，然后再焊其他引脚。

（11）装焊电位器 W。应平贴焊接在相应位置上。

（12）装焊四联可变电容器 PVC。注意四联底部应贴平印制电路板，PVC 宽扁脚对应印制电路板的宽方孔插入。

（13）装焊 AM 天线线圈。先按图 16-3 将天线线圈搭焊在印制电路板上，然后装上磁棒及磁棒支架，再用单面胶纸将靠近印制电路板边缘处的线圈引线粘贴在印制电路板上。磁棒支架装配时，用力要轻，装到位后，尽量使它不受力。最后用热熔胶固定磁棒支架及磁棒。

（14）将叉形塑胶件装在四联可变电容器上，用螺钉固定。

（15）装焊电池弹弓。长弹弓（负极）装到电源插座边的孔上，再将短弹弓装到 SW_{102} 边孔上。

装配完成后，要认真检查元器件装配位置是否正确，电解电容、发光二极管、三极管等元器件的极性是否正确，确认无误后，等待调试和总装。

2. 结构件的装配

1）面壳组装件的装配

（1）将小透明灯片放入面壳的两个小长方形灯孔位置上，用电烙铁轻烫两条小柱固定。

（2）将扬声器放入面壳有网孔的地方，在扬声器边缘等距离的三点上热熔胶，再将两根 45 mm 长的导线焊在扬声器的接线端子上。注意热熔胶不能点在扬声器的纸盆上。

（3）将刻度片装到齿轮座支架正面，将三个齿轮放到齿轮座支架上，中间齿轮用螺钉固定，再将齿轮座支架放入面壳内，用 4 个螺钉固定到面壳上。

（4）将钢针安装在针座上，再将针座装进齿轮条长方孔上，用适量万能胶固定。

（5）将加工好的齿轮条放到齿轮座支架上，再把长支架条装到支架上，用2个螺钉固定。

（6）将大推钮放到电池盒背面装好，再将电池盒装到面壳上，用2个螺钉固定。

2）底壳组装件的装配

（1）用螺钉把拉杆天线固定在底壳上，然后将50 mm长导线的一端焊在焊片上。在天线根部贴上2层单面胶纸，把金属部位遮住。

（2）用万能胶将8 mm×70 mm电池带粘在底壳相应位置上。

3. 调试

印制电路板和组装件全部装配完成后，即可进行收音机的全面调试。调试工作将在16.3节专述。

4. 总装

（1）将电源开关推至"OFF"位置，用导线把电源和印制电路板连通。

（2）将扬声器导线从印制电路板孔穿出，焊到对应的焊点上。将拉杆天线的引线焊到"ANT"焊点上。

图16-4　收音机外形

（3）整机合拢。

①将电位器旋钮、耳机插座、电源开关对准面壳上相应的孔，将PVC支架对准齿轮座，将波段开关拨钮对准波段开关，然后将主板下压装入壳内，用螺钉固定在面壳上。

②面壳与底壳合拢，用2个螺钉将底、面壳紧固，再将电池盖装入底壳。

③将大镜片装到面壳上。

总装完成后，收音机外形如图16-4所示。

16.3　调　　试

1. 调频波段的调试

将波段开关置于FM位置，接通电源，VD_1发光二极管应发亮。

1）频率范围调试

用适当的频率测试仪测量信号频率。将四联可变电容调至最低端，用旋具调整L_{103}振荡线圈，使信号频率为69 MHz左右；再将四联可变电容调至最高端，用旋具调整可变电容顶上振荡微调电容，使信号频率为108.5 MHz左右。反复以上调整，使FM频率为69～108.5 MHz。

2）接收灵敏度调试

将可变电容调至80 MHz左右，收到一个电台，调整选频回路L_{102}线圈，使广播声音最大；再将可变电容调至106 MHz左右，收到另一个电台，调整选频回路微调电容C_{110}，使广播声音最大。反复以上调整，使接收灵敏度达到最佳效果。

2. 中波波段的调试

将波段开关置于 MW 位置,接通电源,VD₂ 发光二极管应发亮。

1) 频率范围调试

将四联可变电容调至最低端,用旋具调整 T_{101} 振荡线圈,使信号频率为 515 kHz 左右;再将四联可变电容调至最高端,用旋具调整可变电容顶上振荡微调电容,使信号频率为 1 640 kHz 左右。反复以上调整,使中波频率为 515～1 640 kHz。

2) 接收灵敏度调试

将可变电容调至 600 kHz 左右,收到一个电台,调整 AM. ANT 线圈,使广播声音最大;再将可变电容调至 1 400 kHz 左右,收到另一个电台,调整中波选频回路微调电容,使广播声音最大。反复以上调整,使接收灵敏度达到最佳效果。

3. 短波波段的调试

短波调试比较简单,因为使用了高频放大电路,故不必调整灵敏度。

1) 频率范围的调试

先调试好中波,再将波段开关推至 SW₁ 位置。将四联可变电容调至最低端,用旋具调整 T_{102} 短波振荡线圈(绿色),使信号频率为 5.7 MHz 左右,这样 SW₁～SW₄ 即自动同步。再将波段开关推至 SW₇ 位置,调整 T_{103} 短波振荡线圈(白色),使信号频率为 18.5 MHz 左右,这样 SW₅～SW₇ 即自动同步。

2) 中周 T_{104}(黄色)的调整

找一个信号比较强的短波电台,调整 T_{104},使广播声音最大、最清晰。

思　考　题

16-1　熟悉集成电路 CXA1191 的引脚功能分布。

16-2　在 EDT-2902 全波段收音机原理电路图中,指出调频、中波、短波三个波段的无线电信号接收天线及各波段的本地振荡电路。

16-3　仔细观察中波振荡线圈 T_{101}、短波振荡线圈 T_{102} 和 T_{103}、中周 T_{104}。记住它们各自的颜色,找出它们在电路图中的准确位置。

16-4　调频、中波、短波三个波段的无线电信号频率范围分别是多少? 调频和调幅的中频频率分别是多少?

16-5　四联可变电容器 PVC 是一个什么样的元器件? 四联是什么意思?

16-6　调试频率范围和接收灵敏度时,都是先调低端、后调高端。记住三个波段调试时两端的大致频率和相应的调整元器件。

第 17 章　声光控节能开关

声光控节能开关电路比较简单,实现的功能有趣、实用,元器件少,采用手工焊接方式便可进行顺利安装,特别适合尚未进入专业学习的一、二年级学生作为实训项目。学生可在此基础上,进行创新思维,实践进一步的创新内容。

该节能开关同时受到声和光的控制,是楼道照明灯常用的节能装置。其功能是,白天开关呈关闭状态,灯不亮;当夜间有人经过该开关附近时,脚步声、掌声等均可使开关启动,照明灯亮,延时 40～50 s 后,开关自动关闭,灯灭。

本书选择 SGK10 型声光控节能开关作为实训项目,该产品具有体积小、工作稳定性好、节能等优点。产品制作虽然简单,但调试过程需要连接 220 V 交流电,必须注意安全用电。

17.1　声光控节能开关电路原理

SGK10 型声光控节能开关的原理电路如图 17-1 所示,电路中的 IC 元器件选用 CMOS 数字集成电路 CD4011,该芯片内部含有 4 个独立的与非门($G_1 \sim G_4$),如图 17-2 所示,图中 VSS 是工作电源的负极,VDD 是电源的正极。所谓"与非门"是指,只有当两个输入端全部为高电平时,输出端才是低电平;只要输入端中有一个处于低电平,则输出端总是高电平。CD4011 在电路中的作用为反相及信号整形。

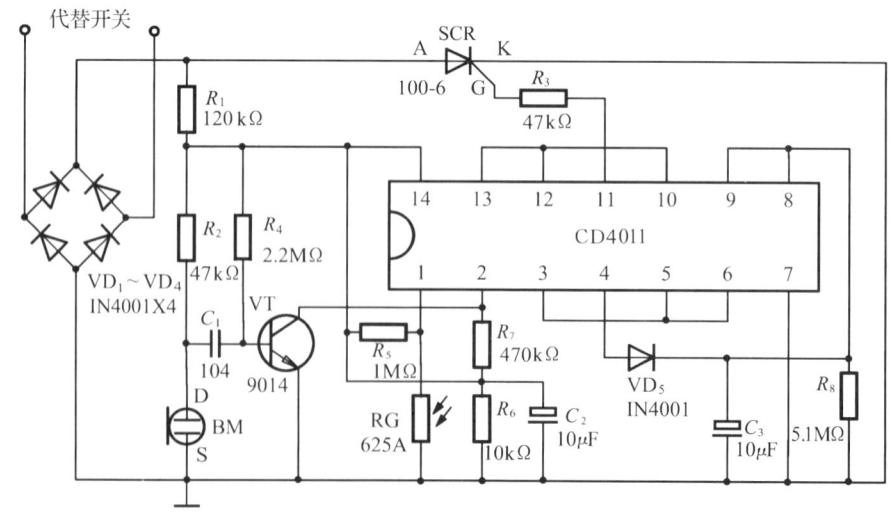

图 17-1　SGK10 型声光控节能开关原理电路图

整个电路的作用就是利用声、光传感器感知声音和光信号,通过判断,决定开关的闭合或断开。这里,话筒 BM(驻极体)就是声音传感器,而光敏电阻 RG 是光照强度的传感器。对图

17-1 进行具体分析,可将电路划分为若干个功能单元,如图 17-3 所示的方框图。

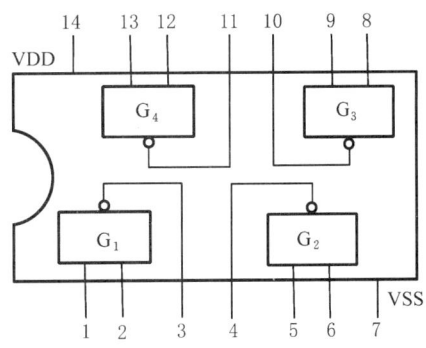

4 个二极管 VD$_1$～VD$_4$ 组成桥式整流器,将 220 V 交流电变成脉动直流电,经 R_1 压降、C_2 滤波后即为电路的直流工作电源,为整个电路供电。图 17-1 上部的可控硅 SCR 是照明灯的开关,当其控制极有高电平信号触发时可控硅即导通,灯点亮。

白天,RG(光敏电阻)呈低阻态($R<10$ kΩ),使与非门 G$_1$ 的引脚 1 为低电平"0",这时不管 G$_1$ 的引脚 2 为高电平还是低电平,即有声音还是没有声音,其输出引

图 17-2　CD4011 的内部结构图

脚 3 始终为高电平"1",经其后的整形、延时处理,CD4011 的 G$_4$ 输出始终为低电平,可控硅关闭,灯不亮。

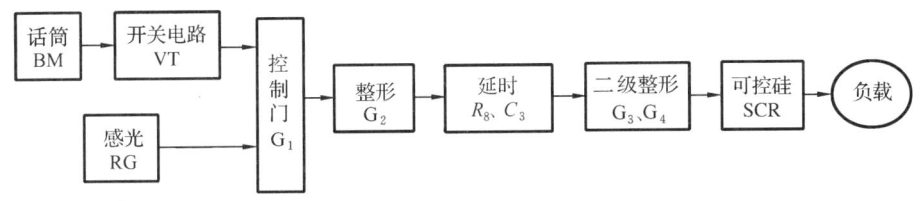

图 17-3　SGK10 型声光控节能开关方框图

晚上,光线变暗,RG 呈高阻态(RG>10 MΩ),使与非门 G$_1$ 的引脚 1 变成高电平"1",为声控电路的工作提供了前提条件。

声音信号(脚步声、掌声等)被话筒 BM(驻极体)接收后,将改变 BM 的内阻,继而改变开关三极管 VT 的工作状态。当没有声音时,BM 呈高阻态,开关三极管 VT 基极为高电平,VT 饱和导通,其集电极输出低电平至与非门 G$_1$ 的引脚 2,G$_1$ 的输出引脚 3 仍然为高电平"1",可控硅关闭,灯不亮。当有外部声音时,BM 呈低阻态,开关三极管 VT 基极为低电平,VT 截止,使与非门 G$_1$ 的引脚 2 为高电平。晚上,G$_1$ 的引脚 1 为高电平,因此,G$_1$ 的输出引脚 3 翻转为低电平"0",经其后的整形、延时处理,CD4011 的 G$_4$ 输出高电平,触发可控硅,可控硅 SCR 导通,灯亮。

当夜间声音触发灯亮时,G$_1$ 的引脚 3 输出的低电平经 G$_2$ 整形、反相后,从 G$_2$ 的引脚 4 输出高电平,通过二极管 VD$_5$ 给 C_3 充电。声音消失后,VT 恢复饱和导通的状态,G$_2$ 的引脚 4 又输出低电平。于是,C_3 向 R_8 放电,当放电到一定电平时,经与非门 G$_3$、G$_4$ 输出为低电平,使可控硅截止,灯灭。C_3 放电时间的长短也就是亮灯时间的长短,由延时电路 C_3 和 R_8 决定,改变 C_3 或 R_8 的值,就可以改变延时时间,即亮灯的时间。

17.2　安装与工艺要求

在安装前,应先按照材料清单(见表 17-1)清点元器件,然后用万用表检查元器件好坏。若元器件质量合格,即可进行电路的安装。

表 17-1　声光控节能开关材料清单

序　号	名　称	型号规格	位　号	数　量
1	集成电路	CD4011	IC	1
2	驻极体	(54+2)dB	BM	1
3	二极管	IN4001	$VD_1 \sim VD_5$	5
4	电解电容	10 μF/10 V	C_2、C_3	2
5	瓷片电容	104	C_1	1
6	电阻	120 kΩ	R_1	1
7	电阻	47 kΩ	R_2、R_3	2
8	电阻	2.2 MΩ	R_4	1
9	电阻	1 MΩ	R_5	1
10	电阻	10 kΩ	R_6	1
11	电阻	470 kΩ	R_7	1
12	电阻	5.1 MΩ	R_8	1
13	可控硅	100-6	SCR	1
14	光敏电阻器	625A	RG	1
15	三极管	9014	VT	1
16	印制电路板			1
17	铜接线柱			2
18	前盖、后盖			各1个

电路安装步骤如下。

(1) 先装矮元器件,如电阻、二极管等;再装高元器件,如电容等。

(2) 安装驻极体之前,应先给该元器件加焊两根引脚。

(3) 光敏电阻的高度不应过低,需使其封装后接近前盖。

(4) 铜接线柱应先预制,即镀锡;再焊接在印制电路板焊接面。

(5) 元器件装完,检查无误后即可通电调试。

(6) 调试成功后,安装外壳,牢固封装。

17.3　调试及控制效果

1. 目视检查

在通电调试之前,先认真检查元器件是否都安装正确,特别检查话筒、二极管、三极管、电解电容、可控硅等元器件的极性是否正确。再观察焊点是否牢固,有没有短路、虚焊等。

2. 电路功能调试

(1)将 5 V 直流电压的正极接 R_1 与 R_2 的连接处,负极接电路的"地"。

(2)检查光敏电阻 RG 是否正常。将万用表拨到直流电压挡,黑表笔接声光控电路的地线处,红表笔接 CD4011(IC)引脚 1。用遮光布将光敏电阻遮住,电压应在 3.2 V 以上,高电平;反之,光敏电阻受到光线照射时,电压应在 1.8 V 以下,低电平。

(3)检查驻极体 BM 及三极管 VT 是否正常。将万用表拨到直流电压挡,黑表笔接声光控电路的地线处,红表笔接 CD4011(IC)引脚 2。向驻极体吹气或发声时,电压应为 3~4 V 的高电平,当无声时,电压应为 1 V 左右的低电平。随着声音的强弱变化,电压表的数值为 0.03~4.0 V。

(4)检查可控硅 SCR 是否正常。用遮光布将光敏电阻遮住,将万用表拨到直流电压挡,黑表笔接声光控电路的地线处。在向驻极体吹气或发声的同时,用红表笔测量可控硅阳极(A)的电压,数值应很小,一般在 2 V 以下,说明可控硅导通。不发声时,阳极电压应接近电源电压。

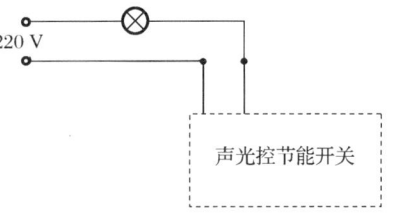

3. 控制效果检验

按图 17-4 所示接好灯泡,插入 220 V 的交流插座。请务必注意安全！使光敏电阻暴露在自然光照之下,无论如何喊叫,灯泡都不会点亮。用黑纸等遮光物将光敏电阻遮住,用手轻拍驻极体,或发出声音,这时灯泡应亮。

图 17-4　声光控节能开关外部接线图

思　考　题

17-1　声和光是如何控制声光控节能开关工作的?

17-2　对照图 17-1 和图 17-3,仔细体会声光控节能开关的电路原理。

17-3　与非门是什么意思? CD4011 集成电路内包含有几个与非门?

17-4　4 个二极管 VD_1～VD_4 组成一个桥式整流器,它起什么作用?

17-5　你在调试声光控节能开关时,发现过什么故障? 是如何解决的?

17-6　想想看,如果要设计一个接触式节能开关,应该改变本电路中的哪些部分?

第18章　智能循迹小车

制作一款由数字电路来控制的智能循迹小车,在组装过程中我们不但能熟悉机械原理还能逐步学习光电传感器、电压比较器、电机驱动电路等相关电子知识,这是电子工艺实训的一个很好的基本项目。通过本款智能循迹小车的安装和调试,可使学生掌握基本的电子产品制造技术,增加学生对电子工艺的兴趣。

18.1　智能循迹小车电路原理

智能循迹小车原理电路如图 18-1 所示。

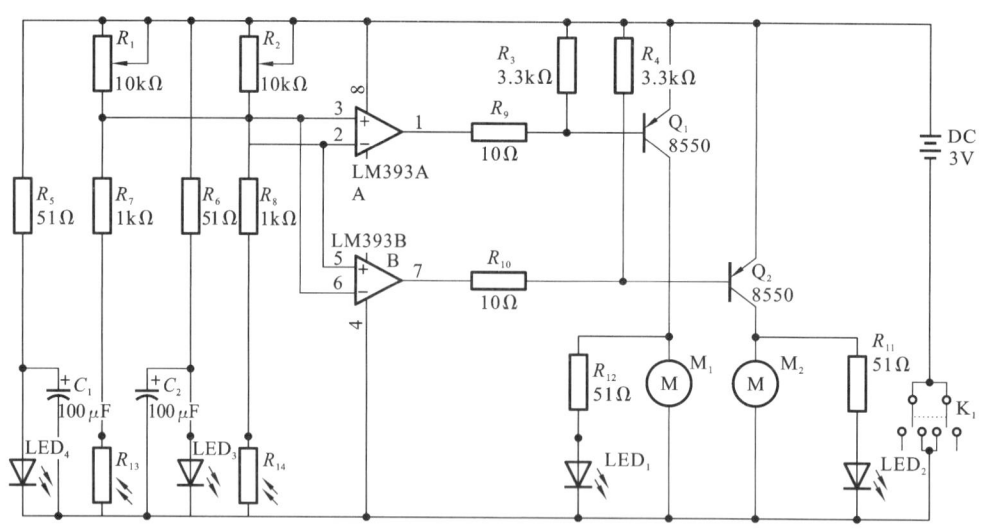

图 18-1　智能循迹小车原理电路图

根据原理图可将电路分为以下几个部分。

(1) 电源部分:为各电路元器件提供工作电源。

(2) 传感器部分:通过光敏电阻,感知小车行驶情况,为后续电路提供比较电压。

(3) 电压比较器部分:通过比较输入端的电压大小,提供小车左转右转信号。

(4) 电机驱动部分:通过控制三极管的导通、截止,驱动减速机直流电机转动,并使转向指示灯发光。

其中 LM393 是双路电压比较器集成电路,是该电路中的核心元器件。它由两个独立的精密电压比较器构成,它的作用是比较两个输入电压,根据两路输入电压的高低改变输出电压的高低。图 18-2 所示的为 LM393 芯片的内部结构图。

一般输出有两种状态:接近开路或者下拉接近低电平。LM393 采用集电极开路输出,所

以必须加上拉电阻才能输出高电平。LM393 随时比较
两路光敏电阻的大小来实现控制。高亮度发光二极管
发出的光线照射在跑道上,当照射于白色纸处时反射的
光线较强,这时光敏电阻可以接收到较强的反射光,其
电阻值较低;当照射于黑色跑道时反射光较弱,其电阻
值较高,智能循迹小车就是根据这一原理作为轨道识别
工作的。

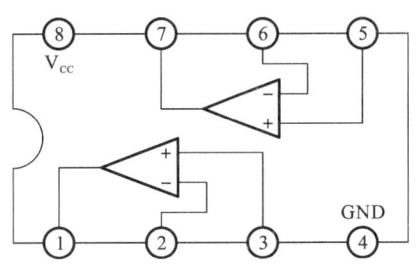

图 18-2 LM393 内部结构图

工作前将智能循迹小车中心导向轮放于轨道中心,
两侧探测器位于两侧白色处,当小车偏离跑道时,必有一侧探测器照到黑色跑道上,以 LED_1
为例,此时 R_3 电阻值变大,这一变化使得 IC_1 的引脚 2、引脚 5 电压升高,当引脚 5 的电压高于
引脚 6 的时,运算放大器的引脚 7 便输出高电平,VT_2 截止,M_2 停止工作,由于两侧轮子有一
只停转,智能循迹小车便向轮子停转侧弯转,使得 LED_1、R_3 这对探测器离开黑色跑道,光线又
照回白色纸处,此时 M_2 又工作;当另一侧探测器照到黑色跑道时,原理与前述类似,小车在整
个前进过程中就是在不断重复上述动作,不断修正轨迹,从而实现沿跑道前进的目的。

18.2　安装与工艺要求

智能循迹小车材料清单如表 18-1 所示。

表 18-1　智能循迹小车材料清单

序号	名　称	型号规格	位号	数量	序号	名　称	型号规格	位号	数量
1	集成块	LM393	IC_1	1 片	15	三极管	8550	Q_1、Q_2	2 只
2	插座	8P	IC_1	1 个	16	开关	8.5×8.5	S_1	1 只
3	电解电容	100 μF	C_1、C_2	2 只	17	减速电机	JD3-100	M_1、M_2	2 只
4	可调电阻	10 kΩ	R_1、R_2	2 只	18	车轮			2 只
5	电阻	3.3 kΩ,0.25 W	R_3、R_4	2 只	19	车轮胶圈	25×2.5		2 只
6	电阻	51 Ω,0.25 W	R_5、R_6 R_{11}、R_{12}	4 只	20	螺钉	M2.3×7		2 只
7	电阻	1 kΩ,0.25 W	R_7、R_8	2 只	21	螺钉、螺杆、圆头螺母	三件套		1 套
8	电阻	10 Ω,0.25 W	R_9、R_{10}	2 只	22	电路板	D-2		只
9	光敏电阻		R_{13}、R_{14}	2 只	23	导线	红,黑		2 根
10	发光二极管	红,直径 5 mm	VD_1、VD_2	2 只	24	5 号 2 节电池盒	AA×2		1 个
11	发光二极管	透明,直径 3 mm	VD_3、VD_4	2 只	25				1 只

18.2.1　组装前的准备

1. 三极管的检查

(1) 分清高频管与小功率低频管。

（2）测量各三极管 β 值，再以 β 值决定某级配用三极管。尽量选 CEO I 小的三极管。

2. 电阻检查

电阻值有用数字表示的，有用颜色码表示的，但都要用万用表对其进行一一测量，电阻值误差 10% 左右照常选用，不必强求原来的标称值。选用的功率应大于在电路中耗散功率 2 倍以上的，以防止电阻过热、变质乃至烧毁。因受热而损伤的电阻不能再用，带开关的电位器也要按其在电路中的功能要求进行检测。

18.2.2　组装步骤

第一步，电路焊接。

电路焊接比较简单，焊接顺序按照元器件高度从低到高的原则，首先焊接 8 个电阻，焊接时务必用万用表确认电阻值是否正确，焊接有极性的元器件如三极管、绿色指示灯、电解电容务必分清楚极性，尽量参考图 18-3 所示的元器件方向焊接，焊接电容时引脚短的是负极插入 PCB 丝印上阴影的一侧，焊接绿色 LED 时注意引脚长的是正极，并且焊接时间不能太长否则容易焊坏，VD_4、VD_5、R_{13}、R_{14} 可以暂时不焊，集成电路芯片可以不插，初步焊接完成后请务必细心核对，防止粗心大意。印制电路板元器件布局图如图 18-3 所示。

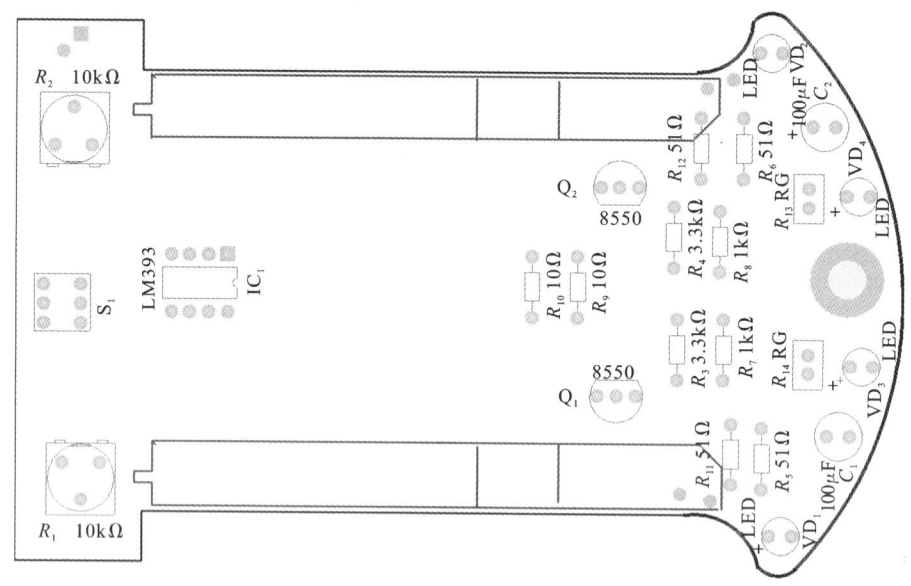

图 18-3　印制电路板元器件布局图

第二步，机械组装。

将万向轮螺栓穿入 PCB 孔中，并旋入万向轮螺母和万向轮。电池盒通过双面胶贴在 PCB 上，引出线穿过 PCB 预留孔焊接到 PCB 上，红线接 3 V 正电源，黄线接地，多余的引线可以用于电机连线。

机械组装可以先组装轮子，轮子由三片黑色亚克力轮片组成，装配前请将保护膜揭去，最内侧的轮片中心孔是长圆孔，中间的轮片直径比较小，外侧的轮片中心孔是圆形的，然后用两个螺栓螺母固定好三片轮片，并用黑色的自攻螺钉固定在电机的转轴上，最后将硅胶轮胎套在车轮上。用引线连接好电机引线,最后将车轮组件粘贴在 PCB 制定位置,注意车轮和 PCB 边缘保持足够的间隙,将电机引线焊接到 PCB 上,注意引线适当留长一些,防止电机旋转方向错误后便于调换引线的顺序。

第三步,安装光电回路。

光敏电阻和发光二极管(注意极性)是反向安装在 PCB 上的,和地面间距约为 5 mm,光敏电阻和发光二极管之间距离也约为 5 mm。

第四步,整车调试。

在电池盒内装入 2 节 AA 电池,开关拨在“ON”位置上,智能循迹小车正确的行驶方向是沿万向轮方向行驶的,如果按住左边的光敏电阻,则智能循迹小车右侧的车轮应该转动;如果按住右边的光敏电阻,则智能循迹小车左侧的车轮应该转动。智能循迹小车后退行驶,可以同时交换两个电机的接线,如果一侧正常,另一侧后退,则只要交换后退一侧的电机接线。

18.3　调试与检验

1. 初步调试

(1) 为了方便调试,先不安装电机,取一张白色纸,画一个黑色圈,接通电源,可看到两侧指示灯点亮。将小车放在白色纸上,让探测器照到黑色圈上,调节本侧电位器,让这一侧的灯照到黑色圈时指示灯灭,照到白色纸时指示灯亮,反复调节两侧探测器,直到两侧全部符合上述变化规律。

(2) 两个电机转向与电流方向有关,焊好引线后先不要把电机粘于线路板上,装上电池,打开开关,查看电机转向,必须确保装上车轮后智能循迹小车向前进的方向转动,若相反,应将电机两线互换。无误后,撕去泡沫胶上的纸,将电机粘于线路板上,粘时尽量让两个电机前后一致,且要保证两个车轮的灵活转动。

2. 整车调试

(1) 试测驱动电路,开关拨在“ON”位置上,将引脚 8 IC 座的引脚 1、引脚 7、引脚 4 连接。这时的减速电机应当向着前方转动,否则调换相应电机的引线位置即可。如果电机不转,请检查三极管是否焊反,基极电阻值(10 Ω)是否正确。

(2) 断电将 LM393 芯片插入引脚 8 IC 座上,上电后调节相应的电位器使智能循迹小车能够在黑线上正常运行且不会跑出黑线的范围。

(3) 为了保证智能循迹小车的正常运行,跑道的制作也很重要,跑道的宽度必须小于两侧探测器的间距,一般以 15～20 mm 较为合适,跑道可以是一个圆,也可以是任意形状,但要保证转弯角度不要太大,否则小车容易脱轨,制作时可取一张 A3 白纸,先用铅笔在上面画好跑道的初稿,确定好后再用毛笔沿铅笔画好的跑道进行上色加粗,注意画时尽量保证整条线粗细均匀,等画完后让纸在阴凉处阴干,这样设计的跑道便制作完成了。在跑道上实际通电试车时,适当调整两对传感器的间距,以适应跑道,直至自动识别跑道并准确无误为止。

(4) 实际试车时,若发现智能循迹小车跑到某个地方动不了了,只要看到轮子还在转,就说明跑道不平整,轮子转动时出现了打滑现象,这时可适当增加智能循迹小车的质量来解决该问题。具体可以在智能循迹小车的电池上装载一些质物,让车轮处质量增加,这样车轮就不会打滑了。

思 考 题

18-1 LM393 的功能是什么? 熟悉其引脚功能。

18-2 说明光敏电阻的在本电路中的作用。如何鉴别光敏电阻的好坏?

参 考 文 献

[1] 朱定华,蔡苗,黄松.电子技术工艺基础[M].北京:清华大学出版社,2007.

[2] 孙蓓,张志义.电子工艺实训基础[M].北京:化学工业出版社,2007.

[3] 王天曦,李鸿儒.电子技术工艺基础[M].北京:清华大学出版社,2000.

[4] 陈永甫.用万用表检测电子元器件[M].北京:电子工业出版社,2008.

[5] 王俊峰.电子制作的经验与技巧[M].北京:机械工业出版社,2007.

[6] 向守兵,马康波.实用电子技术教程[M].成都:电子科技大学出版社,2007.

[7] 徐淑华.电工电子技术[M].4版.北京:电子工业出版社,2017.

[8] 潘巍,章兴武.仿真建模与MATLAB实用教程[M].北京:清华大学出版社,2015.

[9] 吴礼斌,李柏年.MATLAB数据分析方法[M].2版.北京:机械工业出版社,2017.